Bildung für nachhaltige Entwicklung

Psychologie und Gesellschaft

Herausgegeben von Martin K. W. Schweer

Wissenschaftlicher Beirat:
Dorothee Alfermann (Leipzig)
Karl Oswald Bauer (Vechta)
Joachim H. Knoll (Bochum)
Siegfried Preiser (Frankfurt/M.)

Band 11

Norbert Pütz
Martin K. W. Schweer
Niels Logemann
(Hrsg.)

Bildung für nachhaltige Entwicklung

Aktuelle theoretische Konzepte
und Beispiele praktischer Umsetzung

Bibliografische Information der Deutschen Nationalbibliothek
Die Deutsche Nationalbibliothek verzeichnet diese Publikation
in der Deutschen Nationalbibliografie; detaillierte bibliografische
Daten sind im Internet über http://dnb.d-nb.de abrufbar.

Umschlaggestaltung:
© Olaf Glöckler, Atelier Platen, Friedberg

Herausgeber und Verlag danken
der Deutschen Bundesstiftung Umwelt.

Gedruckt auf alterungsbeständigem,
säurefreiem Papier.

ISSN 1612-488X
ISBN 978-3-631-63886-6
© Peter Lang GmbH
Internationaler Verlag der Wissenschaften
Frankfurt am Main 2013
Alle Rechte vorbehalten.
PL Academic Research ist ein Imprint der Peter Lang GmbH

Das Werk einschließlich aller seiner Teile ist urheberrechtlich
geschützt. Jede Verwertung außerhalb der engen Grenzen des
Urheberrechtsgesetzes ist ohne Zustimmung des Verlages
unzulässig und strafbar. Das gilt insbesondere für
Vervielfältigungen, Übersetzungen, Mikroverfilmungen und die
Einspeicherung und Verarbeitung in elektronischen Systemen.

www.peterlang.de

Inhaltsverzeichnis

Vorwort 7

I. Bildung für nachhaltige Entwicklung – eine Idee mit Zukunft?

Inka Bormann
Bildung für nachhaltige Entwicklung - Von den Anfängen bis zur
Gegenwart – Institutionalisierung, Thematisierungsformen, aktuelle
Entwicklungen.. 11

Lenelis Kruse
Vom Handeln zum Wissen – ein Perspektivwechsel für eine Bildung für
nachhaltige Entwicklung... 31

II. BNE im Bildungssystem

Katrin Hauenschild & Horst Rode
Bildung für nachhaltige Entwicklung im schulischen Kontext 61

Martin K.W. Schweer & Alexandre Gerwinat
Vertrauen als zentrale Beziehungsvariable im Kontext von BNE........... 83

Werner Rieß, Christian Hörsch & Teresa Jakob
Förderung systemischen Denkens als Aufgabe einer Bildung für
nachhaltige Entwicklung (BNE) 103

Norbert Pütz
Sind ökologische Zusammenhänge im Sinne einer Bildung für
nachhaltige Entwicklung begreifbar ohne Grundkenntnisse in Botanik?
Ein Plädoyer für „mehr Botanik" im Biologieunterricht 127

Thorsten Kosler & Barbara Benoist
Bildung für eine nachhaltige Entwicklung im Elementarbereich 143

Maik Adomßent & Christa Henze
Hochschulbildung für nachhaltige Entwicklung – eine
Bestandsaufnahme.. 159

Thomas Pyhel
Instrumente effektiver Nachhaltigkeitskommunikation............... 183

III. Bildung für nachhaltige Entwicklung in der praktischen Umsetzung

Ute Stoltenberg
Zukunftscamp „Future Now"............... 209

Andreas Möller
Neue Medien in der Bildung für Nachhaltige Entwicklung............... 223

Niels Logemann
Schüler erleben Umwelt. Die Umsetzung von BNE am Beispiel des
Lern- und Umweltpfads *biocache: Lernpfad* Vechta............... 239

Frank Käthler & Karl-Heinz Wehry
Stadtmarketingprojekt Umweltlernpfad biocache Vechta: Zur Genese
eines Umweltprojektes im kommunalen Raum............... 263

Thomas Loy
Zur Verbindung von Nachhaltigkeit und Design am Beispiel des
Leitsystems des Umweltlernpfades............... 271

Verzeichnis der Autorinnen und Autoren............... 287

Vorwort

Der Gedanke der Nachhaltigkeit muss unseren Schüler/innen nahe gebracht werden, in der Familie, im Fußballverein, im Einkaufsladen, auf der Straße – und in der Schule. Unsere Kinder müssen dabei begreifen, dass jedwedes Handeln im Sinne der Nachhaltigkeit Konsequenzen für die Zukunft hat. Die Wichtigkeit einer BNE (Bildung für nachhaltige Entwicklung) unterstreicht beispielsweise die UN-Dekade *Bildung für nachhaltige Entwicklung* (von 2005 – 2014), und gerade in Deutschland gibt es viele interessante Projekte und Ansätze von Kommunen, Firmen und privaten bzw. öffentlichen Einrichtungen.

Ein derartiges Projekt startete 2007; ohne Wissen einer UN-Dekade, ohne Förderung durch öffentliche Hand oder Wunsch nach Reputation. Eine Interessengruppe in der Stadt Vechta wollte das ökologische Bewusstsein der Bürger/innen stärken und zu diesem Zweck einen „Ökopfad" einrichten. Mit Hilfe eines solchen Lehr-Lernpfads – so die Idee – könnten sich die Bürger/innen über verschiedene ökologische Bereiche informieren. Schnell waren verschiedene Berufs- und Interessengruppen zur Mitarbeit bereit und auch die Stadt signalisierte Zustimmung. Durch die Universität Vechta wurde daraus ein Bildungsprojekt und durch finanzielle Unterstützung der Deutschen Bundesstiftung Umwelt, der Stadt Vechta und der Universität Vechta wurde aus der ursprünglichen Idee ein umsetzbares Projekt, das jetzt den Namen *biocache: Lernpfad Vechta* trägt.

Dieses Projekt fokussierte dabei auf Jugendliche aus bildungsfernen Milieus und hoffte, durch Projektarbeit zusammen mit Berufs- und Interessengruppen die Gedanken von Ökologie und Nachhaltigkeit bei den Schüler/innen zu implementieren. Mittlerweile wurde der *biocache: Lernpfad Vechta* – und hier schließt sich der Kreis – als UN-Dekade-Projekt für BNE ausgezeichnet. Der Lern- und Umweltpfad *biocache: Lernpfad Vechta* (*www.biocache-vechta.de*) zeigt an den einzelnen Stationen die verschiedenen Aspekte ökologisch-nachhaltigen Bauens und Handelns.

Das vorliegende Buch geht dem Thema BNE in drei Schritten nach. Und um den Einstieg in das Thema Bildung für nachhaltige Entwicklung zu ermöglichen, sind im ersten Abschnitt Beiträge zweier Kolleginnen versammelt, von denen der eine historisch in das Thema inkl. der aktuellen Entwicklungslinien einführt. Der andere Beitrag wendet sich dem Thema BNE in kritischer Absicht zu und wirbt für einen Wechsel der Perspektiven auf Handeln und Wissen.

BNE Projekte sind Bestandteile in unserem Bildungssystem. Es lag daher nahe, einer Bildung für nachhaltige Entwicklung auch in der Vielfalt des Bildungssystems nachzugehen. Viele namhafte Autor/innen haben es sich nicht nehmen lassen, einzelne Aspekte einer BNE für den vorliegenden Band aktuell zu beleuchten und darzustellen. Im schulischen Bereich wird nochmals gesondert auf den Elementarbereich Bezug genommen und der den tertiären Bereich ergänzt. Ferner geht es um spezifische Aspekte der Umsetzung von BNE im Bildungssystem wie Vertrauen, systemischen Denken oder Nachhaltigkeitskommunikation. Sind aber nicht auch ganz grundlegende Kenntnisse, z.B. die Botanik, notwendig für das Erkennen ökologischer Zusammenhänge? Diese hochinteressanten Beiträge finden sich im zweiten Abschnitt.

Im Schlussabschnitt geht es um Projekte im Kontext einer BNE. Neben dem bereits oben erwähnten Projekt haben wir bei dieser Buchveröffentlichung die Chance genutzt, zwei weitere, hervorragende Nachhaltigkeits-Projekte anderer Kolleg/innen vorzustellen. Zwei ganz spezielle Beiträge befassen sich abschließend noch mit dem *biocache: Lernpfad Vechta*. Neben dem Zusammenspiel von Stadtmarketing und Umweltprojekten geht es auch um die Frage des Zusammenhangs von Nachhaltigkeit und Design bei der Gestaltung von Beschilderungssystemen für Lernpfade.

Die Herausgeber möchten an dieser Stelle allen Autor/innen, die einen Beitrag zu dieser Publikation geleistet haben, aufrichtig danken. Die Beteiligung der vielen namhaften Autor/innen ließ ein Buch entstehen, das auf dem neusten Stand der Forschung das Thema Bildung für nachhaltige Entwicklung beleuchtet.

Unser abschließender Dank gilt der Deutschen Bundesstiftung Umwelt, die die Entstehung dieses Buches finanziell unterstützt hat.

Vechta, im Oktober 2012

Norbert Pütz, Martin K.W. Schweer & Niels Logemann

I. Bildung für nachhaltige Entwicklung – eine Idee mit Zukunft?

Bildung für nachhaltige Entwicklung
Von den Anfängen bis zur Gegenwart – Institutionalisierung, Thematisierungsformen, aktuelle Entwicklungen

Inka Bormann

Abstract

This article provides an overview on the development of the concept of Education for Sustainable Development (ESD). Its structure is as following: After introducing the concept of ESD, the second chapter discusses the role of education on the basis of the concept of sustainability. It illustrates phases of institutionalization of ESD. The third chapter presents different forms of thematisation in ESD. In conclusion, the fourth chapter is concerned with current core areas of research on ESD in German-speaking countries.

1 Einleitung: Bildung für nachhaltige Entwicklung

Bei Bildung für nachhaltige Entwicklung (im Folgenden kurz: BNE) handelt es sich um ein Konzept, mit dem ein Beitrag zur Umsetzung der normativen Idee einer nachhaltigen Entwicklung geleistet werden soll. BNE zielt darauf ab, Lernenden den Erwerb von Kompetenzen zu ermöglichen, die ihnen helfen, Phänomene nicht-nachhaltiger Entwicklung zu erkennen, zu bewerten und zu einer Entwicklung beizutragen, die die Lebensqualität heute und künftig lebender Menschen sichert, verbessert bzw. erhält.

BNE ist eine inhaltliche und institutionelle Querschnittsaufgabe: In inhaltlicher Hinsicht bezieht sich BNE auf den Verbund ökologischer, ökonomischer und sozialer Fragestellungen, die im Rahmen pädagogischer Arrangements bearbeitet werden. Institutionell ist BNE eine Querschnittsaufgabe, insofern sie bildungsbereichsübergreifend verwirklicht wird: Sie richtet sich sowohl an Kinder und Jugendliche wie an Erwachsene und ist außer in Einrichtungen der formalen Bildung wie Kindergärten, Schulen, Hochschulen, Weiterbildungs- und Beratungseinrichtungen auch in non-formalen und informellen Bildungskontexten wie z.B. in kommunalen Entwicklungsprozessen Thema.

Hervorgegangen ist das Konzept der BNE aus der kritisch-konstruktiven Synthese zuvor bereits bestehender Ansätze, die sich mit einzelnen Facetten dessen, was als zentrales Anliegen der BNE gilt, auseinandersetzten. So geht diese in ihrem Anspruch z.B. über reine Maßnahmen der Naturerfahrung hinaus, insofern sie Natur als gestalteten und bedrohten kulturellen Lebensraum historisch reflektiert und ausgehend von der Erfahrung bedrohter Lebensräume danach strebt, Ursachen und Zusammenhänge nicht-nachhaltiger Entwicklung systematisch zu erschließen und den Erwerb von Kompetenzen zu unterstützen, die dabei helfen, erkannte Problemlagen gemeinschaftlich zu verändern, um so einen Beitrag zu einer sozial, ökologisch und ökonomisch gerechteren Lebensweise zu leisten.

Einzelne Bestandteile des Konzepts BNE – etwa ihre globale Orientierung, der Bezug zu lebensweltlichen Problemlagen oder die Auseinandersetzung mit Gerechtigkeitsfragen im Kontext nachhaltiger Entwicklung – hat es schon gegeben, bevor überhaupt systematisch von BNE die Rede war. Dass es zur Synthese ganz unterschiedlicher Ansätze kam, kann auf eine Reihe von Ereignissen zurückgeführt werden, in deren Zuge es zu einer Institutionalisierung und wissenschaftlichen Thematisierung von Nachhaltigkeit und der Rolle von Bildung kam.

2 Etappen der Institutionalisierung von Bildung für nachhaltige Entwicklung

Hervorgegangen ist die heutige BNE aus einer kritisch-konstruktiven Auseinandersetzung mit und Synthese von ganz unterschiedlichen Konzepten – der Umweltbildung, den Ansätzen des globalen Lernens, politischer und entwicklungsbezogener Bildungsarbeit (Scheunpflug & Seitz 1995; Asbrand & Lang-Wojtasik 2002; Gräsel 2010; Overwien 2010). Möglich und gewissermaßen auch erforderlich wurde die Entwicklung und Verbreitung des Konzepts der BNE v.a. aufgrund politischer Verlautbarungen angesichts einer erweiterten Problemsicht: Zusammenfassend lässt sich sagen, dass sich vor dem Hintergrund massiver, teilweise irreversibler Umweltprobleme, erster international viel beachteter Hochrechnungen zum voraussichtlichen Zeitpunkt der endgültigen Ausbeutung natürlicher Ressourcen oder dramatischer sozialer Missstände in den Ländern des Südens seit den 1970er Jahren in Abkehr von einer parallelen Bearbeitung von Fragen der sozialen Ungerechtigkeit zwischen den Ländern des Nordens und denen des Südens, einer von Bedrohungsszenarien ausgehenden Umwelterziehung oder kategorisch wirtschaftliche Belange über Eigenrechte der Natur stellenden Ökonomie fortan ein stärker vernetztes und vernetzendes Denken entwickelte – dessen eines Resultat im Bildungsbereich das Konzept einer BNE ist.

BNE konnte entstehen, so die These dieses Beitrags, weil im politischen Bereich – auch aufgrund der Rezeption wissenschaftlicher Befunde – ein Bewusstsein über das Ausmaß und die Dringlichkeit des Problems nicht-nachhaltiger Entwicklung entstand, das zu umfassenden politischen, wissenschaftlichen und für die Praxis relevanten Handlungsprogrammen führte, die wiederum einen Kontext für die Entwicklung innovativer Lösungs- oder zumindest Bewältigungsansätze darstellten. Im Folgenden wird vor diesem Hintergrund skizziert, wie sich BNE institutionalisieren konnte und wie Nachhaltigkeit im Kontext von Bildung thematisiert wurde.

2.1 Legitimierung und Begründung von Nachhaltigkeit als politisches Ziel

Seit den 1970er Jahren, als die erste Studie des Club of Rome „Grenzen des Wachstums" (Meadows u.a. 1972) erschien, wurde kaum mehr angezweifelt, dass Wirtschaftsweise und Konsummuster der Industrieländer zur Weiterentwicklung und Verschärfung des als globale Krise wahrgenommenen Zustands der Umwelt beitragen. Der Club of Rome verdeutlichte eindringlich, dass eine Fortsetzung der damaligen Rohstoffnutzung und Industrialisierung, Umweltverschmutzung, Bevölkerungszunahme und Nahrungsmittelproduktion zu einer Zerstörung der Lebensgrundlagen künftiger Generationen führen würde.

Auch der eineinhalb Dekaden später erschienene Bericht der so genannten Brundtland-Kommission stellte den Bezug zwischen den Wirtschaftsweisen der Industrieländer, globaler Umweltkrise und der sozialen Situation in den Ländern des Südens dar (vgl. Hauff 1987). Diese Kommission kam aufgrund ihrer Analysen der Umweltsituation und ihrer Ursachen zu dem Schluss, dass sich angesichts der Dynamik der Umweltkrise eine Neuorientierung von Politik und Institutionen vollziehen müsse (vgl. ebd., 301ff.). Der Umweltkrise hielt die Kommission das Leitbild der nachhaltigen Entwicklung entgegen. 'Entwicklung' wurde dabei nicht gleichgesetzt mit rein quantitativem Wirtschaftswachstum, sondern wurde als Etablierung einer sozial- und umweltverträglichen, 'besseren' Lebensqualität verstanden (vgl. ebd., 47). Nachhaltige Entwicklung avancierte seitdem zu einem der Leitbilder der Umweltpolitik (vgl. Fritz, Huber & Levi 1995: 7). Ende der 1990er Jahre setzte der Deutsche Bundestag eine Enquete-Kommission ein, die das Konzept Nachhaltigkeit präzisierte (Enquete-Kommission 1998). Nur drei Jahre danach – 2001 – wurden ein Staatssekretärausschuss für nachhaltige Entwicklung sowie der Rat für nachhaltige Entwicklung ins Leben gerufen, und bereits ein Jahr später wurde die Nationale Nachhaltigkeitsstrategie der Bundesregierung vorgelegt. Nachhaltigkeit war damit als politisches Thema fest verankert.

In der nächsten Phase ging es verstärkt um die Realisierung von Nachhaltigkeit, u.a. mittels Bildung, die aus politischer Perspektive als essentieller Bestandteil präventiver Umweltpolitik bedeutsam wurde.

2.2 Politisierung von Bildung: Bedeutung von Bildung bei der Bewältigung politischer Aufgaben

Spätestens auf dem Weltumweltgipfel der Vereinten Nationen, der 1992 in Rio de Janeiro stattfand, wurde Nachhaltigkeit von der internationalen Staatengemeinschaft als eine zukunftsweisende Selbstverpflichtung festgeschrieben. Die Agenda 21 (BMU o.J.) – als rechtlich unverbindliches Papier von mehr als 170 Staats- und Regierungschefs als Abschlussdokument des Gipfels unterzeichnet – war eine der wesentlichen Wegmarken, die die Rolle der Bildung bei der Realisierung einer nachhaltigen Entwicklung hervorhob: In ihrem Kapitel 36 wurde programmatisch für eine „Neuausrichtung der Bildung auf eine nachhaltige Entwicklung" plädiert (ebd., 261ff.). Dem Bildungssystem, v.a. der öffentlichen Schulbildung und der beruflichen Aus- und Fortbildung, wurde eine entscheidende Bedeutung bei der Herausbildung „eines ökologischen und ethischen Bewusstseins sowie von Werten und Einstellungen, Fähigkeiten und Verhaltensweisen, die mit einer nachhaltigen Entwicklung vereinbar sind" beigemessen (ebd.). Seit der Ratifizierung der Agenda 21 wurde eine unüberschaubare Vielzahl von lokalen, regionalen, nationalen und internationalen Initiativen, Aktivitäten und Programmen gestartet, deren Anspruch es ist, BNE in den nationalen Bildungssystemen zu verankern. Begleitet und vorangetrieben wurde dies in Deutschland von etlichen politischen, politikberatenden und wissenschaftlichen Gremien.[1,2]

Ende der 1990er Jahre wurde festgestellt, dass mit der Agenda 21 zwar ein ambitioniertes politisches Dokument ratifiziert wurde, die Prinzipien nachhaltiger Entwicklung jedoch noch nicht in der breiten Öffentlichkeit angekommen waren (Mehl 1997). Umweltthemen sowie das Thema Nachhaltigkeit waren zwar in Schulen, Hochschulen und außerschulischen Bildungseinrichtungen (dazu Giesel, de Haan & Rode 2002), Landesverfassungen und Schulgesetzen gut verankert, ebenso lagen viele Unterrichtsmaterialien und Handreichungen für Umweltbildung vor (Berninger 1997) – dennoch gaben im Jahr 2000, also acht Jahre nach der Rio-Konferenz, nur 13% der Deutschen an, den Begriff Nachhaltigkeit überhaupt schon einmal gehört zu haben (UBA 2000)[3]. Umso mehr galt

---

1 z.B. der Rat für Sachverständigen für Umweltfragen (SRU), der Wissenschaftliche Beirat für Globale Umweltfragen (WBGU) oder der Rat für Nachhaltige Entwicklung (RNE).

2 Im Folgenden kann lediglich eine Auswahl von Dokumenten erwähnt werden, die ‚Bildung' bei der Verwirklichung von nachhaltiger Entwicklung einen zentralen Stellenwert einräumen.

3 Nach einer Verdoppelung dieses Werts auf 28% (im Jahr 2002) ging die Bekanntheit des Begriffs Nachhaltigkeit 2004 auf 22% zurück.

es, Bildungskonzepte zu entwickeln, die viele Menschen ansprechen und für Nachhaltigkeit sensibilisieren.
Schon seit 1994 hat der Sachverständigenrat für Umweltfragen in seinen Gutachten implizit auf die Rolle von Bildung verwiesen, indem das „Verstehen des ökologischen Schlüsselprinzips der Vernetzung" betont wurde (SRU 1994). Auch der Wissenschaftliche Beirat für Globale Umweltfragen hatte schon Mitte der 1990er Jahre Bildung zu einem zentralen Bestandteil von Umweltpolitik erklärt (WBGU 1995). Während diese Dokumente eher formal auf die Rolle des Bildungswesens verweisen, erklärte die Kultusministerkonferenz die Vernetzung von umwelt- und entwicklungspolitischen Fragestellungen im Schulsektor schon 1997 zu einem zukunftsweisenden Bildungsthema: Sie veröffentlichte die Empfehlung „'Eine Welt/Dritte Welt' in Unterricht und Schule" (KMK 1997). Verbindlichkeit schaffte auch die Bundesregierung, insofern sie sich – erstmalig seit 1997 – über den Stand der Umweltbildung unterrichten ließ: Im gleichen Jahr wurde der erste Bericht der Bundesregierung zum Stand der Umweltbildung vorgelegt (Bundestagsdrucksache 13/8878), der mit Beschluss des Bundestages vom Juni 2000 fortan einmal pro Legislaturperiode als Bericht der Bundesregierung zur BNE erscheint (Bundestagsdrucksache 14/3319). In dem Bericht werden Rahmenbedingungen dokumentiert, die für die Etablierung und Weiterentwicklung von BNE durch den Bund, die Länder, von Stiftungen, Nichtregierungsorganisationen etc. in den verschiedenen Bildungsbereichen geschaffen wurden. 2001 wurde von Bund und Ländern das Modellprogramm „21 – Bildung für eine nachhaltige Entwicklung gestartet" (www.blk21.de). 200 allgemeinbildende Schulen realisierten BNE und verankerten die Idee der Nachhaltigkeit in ihren Schulprogrammen, es wurden zahlreiche Unterrichtsmaterialien und Handreichungen entwickelt und erprobt, die die Vielfalt der Themen und methodischen Umsetzung für schulische BNE aufzeigten. Nach Abschluss des Programms BLK 21 schloss das Programm Transfer 21 an diese Ergebnisse an. Ziel war nun die Weiterentwicklung und -verbreitung von BNE über allgemeinbildende Schulen hinaus: Erreicht wurde dies u.a. durch eine eigens veröffentlichte Fachzeitschrift „21", ein umfangreiches Multiplikatorenprogramm, die Veröffentlichung einer Vielzahl erprobter Unterrichtsmaterialien, Lernangebote und Orientierungshilfen (www.blk21.de; www.transfer-21.de).

2.3 Pädagogische Bearbeitung politischer Herausforderungen: Bildung für nachhaltige Entwicklung

Während es in den Vorjahren v.a. darum ging, das Bildungswesen mit in die Verantwortung für die Realisierung des Ziels der Nachhaltigkeit zu nehmen, wurde dieses Anliegen schon bald in entsprechende Bildungskonzepte übernommen. Nun ging es darum, ein eigenständiges Konzept BNE zu formulieren und zu legitimieren.

Mitte der ersten 2000er-Dekade gab es auf der politischen Bühne entsprechende Entwicklungen, die die spezifische Bedeutung einer BNE bekräftigten. So schloss sich der Bundestag im Jahr 2004 einstimmig einem Beschluss der Vereinten Nationen zur Durchführung der Dekade „Bildung für nachhaltige Entwicklung" an (Bundestagsdrucksache 15/3472). Die Vereinten Nationen hatten bei ihrem Gipfel in Johannesburg 2002 entschieden, in den Jahren 2005 bis 2014 eine Weltdekade mit dem Ziel durchzuführen, BNE weltweit in den unterschiedlichsten Bereichen der Bildungssysteme zu verankern. Der Bundestag beauftragte die Deutsche UNESCO-Kommission mit der Federführung der Umsetzung der Dekade-Ziele in Deutschland.

In Deutschland geht es im Rahmen der UN-Dekade BNE im Einzelnen darum, gute Praxisbeispiele in die Breite des Bildungswesens zu transferieren, Akteure zu vernetzen, die öffentliche Wahrnehmung von BNE zu verbessern sowie die internationalen Kontakte im Zusammenhang mit den Bemühungen um BNE zu verstärken (Nationaler Aktionsplan 2005 ff.). Neun Arbeitsgruppen – inzwischen existieren neben bildungsbereichsbezogenen ebenso stärker thematisch ausgerichtete AGs – engagieren sich für die Verwirklichung dieser Ziele. Ihre Arbeit wird koordiniert durch den so genannten Runden Tisch, in dem mehr als einhundert Personen aus Politik, Wirtschaft, Nichtregierungsorganisationen und Wissenschaft vertreten sind. Der Runde Tisch ist das Gremium, das über die strategische Ausrichtung der Dekade-Aktivitäten berät und sowohl die Arbeitsgruppen als auch das Nationalkomitee, das seinerseits die Nähe zu politischen Entscheidungsinstanzen pflegt, unterstützt.

Im Kontext der deutschen Umsetzung der UN-Dekade-Ziele werden seit Beginn herausragende Projekte einzelner Organisationen, Vereine und seit kurzem auch Kommunen von einer Jury als „Dekade-Projekte" ausgezeichnet, wenn sie dazu beitragen, die Dekade-Ziele zu verwirklichen. Bis Dezember 2011 wurden bereits mehr als 1400 Projekte und 13 Städte und Gemeinden ausgezeichnet, die es sich zur Aufgabe machen, BNE im öffentlichen Leben zu verankern.

Dass BNE nunmehr als eigenständiger Politik- und Bildungsbereich anerkannt ist, wird auch daran deutlich, dass die Bundesregierung einmal pro Legislaturperiode einen Bericht zur BNE vorlegt. Festgelegt wurde dies in einem Beschluss der Bundesregierung im Juni 2000 (Bundestagsdrucksache 14/3319) – also im gleichen Jahr, in dem auch die deutsche Beteiligung an der Umsetzung der UN-Dekade beschlossen wurde (s.o.). Der Bericht der Bundesregierung zur BNE gibt Auskunft über die Rahmenbedingungen zur und den Stand der Verwirklichung des Bildungskonzepts in den unterschiedlichen pädagogischen Handlungsbereichen sowie den unterstützenden Maßnahmen und eigenständigen

Aktivitäten des Bundes, der Länder sowie von Verbänden und Nichtregierungsorganisationen.[4]

2.4 Wissenschaftliche Verankerung von Bildung für nachhaltige Entwicklung

Die schon weiter oben genannten politisch wegweisenden Beschlüsse gingen an der fachwissenschaftlichen Auseinandersetzung mit den politischen Herausforderungen und Anforderungen an Bildung nicht spurlos vorbei: Vormals eher parallel entwickelte Konzepte wie die der Umwelterziehung und -bildung, des globalen Lernens, der entwicklungspolitischen Bildung etc. wurden nun – analog zu der im politischen Bereich vollzogenen Synthese umwelt-bezogener, ökonomischer und sozialer Belange – stärker aufeinander bezogen.

Nicht zuletzt führte dies im wissenschaftlichen Bereich zu einer schrittweisen Annäherung dieser Konzepte und schließlich zu ihrer Verzahnung unter dem Label der BNE: In der wissenschaftlichen Fachgesellschaft der Erziehungswissenschaft – der „Deutschen Gesellschaft für Erziehungswissenschaft" – wurde die schon 1995 gegründete, damals noch unter dem Label der Umweltbildung firmierende Arbeitsgruppe im Jahr 2003 zur „Kommission BNE" umbenannt. ‚Disziplinpolitisch' kann dieser Wechsel der vormaligen Arbeitsgruppe in eine Kommission sowie deren gleichzeitige Umbenennung als eine disziplininterne Aufwertung des Gegenstands BNE und als ein Vorgang der stärker wissenschaftlichen Verankerung und Sichtbarmachung des Forschungsgegenstands betrachtet werden. In den Folgejahren drückte sich dies auch darin aus, dass ein eigenes, das Themengebiet strukturierendes Forschungsprogramm (DGfE-AG 2004a) sowie ein Memorandum zur Lehrerbildung für eine nachhaltige Entwicklung (DGfE-AG 2004b) aufgelegt wurden. Zudem wurden in Kooperation mit der Kommission Vergleichende und Internationale Erziehungswissenschaft eine Reihe von Tagungen zu aktuellen Forschungsfeldern und -ansätzen durchgeführt.

Während sich die Praxis der BNE in ihren Anfängen – wohl v.a. über das BLK-Programm „21" kanalisiert – überwiegend in allgemeinbildenden Schulen abspielte, wurde das Konzept recht bald auch von anderen Bildungsbereichen entdeckt und dort weiterentwickelt, insbesondere in der außerschulischen sowie der hochschulischen Bildung. Mit Blick auf die Hochschulen lässt sich festhalten, dass in den 2000er-Jahren vermehrt Professuren geschaffen wurden, die in ihren Denominationen Bezüge zur Nachhaltigkeit ausweisen (de Haan 2007).

---

4 Im Jahr 2009 wurde zur Halbzeitkonferenz der UN-Dekade ein solcher Bericht auch von der UNESCO vorgelegt, dem es darum geht weltweite Entwicklungen, Rahmenbedingungen und Strukturen der Umsetzung von BNE zu dokumentieren.

Außerdem wurden vermehrt nachhaltigkeitsbezogene Forschungsprogramme aufgelegt (z.b. Forschung für Nachhaltigkeit, www.fona.de); entsprechend etablierte sich der Gegenstand „Nachhaltigkeit" in Studiengängen und als akademischer Lehr- und Forschungsinhalt und wurde so zu einem Thema von hochschulischen Bildungsangeboten (Michelsen 2008; Adomßent u.a. 2009).

3 Formen der Thematisierung von Nachhaltigkeit im Bildungsbereich

Wie oben schon deutlich geworden sein dürfte, setzte die Entwicklung des Konzepts BNE zeitlich versetzt zu den entsprechenden politischen Verlautbarungen ein, in denen Bildung eine wichtige Rolle bei der Bewältigung des eigentlich politischen Problems beigemessen wurde. Die Ausbuchstabierung eines eigenständigen pädagogischen Konzepts durchlief (und durchläuft) verschiedene Phasen der Thematisierung von BNE. Diese werden im Folgenden skizziert.[5]

3.1 Nachhaltigkeit als Gegenstand von Bildung

Mitte bis Ende der 1990er Jahre ging es in der sich formierenden BNE zunächst darum, das Leitbild der Nachhaltigkeit zu durchdringen und es für seine Thematisierung in Bildungsveranstaltungen aufzubereiten. So ging es neben der Frage der Gewichtung bzw. dem Verhältnis der Dimensionen Ökologie, Ökonomie und Soziales um die Präsentation praktikabler Beispiele nachhaltiger Entwicklung (BUND & Misereor 1996). Kurze Zeit darauf wurde das Konzept einer starken und schwachen Nachhaltigkeit (Ott 2001) entwickelt und damit die ethische Frage zur Diskussion gestellt, ob Errungenschaften z.B. in ökologischer Hinsicht Bemühungen in einer anderen Dimension aushebeln bzw. kompensieren ‚dürfen'. Insgesamt schien der Schwerpunkt zunächst darauf zu liegen, Einsicht in die Notwendigkeit einer nachhaltigen Entwicklung zu ermöglichen: Schon bald wurden aber auch Prinzipien der Nachhaltigkeit als Orientierungen für nachhaltigkeitsbezogenes Handeln durchbuchstabiert: Zunächst ging es darum, Permanenz-, Effizienz-, Konsistenz- und Suffizienzstrategie unter dem Primat des Retinitätsprinzips zu veranschaulichen und Regeln, Prinzipien sowie Indikatoren nachhaltiger Entwicklung festzuhalten (de Haan & Kuckartz 1996; Kopfmüller, Brandl & Jörissen u.a. 2001).

---

5 Um einige zentrale Entwicklungsetappen des Konzepts zu verdeutlichen, wird hier auf die durchaus vorhandene Kritik an BNE nicht näher eingegangen. Diese Kritik richtete sich anfangs v.a. auf die Normativität von BNE (Apel 1997) oder ihre nahezu hegemoniale Position im Vergleich zu anderen Konzepten (Asbrand/Lang-Wojtasik 2002).

Schon früh wurde formuliert, dass v.a. technische Lösungen oder solche auf der Basis von Produktinnovationen gesellschaftlich am ehesten anschlussfähig seien und Innovationen dagegen, die auf individuelle Veränderungen der Lebensführung und Verhaltensgewohnheiten abzielten, problematisch seien (Huber 1995). Aus Sicht der Sozialwissenschaften kamen jedoch gerade lebensstilbezogenen Beiträgen zur Realisierung einer nachhaltigen Entwicklung eine herausragende Rolle zu. Nicht zuletzt drückte sich dies in zahlreichen Studien aus, in denen es um die Rolle von Wissen in Bezug auf umweltbezogenes Verhalten und Handeln sowie Erklärungen für umweltbewusstseinswidriges Verhalten ging (Umweltbewusstseinsstudie 1994; de Haan & Kuckartz 1996; Gräsel 1999).

3.2 Entwicklung eines eigenständigen Konzepts Bildung für nachhaltige Entwicklung

Vor dem Hintergrund der in Abschnitt 2.1 exemplarisch aufgezeigten, wegweisenden politischen Zielsetzungen bzw. Selbstverpflichtungen insbesondere ‚seit Rio' galt es, bisher praktizierte Konzepte der Umweltbildung, des globalen Lernens und der entwicklungspolitischen Bildung zu rekontextualisieren und neu zu konturieren. Bisher weitgehend getrennt voneinander entwickelte und praktizierte Ansätze der Umweltbildung auf der einen Seite und der entwicklungspolitischen Bildung auf der anderen Seite wurden stärker aufeinander bezogen. Im wissenschaftlich-konzeptuellen Bereich vollzog sich damit nach und nach nun das, was sich zuvor auf politischer Ebene abspielte – eine Begründung der Notwendigkeit, bisherige Konzepte konstruktiv aufeinander zu beziehen und weiterzuentwickeln.

Ende der 1990er Jahre setzte vermehrt eine wissenschaftliche Fundierung und Rahmung eines auf das politische Ziel der Nachhaltigkeit ausgerichteten Bildungskonzepts ein. Begrifflich zunächst noch vom Konzept der Umweltbildung ausgehend, wurde ein theoretisches Fundament für Bildung geschaffen, das von Unterweisung und Wissensvermittlung Abstand nahm zugunsten von lebensweltlich orientierter und konstruktivistisch fundierter Didaktik und Methodik (Bolscho & de Haan 2000). Im Zuge dieser Verwissenschaftlichung von Umweltbildung (!) fanden auch erste empirische Untersuchungen ihrer Wirksamkeit statt (Bolscho & Michelsen 1999; Lehmann 1999; Unterrichtswissenschaft 1999; Rode 1996). In dieser Zeit wurde erstmals für die Ablösung des Konzepts Umweltbildung durch ein eigenständiges Konzept einer BNE plädiert: So legte de Haan (1997) einen Entwurf einer BNE vor, die über Ziele und Praktiken einer bis dahin traditionellen Umweltbildung weit hinausging. Begründet wurde dieser radikale Schnitt damit, dass Umweltbildung mit ihrer an Bedrohungsszenarien ausgerichteten Methodik kaum empirisch nachweisbare Effekte auf das Umweltverhalten habe. Zudem sei die Umweltbildung lediglich ein Additivum, das allenfalls über eigene Inhalte, nicht aber über eine eigenständige und theoretisch gerahmte Ziele und empirisch fundierte Methodik verfüge. Nicht zuletzt basiere die bis dato existierende Umweltbildung auf nicht reflektierten Grundlagen und sei daher aus wissenschaftlicher Perspektive nicht länger haltbar. Dem hielt de Haan mit dem Entwurf einer BNE ein Bildungskonzept entgegen, das auf einem Fundament konstruktivistischer Erkenntnisse über Lehren und Lernen fußte, das intergenerationelle Gerechtigkeit zu einem ethischen Leitprinzip erklärte sowie an die von den Sozialwissenschaften festgestellten Trends der Individualisierung und gesellschaftlichen Pluralisierung anknüpfte.

Tatsächlich wurde in den Folgejahren von der damaligen Bund-Länder-Kommission für Bildungsplanung und Forschungsförderung ein Orientierungsrahmen „Bildung für nachhaltige Entwicklung" herausgegeben (BLK 1998). In dem Orientierungsrahmen wurden für die verschiedenen pädagogischen Handlungsfelder – beginnend beim Elementarbereich über den schulischen, hochschulischen und berufsbildenden bis zum Bereich der Weiterbildung – Maßnahmen und hilfreiche Unterstützungsstrukturen dargelegt, mit denen die Wende von der Umweltbildung zur BNE vollzogen werden konnte. Realisiert wurde auf der Grundlage dieses Orientierungsrahmens das BLK-Programm „21 – Bildung für nachhaltige Entwicklung" (BLK 1999), in dem es darum ging, das Konzept im schulischen Bereich zu entwickeln und zu erproben. Das Programm bestand aus drei Unterrichts- und Organisationsprinzipien, die gemeinsam auf den Erwerb von Gestaltungskompetenz abzielten: Dabei handelte es sich um interdisziplinäres Wissen, partizipatives Lernen und inno-vative Strukturen (ebd., S. 59ff.). „Gestaltungskompetenz" wurde in diesem Rahmen als Ziel einer BNE neu in den Diskurs eingeführt.

Während es im BLK-Programm „21 – Bildung für nachhaltige Entwicklung" darum ging, Unterrichtsmaterialen und -konzepte für die schulische Integration von BNE in den Regelunterricht zu entwickeln und zu erproben, war es das Ziel des Folgeprogramms „Transfer 21", mehr als 10% aller Schulen für die Praktizierung von BNE zu gewinnen. Insgesamt begann mit dem Programm eine Wende weg von einer an „Bedrohungsszenarien" (BLK 1999: 18) orientierten, Betroffenheit erzeugenden und Wissensvermittlung betreibenden Umweltbildung hin zu einer an modernen, kompetenz- und gestaltungsorientierten BNE (z.B. de Haan 1997; Michelsen 1997; Herz, Seybold & Strobl 2001). Die BLK-Programme können letztlich als Auftakt für die umfassende Institutionalisierung von BNE im v.a. schulischen Bereich angesehen werden; ihrerseits ist sie eng verwoben mit der theoretischen, inhaltlichen und methodischen Weiterentwicklung des Konzepts und dessen empirischer Fundierung (s. dazu Abschnitt 3.3).

3.3 Verwissenschaftlichung von Bildung für nachhaltige Entwicklung

In dem Entwurf einer BNE wurden die damals parallel existierenden, o.g. pädagogischen Ansätze variiert bzw. ihre Trennung überwunden, indem von der Zielperspektive einer ökologisch, ökonomisch und sozial gerechten Entwicklung her ein neues, kompetenzorientiertes Konzept entwickelt wurde, das mit bisherigen Bedrohungsszenarien als vielfachen Aufhängern für Bildungsangebote brach und statt dessen für positive gesellschaftliche Modernisierungsszenarien als Ausgangspunkte der Bildungsarbeit plädierte (de Haan 1997).

Nachdem zuvor in Schulen, Hochschulen und in außerschulischen Bildungseinrichtungen zahlreiche Praxisanleitungen entwickelt und erprobt wurden, ging es Mitte der ersten 2000er Dekade zunehmend darum, empirisch tragfähige und zukunftsweisende Forschungsthemen im Bereich der BNE zu entwickeln. Zu diesen Themen zählte die bereits genannte DGfE-Kommission die Lehr-Lern-Forschung, den Einsatz Neuer Medien, die Innovations- und Transferforschung sowie Qualitätssicherung (Rieß & Apel 2005). Zentral wurde in dieser Zeit außerdem die outputorientierte Perspektive, die insbesondere in den Wirkungsevaluationen entsprechender Bildungsprogramme zum Tragen kam. Der schon früh auf die Ergebnisse von Bildungsprozessen gerichtete Fokus der BNE (Rode 2005) stabilisierte sich in den Folgejahren (exemplarisch Rychen 2008; Bormann & de Haan 2008; Rieß 2010) und wurde damit grundsätzlich mehr und mehr anschlussfähig an die derzeit vorrangig wirkungsorientierte, kognitionswissenschaftliche, v.a. auf die Messung von Kompetenzen ausgerichtete empirische Bildungsforschung.

Im Kontext der UN-Dekade sollte zudem der Fortschritt der Implementation von BNE ermittelt werden. Zu diesem Zweck wurden und werden in internationalen Vorhaben unter Federführung der UNECE zum einen Indikatoren entwickelt, die für das Fortschrittsmonitoring herangezogen werden (van Raaij 2007; Bormann 2008; Bormann & Michelsen 2010). Im Rahmen der bereits genannten nationalen Berichterstattung der Bundesregierung zur BNE wurden diese Indikatoren darüber hinaus auf die nationale Situation angepasst (Michelsen, Adomßent & Bormann u.a. 2011). Zum anderen ist seit 2009 eine Gruppe internationaler Experten von ihren jeweiligen Bildungs-, Kultus- bzw. Umweltministerien mandatiert, ein Empfehlungspapier zu Kompetenzprofilen für solche Lehrpersonen zu formulieren, die im Kontext einer BNE tätig sind (http://www.unece.org/env/esd/SC.EGC.html).

3.4 Transfer und Integration von Bildung für nachhaltige Entwicklung

Diese zuletzt genannten Entwicklungen zeigen, dass spätestens seit Mitte der 2000er Jahre in der BNE eine Phase einsetzte, in der es darum ging, die Idee und die erprobte Praxis einer BNE in unterschiedliche pädagogische Handlungsfelder in der Breite des Bildungswesens zu transferieren, zu verankern und diesen Vorgang zum einen politisch zu flankieren und zum anderen empirisch zu fundieren (dazu Kap. 4).

Ein wesentlicher Schrittmacher der politischen Unterstützung des Transfers und der breiten Verankerung von BNE in alle Bereiche des Bildungswesens ist in Deutschland die o.g. UN-Dekade BNE. Unter dem organisatorischen Dach des Nationalkomitees, das eine Schnittstelle wichtiger gesellschaftlicher Akteure zu politischen Entscheidungsgremien darstellt, und dem Runden Tisch mit mehr als einhundert Repräsentanten gesellschaftlicher nachhaltigkeitsrelevanter Gruppen arbeiten inzwischen zehn Arbeitsgruppen daran, BNE in die unterschiedlichen Handlungsfelder zu integrieren und das gesellschaftliche Bewusstsein für BNE zu stärken. Während die Arbeitsgruppen anfangs v.a. die unterschiedlichen pädagogischen Handlungsfelder – Elementarbereich, Schule, Hochschule, Außerschulische und Weiterbildung etc. – abdeckten, spiegelt die Vielfalt der Arbeitsgruppen inzwischen stärker den eingangs genannten institutionellen wie inhaltlichen Querschnittscharakter von BNE wider: Nunmehr existieren auch Arbeitsgruppen zu „Kommunen" oder „Biodiversität" (www.bneportal.de). Teilweise sind die Arbeitsgruppen der UN-Dekade in der Lage, mit ihren Arbeitsergebnissen eine potentiell recht hohe Breitenwirkung zu erreichen: So lancierte etwa die Arbeitsgruppe Schule eine von Deutscher UNESCO-Kommission und Kultusministerkonferenz getragene Empfehlung zur BNE in der Schule (KMK & DUK 2007). Im gleichen Jahr wurde im Rahmen einer gemeinsam von Kultusministerkonferenz und Bundesministerium für wirtschaftliche Zusammenarbeit und Entwicklung Maßnahme im Kontext des Nationalen Aktionsplans der UN-Dekade ein Orientierungsrahmen für den Lernbereich Globale Entwicklung veröffentlicht (BMZ & KMK 2007).

4 Aktuelle Schwerpunkte in der Bildung für nachhaltige Entwicklung

Begleitet ist die politische Unterstützung und die Aufmerksamkeit, die BNE durch die UN-Dekade erfährt, von einer erstarkenden empirischen Forschung im Bereich BNE. In jüngerer Zeit finden im Bereich der BNE – durchaus im Einklang mit Strömungen, wie sie allgemein im Bildungswesen und in der Bildungsforschung beobachtet werden können – weitere Ausdifferenzierungen und neue Schwerpunktsetzungen statt (Gräsel, Bormann & Schütte u.a. 2012): BNE wird vermehrt zu einem Gegenstand einer forschungsbasierten Politikgestaltung. Darüber hinaus hat auch der Qualitätsdiskurs nunmehr die BNE erreicht. Nicht zuletzt findet eine Ausweitung des Beobachtungsfokus' von institutionalisierten Lernorten auf informelle, v.a. kommunale Kontexte statt.

4.1 ‚Vermessung' von Bildung für nachhaltige Entwicklung

Der Trend einer Hinwendung zu evidenzbasierten Formen der bildungspolitischen Entscheidungsfindung, der verstärkt seit dem Jahrtausendwechsel in der Bildungsforschung zu beobachten ist, hat den Bereich der BNE erreicht. Sichtbar wird dies insbesondere an zwei Themen: an der Kompetenzdebatte sowie der Entwicklung von Indikatoren.

Wie im Kontext der empirischen Bildungsforschung ist im Bereich der BNE die Analyse der Wirkungen von BNE ein bedeutendes Thema. Die v.a. kognitionsbezogene Kompetenzmodellierung und -diagnostik wird im Kontext eines DFG-Schwerpunktprogramms umfassend gefördert, allerdings wird in diesem Rahmen nur recht vereinzelt auf Kompetenzen im Zusammenhang mit BNE eingegangen (Bögeholz 2007). Neben Ansätzen, die sich auf Umwelthandeln beziehen (Gräsel & Bilharz 2006), werden in der enger auf BNE bezogenen Kompetenzforschung recht unterschiedliche Kompetenzenmodelle entwickelt: Neben dem bereits Mitte der 1990er Jahre in die Debatte eingebrachten Modell der Gestaltungskompetenz, das sich an der von der DeSeCo vorgeschlagenen Klassifikation von Schlüsselkompetenzen orientiert (Rychen 2008; de Haan u.a. 2009), liegen z.B. auch aus empirischen Befunden abgeleitete Kompetenzmodelle vor, die auf die Fähigkeit zur Bewertung nicht nachhaltiger Entwicklung zielen (Rost, Lauströer & Raack 2003; überblicksartig Bormann & de Haan 2008).

Mitte der ersten 2000er-Dekade erfuhr die schon früh geführte Operationalisierungsdebatte (s. Abschnitt 3.1) neuen Aufwind: Im Rahmen der UN-Dekade wurden Indikatoren entwickelt, mit denen weltweit Fortschritte bei der Implementation von BNE bzw. die Schaffung von Rahmenbedingungen, die die Verankerung von BNE in allen Bildungsbereichen erleichtern und unterstützen, ermittelt und beurteilt werden sollten (s. Abschnitt 3.3; UNESCO 2009). In einem trinationalen Projekt wurde dieses Indikatorenset auf die Bildungssysteme sowie die auf BNE bezogenen verfügbaren Daten Deutschlands (Michelsen, Adomßent & Bormann u.a. 2011), Österreichs und der Schweiz transferiert und weiterentwickelt (Di Giulio, Ruesch Schweizer & Adomßent u.a. 2011). Damit wurde grundsätzlich ein indikatorenbasiertes Format in der BNE bezogenen Berichterstattung ermöglicht. Ob in den künftigen Berichten der Bundesregierung zur BNE auf diese Indikatoren zurückgegriffen wird, wird sich erst noch zeigen müssen.

4.2 Qualitätsdokumentation, -sicherung und -entwicklung

Zwar können Kompetenz- und Indikatorenforschung in den Kontext der Qualitätssicherung eingebettet werden; diese Forschungszweige fokussieren allerdings stärker die Gesamtsystemebene. Qualitätssicherung findet jedoch auch auf der Ebene einzelner Organisationen statt: Zu nennen sind hier sowohl nationale als auch internationale Vorhaben, die an den Praktiken einzelner Bildungsorganisationen und Initiativen ansetzen und sie dabei unterstützen wollen, ihre Aktivitäten zur Realisierung von BNE systematisch selbst zu überprüfen und weiterzuentwickeln (Heinrich u.a. 2009; AG Qualität 2007).

Über Praktiken der nachhaltigkeitsbezogenen Selbstevaluation hinaus sind Bestrebungen einer Dokumentation und Berichterstattung von Nachhaltigkeitsprozessen in Bildungsorganisationen zu verzeichnen. Insbesondere Hochschulen als Bildungsorte, die sich mit Nachhaltigkeit auseinandersetzen, machen sich vermehrt auf den Weg, ihre Fortschritte systematisch und wiederholt zu evaluieren und in Nachhaltigkeitsberichten zu dokumentieren (z.B. www.leuphana.de). Auch in non-formellen und informalen Bildungskontexten können Aktivitäten einer Qualitätsentwicklung berichtet werden: Mit dem Ziel, Qualität in BNE-Initiativen und -Projekten festzustellen und auszuzeichnen, wurden im Rahmen der UN-Dekade Kriterien entwickelt, die an jene Projektdarstellungen und Maßnahmen angelegt werden, die sich um die Auszeichnung als Dekade-Projekt oder Dekade-Kommune bewerben (www.bne-portal.de).

4.3 Akteurskonstellationen im Rahmen der Umsetzung von Bildung für nachhaltige Entwicklung

Kurze Zeit nach der Veröffentlichung der Agenda 21 starteten zu Beginn der 1990er Jahre vielerorts ehrenamtliche Initiativen mit dem Ziel, auf lokaler Ebene Nachhaltigkeitsprozesse in Gang zu setzen. Viele Städte und Gemeinden haben sich fortan darum bemüht, diese Prozesse lebendig zu halten bzw. mit zukunftsweisenden Akzenten neu zu gestalten, wie z.B. der Wettbewerb InnovationCity des Initiativkreises Ruhr, der auf die nachhaltige Transformation der Ruhr-Region abzielt (www.i-r.de). Das wissenschaftliche Interesse im Zusammenhang mit kommunalen Aktivitäten im Bereich der BNE richtet sich insbesondere auf das Zustandekommen und Zusammenwirken von Akteurskonstellationen, die den Transfer und die Verankerung des Bildungskonzepts im lokalen Kontext vorantreiben. Dazu wurde im Jahr 2010 ein an der Freien Universität Berlin angesiedeltes und vom Bundesministerium für Bildung und Forschung gefördertes Projekt gestartet, dessen Ziele es sind, einerseits Kommunen bei ihren BNE-Prozessen maßgeschneiderte Hilfestellungen anzubieten und andererseits die Vernetzungen der beteiligten Akteure zu erschließen (Kolleck, de Haan & Fischbach 2011).

Im Jahr 2010 schrieb das BMBF eine Bekanntmachung zur Stärkung der empirischen Forschung im Bereich Bildung für nachhaltige Entwicklung aus. Die in dieser Bekanntmachung genannten Schwerpunkte liegen in den Bereichen der Kompetenzmodellierung und -diagnostik, der Transfer- sowie der Steuerungsforschung. Diese Schwerpunkte dokumentieren, dass sich die For-

schung im Bereich der BNE mit den Themen befasst, die derzeit auch in der Bildungsforschung prominent sind.
Insgesamt zeigen diese nur kurz und ausschnitthaft skizzierten aktuellen Schwerpunkte, dass von einem Ende der konzeptuellen Weiterentwicklung der BNE bis auf Weiteres nicht die Rede sein kann.

Literatur
Adomßent, M., Michelsen, G., Rieckmann, M. & Stoltenberg, U. (2009). Die "Sustainable University" als informeller Lernkontext. In: M. Brodowski, U. Devers-Kanoglu, B. Overwien, M. Rohs, S. Salinger & M. Walser (Hrsg.), *Informelles Lernen und Bildung für eine nachhaltige Entwicklung. Beiträge aus Theorie und Praxis* (S. 247 – 254). Opladen.
AG Qualität (2007). *Qualitätsentwicklung BNE-Schulen. Qualitätsfelder, Leitsätze, Kriterien.* Berlin.
Apel, H. (1997). Ein neues Konzept zur falschen Zeit. In: *Politische Ökologie*, Jg. 51, H. Mai/Juni, S. 41 - 46.
Asbrand, B. & Lang-Wojtasik, G. (2002). Gemeinsam in eine nachhaltige Zukunft? Anmerkungen zum ‚Bericht der Bundesregierung zur Bildung für nachhaltige Entwicklung'. In: *Zeitschrift für Internationale Bildungsforschung und Entwicklungspädagogik*, Jg. 25, H. 2, S. 31 - 34.
Berninger, M. (1997). Neue Prioritäten setzen. In: *Politische Ökologie*, Jg. 51, H. Mai/Juni, S. 60 - 63.
BLK = Bund-Länder-Kommission für Bildungsplanung und Forschungsförderung (1998). *Bildung für eine nachhaltige Entwicklung. Orientierungsrahmen*, H. 69. Bonn.
BLK = Bund-Länder-Kommission für Bildungsplanung und Forschungsförderung (1999). *Bildung für eine nachhaltige Entwicklung. Gutachten zum Programm von G. de Haan und D. Harenberg*, H. 72. Bonn.
BMU = Bundesministerium für Umwelt, Naturschutz, Reaktorsicherheit (o.J.). *Agenda 21. Konferenz der Vereinten Nationen für Umwelt und Entwicklung im Juni 1992 in Rio de Janeiro.* Bonn.
BMZ / KMK = Bundesministerium für wirtschaftliche Zusammenarbeit und Entwicklung / Kultusministerkonferenz (2007). *Orientierungsrahmen für den Lernbereich Globale Entwicklung.* Bonn.
Bögeholz, S. (2007). Bewertungskompetenz für systematisches Entscheiden in komplexen Gestaltungssituationen Nachhaltiger Entwicklung. In: D. Krüger & H. Vogt (Hrsg.), *Theorien in der biologiedidaktischen Forschung* (S. 209 – 220). Berlin.
Bolscho, B. & Haan, G. de (Hrsg.) (2000). *Konstruktivismus und Umweltbildung.* Opladen.

Bolscho, D. & Michelsen, G. (1999). *Methoden der Umweltbildungsforschung.* Opladen.

Bormann, I. (2008). Fortschrittsmonitoring mittels Indikatoren. Ein Beispiel. In: W. Bos, W. Böttcher, H. Döbert & H.G. Holtappels (Hrsg.), *Bildungsmonitoring und Bildungscontrolling in nationaler und internationaler Perspektive* (S. 47 – 59). Münster.

Bormann, I. & Haan, G. de (Hrsg.) (2008). *Kompetenzen der Bildung für nachhaltige Entwicklung. Operationalisierung, Messung, Rahmenbedingungen, Befunde.* Wiesbaden.

Bormann, I. & Michelsen, G. (2010). The collaborative production of meaningful measure(ment)s. Preliminary insights into a work in progress. In: *European Educational Research Journal*, vol. 9, no. 4, pp. 510 - 518.

BUND/Misereor (1996). *Zukunftsfähiges Deutschland.* Basel.

Bundestagsdrucksache 13/8878: *Erster Bericht zur Umweltbildung.* Deutscher Bundestag.

Bundestagsdrucksache 14/3319: *Beschlussempfehlung und Bericht zur Bildung für eine nachhaltige Entwicklung.* Deutscher Bundestag.

Bundestagsdrucksache 15/3472: *Beschlussempfehlung und Bericht zum Aktionsplan zur UN-Weltdekade „Bildung für nachhaltige Entwicklung".* Deutscher Bundestag.

DGfE-AG (2004a). *Forschungsprogramm Bildung für eine nachhaltige Entwicklung*; online: http://www.dgfe-bne.de/

DGfE-AG (2004b). *Memorandum Lehrerbildung für eine nachhaltige Entwicklung, o.O.*; online: http://www.dgfe-bne.de/

Enquete-Kommission (1998). *Konzept Nachhaltigkeit. Vom Leitbild zur Umsetzung. Abschlussbericht der Enquete-Kommission „Schutz des Menschen und der Umwelt" des 13. Deutschen Bundestages.* Bonn.

Fritz, P., Huber, J. & Levi, H.W. (Hrsg.) (1995). *Nachhaltigkeit in naturwissenschaftlicher und sozialwissenschaftlicher Perspektive.* Stuttgart.

Giesel, K., Haan, G. de & Rode, H. (2002). *Umweltbildung in Deutschland. Stand und Trends im außerschulischen Bereich.* Berlin.

Giolio, A. di, Ruesch Schweizer, C., Adomßent, M., Blaser, M., Bormann, I., Burandt, S., Fischbach, R. u.a. (2011). *Bildung auf dem Weg zur Nachhaltigkeit. Vorschlag eines Indikatoren-Sets zur Beurteilung von Bildung für Nachhaltige Entwicklung.* Nr. 12/2011 der Schriftenreihe des IKAÖ. Bern.

Gräsel, C. (1999). Die Rolle des Wissens beim Umwelthandeln - oder: Warum Umweltwissen träge ist. In: *Unterrichtswissenschaft*, Jg. 27, S. 196 - 212.

Gräsel, C. (2010, 3.A.). Umweltbildung. In: R. Tippelt & B. Schmidt (Hrsg.), *Handbuch Bildungsforschung* (S. 845 - 861). Wiesbaden.

Gräsel, C. & Bilharz, M. (2006). Gewusst wie: Strategisches Umwelthandeln als Ansatz zur Förderung ökologischer Kompetenz in Schule und Weiterbildung. In: *Bildungsforschung*, Jg. 3, H. 1, online: www.bildungsforschung.org/ Archiv/2006-01/umwelthandeln

Gräsel, C., Bormann, I., Schütte, K., Trempler, K., Fischbach, R. & Asseburg, R. (2012, i.E.). Perspektiven der Forschung im Bereich Bildung für nachhaltige Entwicklung. In: BMBF (Hrsg.), *Bildung für nachhaltige Entwicklung, Reihe Bildungsforschung*. Berlin: BMBF.

Haan, G. de (1997). Paradigmenwechsel. In: *Politische Ökologie*, Jg. 51, H. Mai/Juni, S. 22 - 27.

Haan, G. de (2007). *Studium und Forschung zur Nachhaltigkeit*. Gütersloh.

Haan, G. de & Kuckartz, U. (1996). *Umweltbewusstsein. Denken und Handeln in Umweltkrisen*. Opladen.

Haan, G. de, Kamp, G., Lerch, A., Martignon, L., Müller-Christ, G. & Nutzinger, H.G. (2009). *Nachhaltigkeit und Gerechtigkeit*. Berlin.

Hauff, V. (Hrsg.) (1987). *Unsere gemeinsame Zukunft. Der Brundtland-Bericht der Weltkommission für Umwelt und Entwicklung*. Greven.

Heinrich, M., Fürlinger, C., Gußner-Girlinger, N., Traxler, K. & Zauner, H. (2009). *Bildung für nachhaltige Entwicklung in der Diskussion. Reflexionen zu Qualitätskriterien einer BNE an Schulen*. Münster.

Herz, O., Seybold, H. & Strobl, G. (Hrsg.) (2001). *Bildung für nachhaltige Entwicklung. Globale Perspektiven und neue Kommunikationsmedien*. Opladen.

Huber, J. (1995). *Nachhaltige Entwicklung: Strategien für eine ökologische und soziale Erdpolitik*. Berlin.

KMK = Kultusministerkonferenz (1997). *Eine Welt / Dritte Welt in Unterricht und Schule*. Bonn.

KMK & DUK (2007). *Bildung für nachhaltige Entwicklung in der Schule*. Bonn: KMK/DUK.

Kopfmüller, J., Brandl, V., Jörissen, J., Paetau, M., Banse, G., Coenen, R. & Grunwald, A. (2001). *Nachhaltige Entwicklung integrativ betrachtet. Konstitutive Elemente, Regeln, Indikatoren. Global zukunftsfähige Entwicklung – Perspektiven für Deutschland*. Berlin.

Kolleck, N., de Haan, G. & Fischbach, R. (2011). Social Networks for Path Creation: Education for Sustainable Development matters. In: *Journal of Future Studies*, Vol. 15, no. 4, pp. 77 - 92.

Lehmann, J. (1999). *Befunde empirischer Forschung zu Umweltbildung und Umweltbewusstsein*. Opladen.

Meadows, D., Meadows, R. & Randers, J. (1972). *Die Grenzen des Wachstums, Bericht des Club of Rome zur Lage der Menschheit*. Stuttgart.

Mehl, U. (1997). Gesamtkonzept fehlt. In: *Politische Ökologie*, Jg. 51, H. Mai/Juni, S. 58 - 60.

Michelsen, G. (2008). Hochschule und Nachhaltigkeit: neue Herausforderungen fur Lehren, Lernen und Forschen. In: N. Amelung, B. Mayer-Scholl, M.

Schafer & J. Weber (Hrsg.), *Einstieg in Nachhaltige Entwicklung* (S. 135 – 151). Frankfurt/Main.

Michelsen, G. (1997). Große Herausforderung. Entwicklung, Stand und Perspektiven der Umweltbildung in Deutschland. In: *Politische Ökologie*, Jg. 15, S. 33 - 38.

Michelsen, G., Adomßent, M., Bormann, I., Burandt, S. & Fischbach, R. (2011). *Indikatoren der Bildung für nachhaltige Entwicklung – ein Werkstattbericht*. Frankfurt.

NAP Nationaler Aktionsplan für Deutschland (2005ff.); hrsg. vom Nationalkomitee der Deutschen UN-Dekade. Bonn.

Ott, K. (2001). Eine Theorie ‚starker' Nachhaltigkeit. In: *Natur und Kultur*, 2 / 1, 55 - 75.

Overwien, B. (2010). Globalisierung und Globales Lernen. Bildung für nachhaltige Entwicklung. In: *Schulmagazin*, Heft 5-10 (2010), S. 7 - 10.

Rieß, W. (2010). *Bildung für nachhaltige Entwicklung. Theoretische Analysen und empirische Studien*. Münster.

Rieß, W. & Apel, H. (Hrsg.) (2005). *Bildung für eine nachhaltige Entwicklung. Aktuelle Forschungsfelder und -ansätze*. Wiesbaden.

Rode, H. (1996). *Schuleffekte in der Umwelterziehung*. Frankfurt.

Rode, H. (2005). *Motivation, Transfer und Gestaltungskompetenz. Ergebnisse der Abschlussevaluation des BLK-Programms „21"*, Berlin.

Rost, D., Lauströer, A. & Raack, N. (2003). Kompetenzmodelle einer Bildung für Nachhaltigkeit. In: *Praxis der Naturwissenschaften/Chemie in der Schule*, Jg. 52, H. 8, S. 10 - 18.

Rychen, D.S. (2008). OECD Referenzrahmen für Schlüsselkompetenzen – ein Überblick. In: I. Bormann & G. de Haan (Hrsg.) (2008). *Kompetenzen der Bildung für nachhaltige Entwicklung. Operationalisierung, Messung, Rahmenbedingungen, Befunde* (S. 15 - 23). Wiesbaden.

Scheunpflug, A. & Seitz, K. (1995). *Die Geschichte der entwicklungsbezogenen Bildungsarbeit. Zur pädagogischen Konstruktion der Dritten Welt*. Frankfurt/Main.

SRU = Rat von Sachverständigen für Umweltfragen (Hrsg.) (1994). *Umwelt-Gutachten 1994. Für eine dauerhaft-umweltgerechte Entwicklung*. Stuttgart.

UBA (2000). *Umweltbewusstsein in Deutschland. Ergebnisse einer repräsentativen Bevölkerungsumfrage. Broschüre*. Dessau/Berlin: UBA/BMU.

Umweltbewusstsein in Deutschland (1994). *Ergebnisse einer repräsentativen Bevölkerungsumfrage, hrsg. vom Bundesministerium für Umwelt, Naturschutz und Reaktorsicherheit*. Bonn.

UNESCO (2009). *Review ofe Contexts and Structures for Education for Sustainable Develpment 2009. Learning for a sustainable world*. Paris: UNESCO.

Unterrichtswissenschaft (1999). *Thema Umweltbildung*, Jg. 27, H. 3.
van Raaij, R. (2007). Indikatoren einer Bildung für nachhaltige Entwicklung. In: *BNE-Journal*. Online-Magazin, Ausgabe 1/Mai 2007.
WBGU = Wissenschaftlicher Beirat für Globale Umweltfragen (1995). *Welt im Wandel. Wege zur Lösung globaler Umweltprobleme. Jahresgutachten 1995.* Berlin.

Vom Handeln zum Wissen – ein Perspektivwechsel für eine Bildung für nachhaltige Entwicklung

Lenelis Kruse

Abstract

The title was chosen deliberately in order to question the dominant paradigm for education for sustainable development (ESD). Large parts of ESD literature deal with a number of key-competencies, such as systemic thinking, self-reflexion, value orientation, participation etc. There appears to be a cognitive bias and a focus on schools.

In this chapter a broader perspective is suggested. Sustainable development requires fundamental changes of non-sustainable lifestyles and therefore we should start from non-sustainable actions and look for a wider range of evidence-based determinants and for possible approaches for changing them.

It will then turn out that knowledge is less important than emotions, motivations, habits etc. as well as specific social and environmental contexts and target groups.

1 Eine provozierende Vorbemerkung

Dieser auf den ersten Blick überraschende Titel wurde mit Bedacht gewählt. Erwartet wird wie selbstverständlich die Formel „Vom Wissen zum Handeln", ist sie doch weit verbreitet als Motto von Forschungsprogrammen, als Leitbilder für Stiftungen, Titel für Buchreihen und Konferenzen, als Slogan für Wettbewerbe, die etwas mit Umweltschutz, heute breiter mit nachhaltiger Entwicklung oder auch spezifischer mit Bildung für nachhaltige Entwicklung zu tun haben.

„Vom Handeln zum Wissen" soll Anstoß geben, die gleichsam selbstverständliche oder doch mindestens lineare Beziehung zwischen „Wissen und Handeln" oder auch „Kompetenzen und Handeln" kritisch zu betrachten. Auch das immer wieder bemühte Argument vom „Handeln wider besseres Wissen" gehört in diese Diskussion.

Vom „Handeln zum Wissen" ist nur ein Aufhänger, um dann eine erweiterte Perspektive zum „Nachhaltigkeit Lernen" vorzuschlagen, die nachhaltige Entwicklung vom (nicht-)nachhaltigen Handeln her denkt und die Frage stellt, welche Handlungsbereiche und ihre vielfältigen Bedingungen berücksichtigt werden müssen, um die Gestaltung einer nachhaltigen Entwicklung in der Gesellschaft zu fördern.

Diese Argumentation ist nicht als Gegenposition gedacht, sondern als eine notwendige und fruchtbare Erweiterung des herrschenden Diskurses und der Kompetenz-Konzepte zur Bildung für nachhaltige Entwicklung. Darüber hinaus bietet sie Anknüpfungspunkte zu Forschung und Bildung für eine Transformation zur nachhaltigen Entwicklung.

2   Ausgangssituation: Warum brauchen wir Bildung für eine nachhaltige Entwicklung?

Bildung für nachhaltige Entwicklung muss im Zusammenhang mit der Notwendigkeit nachhaltiger Entwicklung für die Weltgesellschaft gesehen werden. Die Antwort auf die Eingangsfrage ist also einfach: weil wir nachhaltige Entwicklung brauchen.

Die großen globalen Probleme, mit denen wir uns in diesem Jahrhundert beschäftigen müssen, sind inzwischen weithin bekannt. Klimawandel durch die Zunahme von Treibhausgasen, insbesondere CO_2, Abholzung der Regenwälder, fortschreitender Verlust biologischer Vielfalt, zunehmende Wasserknappheit und abnehmende Wasserqualität, wachsende Degradation fruchtbarer Böden, übermäßiger Rohstoffverbrauch – aber auch, als soziale Probleme, Armut und Ungleichheit, Billiglöhne und Kinderarbeit, rasante Urbanisierung, demographischer Wandel (Bevölkerungswachstum und Schrumpfung) und schließlich auch die Finanzkrise als Folge globalisierter Märkte.

Hat man bis in die zweite Hälfte des 20. Jahrhunderts hinein die genannten Umweltveränderungen gern als „ökologische Krise" zusammengefasst und sie den naturwissenschaftlich fundierten Umweltwissenschaften zugeordnet, so wissen wir inzwischen längst, dass alle diese Umweltveränderungen überwiegend anthropogen sind, d.h. auf menschliche Aktivitäten (z.B. Konsum, Landbewirtschaftung, Energieverbrauch, Mobilität) zurückzuführen sind: Der Anstieg von CO_2 ist vor allem eine Folge der Verbrennung fossiler Brennstoffe. Die Verminderung biologischer Vielfalt vor allem ein Resultat der Abholzung artenreicher Tropenwälder zur lukrativen Holzgewinnung oder der Gewinnung von Ackerland in Ländern mit stetig wachsender Bevölkerung. Der Mensch ist dabei, „sich das Wasser abzugraben" und sich „den Boden unter den Füßen wegzuziehen". Wir haben es nicht mit einer Krise der Natur, sondern mit einer „Krise der Kultur", der menschlichen Gesellschaft, d.h. genauer mit einer *Krise des Verhältnisses des Menschen zu seiner Umwelt bzw. zur Natur* zu tun (Becker & Jahn 1987; 2006). Folglich musste und muss sich die Aufmerksamkeit auf diese Mensch-Umwelt-Verhältnisse oder genauer auf die Wechselwirkungen zwischen Natur- und Humansphäre richten. Daraus folgt, dass diese Mensch-Umwelt-Beziehungen, die sich im Verhalten von Individuen und Gruppen manifestieren und im Handeln von Kommunen, Nationen und der internationalen Staatengemeinschaft wirksam werden, im Mittelpunkt stehen müssen, wenn wir, d.h. letztlich alle Menschen auf diesem Planeten zu einer Problemlösung für eine nachhaltige Entwicklung beitragen wollen. Damit wird die Umweltkrise nun auch zum Gegenstand (prinzipiell) aller Humanwissenschaften und speziell der Sozial- und Verhaltenswissenschaften, insbesondere insofern – nach einer langen Geschichte der Natur- und Umwelt"vergessenheit" dieser Wissenschaftsdisziplinen – anerkannt wird, dass menschliches Verhalten i.w.S. immer einen Umweltbezug hat bzw. umweltrelevant ist. Natur und Umwelt, die uns heute zum Problem geworden sind, sind nicht nur als Korrelate menschlichen Bewusstseins und Handelns (oder auch Nicht-Handelns) zu verstehen, sondern auch als gesellschaftliche Konstrukte, die einem historischen Wandel und kulturellen Spezifizierungen unterliegen (s. Graumann & Kruse 1990).

In den 90er Jahren entstanden die ersten Forschungsprogramme zu den „humanen Dimensionen des globalen Wandels (human dimensions of global (environmental) change"), die heute von wachsender Bedeutung sind und in die interdisziplinären Ansätze immer stärker auch die Sozial- und Verhaltenswissenschaften mit einbeziehen (s. z.b. Stern, Young & Druckman 1992, Gardner & Stern 1996, American Psychologist 2011 oder die BMBF Forschungsprogramme FONA und SÖF).

Menschliches Handeln kommt dabei unter drei Perspektiven in den Blick (s. Stern et al. 1992; WBGU 1993): Es ist einerseits *Ursache* von (globalen) Umweltveränderungen (z.b. CO_2 Emissionen durch Heizen, Bodendegradation durch die Art der Landbewirtschaftung) wobei diesen „proximalen" Ursachen weitere „treibende Kräfte" (als distale Ursachen) zugrunde liegen, wie Bevölkerungswachstum, technische Entwicklungen, aber auch Wahrnehmungsmuster, Einstellungen und Werthaltungen sowie ökonomische und sozio-politische Strukturen und Prozesse. Zum anderen ist menschliches Handeln von diesen Veränderungen *betroffen*, indem z.b. Gesundheit oder Nahrungsproduktion beeinträchtigt werden oder zur Migration zwingen. Der Mensch ist aber auch potenzieller *Bewältiger*, wenn er mit seinem Handeln eine Antwort auf bereits eingetretene oder erst antizipierte Umweltveränderungen gibt, wenn es darum geht, sich an diese Veränderungen *anzupassen* oder zur Vermeidung oder Verringerung weiterer Veränderungen, z.b. der Klimaerwärmung beizutragen und – im Sinne von *mitigation – präventiv* zu reagieren. In diesen keineswegs unverbundenen Rollen ist der Mensch dann auch dreifach Handlungssubjekt, wenn es um die wissenschaftliche und gesellschaftliche Suche nach Problemlösungen und Managementstrategien für eine nachhaltige Entwicklung geht (s. a. Kruse 1995).

Spätestens mit der Rio-Konferenz 1992 wurde zur Bewältigung dieser Krise das *Leitbild der nachhaltigen Entwicklung* in die internationale Diskussion eingeführt. Grundlage ist die Erkenntnis der systemischen Beziehung zwischen ökologischer Funktionsfähigkeit, ökonomischer Leistungsfähigkeit und soziokultureller Chancengleichheit, d.h. also von Dimensionen der Mensch-Umwelt- (oder Mensch-Natur-) Beziehung, die nicht getrennt voneinander, sondern in ihrer *Vernetztheit* betrachtet und austariert werden müssen. Die derzeitige Entwicklung der Weltgesellschaft, so ist man sich einig, ist *nicht nachhaltig*. 20 % der Weltbevölkerung verbrauchen 80 % der verfügbaren Ressourcen, das ist weder gerecht noch zukunftsfähig. Wenn aber 80 % der Menschheit ihren Ressourcenverbrauch – gerechterweise – beträchtlich steigern wollten, so bedürfte es drei bis vier dieser Welten, um das Ausmaß an Ressourcenverbrauch, wirtschaftlichem Wachstum und Umweltverschmutzung zu ertragen.

Die Forderung nach nachhaltiger Entwicklung gilt als wichtigstes politisches Programm für das 21. Jahrhundert. Nachhaltige Entwicklung bedeutet, „Transformation" einer nicht-nachhaltigen Gesellschaft zu einer nachhaltigeren, die den Definitionen der Brundtlandkommission entsprechend (WCED 1987), die Lebensqualität gegenwärtiger Generationen sichert, ohne die Wahlmöglichkeiten künftiger Generationen zur Gestaltung ihres Lebens einzuschränken.

Der WBGU fordert mit seinem jetzt schon breit rezipierten Gutachten (2011) einen „Gesellschaftsvertrag für eine Große Transformation" zur nachhaltigen Entwicklung am Beispiel des Klimawandels.

Diese Transformation wird als umfassender Suchprozess verstanden, der auf vielen Ebenen (global bis kommunal und letztlich auch individuell) stattfinden muss und die Mitwirkung aller gesellschaftlichen Systeme - im Sinne von Partizipation und Willensbildung – verlangt, um die Lebensgrundlagen innerhalb der planetarischen Leitplanken, z.b. der Begrenzung auf $2°$ C Klimaerwärmung seit der industriellen Revolution, zu gewährleisten.

Ähnlich verfolgt das Wuppertal-Institut mit dem Leitbild „Faktor W" die aus den Niederlanden stammende Idee eines Transitions-Zyklus, der den Kreislauf von Problemanalyse, Entwicklung einer Veränderungs-Vision, der Mobilisierung von Akteuren für experimentelle Umsetzungen solcher Visionen und schließlich die Phase der Evaluation und die Entwicklung von Lernprozessen oder Verbreitung erfolgreicher Strategien als Grundlage und heuristisches Modell verwendet (Grin, Rotmans & Schot 2010; Schneidewind 2009).

Große Transformation oder Transition – immer geht es um einen Wandel und eine Gestaltung von Mensch-Umwelt- und Mensch-Natur-Verhältnissen, die gerecht und zukunftsfähig sind. Diese manifestieren sich letztlich immer im menschlichen Handeln, oder umfassender und abstrakter in den Lebensstilen von Menschen, die sich in den verschiedenen Kulturen und Gesellschaften natürlich unterschiedlich darstellen und demnach auch unterschiedliche Veränderungen erfahren müssen.

3 Neue Erkenntnis: Bildung für nachhaltige Entwicklung ist ein Schlüsselinstrument zur Gestaltung einer nachhaltigen Gesellschaft

Inzwischen wird eine Reihe von Instrumenten zur Gestaltung nachhaltiger Transformationen diskutiert und eingeführt, insbesondere (energie- und ressourcen-)effiziente Technologien, Entwicklung erneuerbarer Energien, CO_2-Zertifikate-Handel, weitere ökonomische und rechtliche Instrumente, Entwicklung neuer Infrastrukturen (Stromtrassen, Schienenwege etc.).

Obwohl bereits mit der Agenda 21 in Rio 1992 eingebracht wird *Bildung* als Instrument für die Gestaltung einer nachhaltigen Entwicklung erst seit der Weltkonferenz in Johannesburg 2002 international sichtbar anerkannt und durch die Ausrufung der weltweit wirksamen „UN-Dekade Bildung für nachhaltige Entwicklung (2005 - 2014)" gestärkt. Bildung wird als wichtiges Schlüsselinstrument für eine nachhaltige Entwicklung herausgehoben. Damit wird erneut bekräftigt, dass nachhaltige Entwicklung einen mentalen Wandel voraussetzt, der sich in veränderten Lebensstilen manifestiert und materialisiert. Und dies muss durch Bildung und Lernen unterstützt werden.

Als Leitlinie für diese Bildung für eine nachhaltige Entwicklung wird mit großer Übereinstimmung in Anlehnung an die Aussagen der Brundtland-Kommission formuliert, dass sie Menschen in die Lage versetzen soll, die weitere gesellschaftliche Entwicklung zukunftsfähig zu gestalten, ohne die Optionen für nachfolgende Generationen einzuschränken.

Als wichtige Grundlagen einer Bildung für nachhaltige Entwicklung lassen sich festhalten:

Bildung für nachhaltige Entwicklung ist *kein neues (Unterrichts-)Fach*, sondern eine *neue Orientierung*, eine *Querschnittsaufgabe*. Nachhaltige Entwicklung ist eine *neue Perspektive,* die quer durch alle Bildungsprozesse, wissenschaftlichen Disziplinen und Verwaltungsressorts geht. Aus dem weithin anerkannten Leitbild einer nachhaltigen Entwicklung folgt – unabhängig von der jeweils konzipierten Anzahl und spezifischen Definition der Säulen oder Dimensionen dieses Leitbildes – dass es um die *Integration* bisher getrennt thematisierter Handlungsfelder (Schutz von Ökosystemen, wirtschaftliche Entwicklung verschiedener Länder und Gesellschaften, Berücksichtigung soziokultureller und politischer Strukturen und Prozesse) geht. Damit soll der komplexen und vernetzten Wirklichkeit Rechnung getragen werden und die – angesichts der Dynamik und ungewissen Entwicklung in diesen Feldern – komplexe Aufgabe einer Gestaltung nachhaltiger Entwicklung deutlich werden.

Als zentrale Aspekte sind daher zu berücksichtigen:

- die integrierende Betrachtung, das Gewichten und Austarieren von ökologischen, ökonomischen und sozio-kulturellen Dimensionen einer Problemlage (s.o.)
- die Verschränkung von globalen, regionalen und lokalen Strukturen und Prozessen
- eine Zeitperpektive, die langfristig orientiert ist und die Gegenwart von der Zukunft her denkt
- die ethische Fundierung des Konzept der nachhaltigen Entwicklung schließt ein:
    o Erhalt der natürlichen Lebensgrundlagen, Verwirklichung intra- und intergenerationeller Gerechtigkeit, Sicherung von Lebensquali-

tät der Armen und Benachteiligten sowie die Beachtung von Gendergerechtigkeit,
- nicht nur die Spezies Mensch, sondern alle Lebewesen und ihre Lebensräume sind in den Blick zu nehmen.

Bisher haben wir uns, vor allem in Deutschland, gut und auch kompetent in der Umweltbildung, Naturpädagogik, im globalen und interkulturellen Lernen oder in der entwicklungspolitischen Bildung eingerichtet, sodass eine Bildung für nachhaltige Entwicklung noch häufig als additives Unternehmen und nicht als ein integrierendes betrieben wird. Trotz der zunehmenden Aufmerksamkeit für nachhaltige Entwicklung und eine Bildung für nachhaltige Entwicklung entstehen jedoch immer neue Einzelpädagogiken, wie Energiebildung, Gewässerpädagogik und Naturschutzbildung oder Biosphärenbildung, und auch die Waldpädagogik erfreut sich neuer Zertifizierungen. Diese Vielfalt macht es natürlich schwer, in der Öffentlichkeit und selbst in bildungsnahen Kreisen den Gedanken der Nachhaltigkeit als verbindendes Prinzip zu etablieren.

4 Leitlinie für eine Bildung für nachhaltige Entwicklung: Erwerb von Kompetenzen

In Deutschland, aber auch darüber hinaus lässt sich feststellen, dass es einen breiten Konsens gibt, dass Bildung für nachhaltige Entwicklung den Erwerb von Kompetenzen zum Ziel hat.

Inzwischen ist auch über den engeren Bereich von Bildung und Bildungsforschung bekannt, dass in Abkehr von früheren Bildungskonzepten, in denen die Behandlung bestimmter Themenfelder und Wissensbereiche in den Lehrplänen festgelegt wurde, angesichts der geringen Halbwertzeit von Wissensbeständen und einer unsicheren Zukunft, heute auf den Erwerb von Kompetenzen gesetzt wird.

Des Weiteren wird in nahezu jedem deutschen Beitrag zur Bildung für nachhaltige Entwicklung betont, dass die in den 1970er und 80er Jahren erfolgreich praktizierte Umweltbildung mit „Bedrohungs"- oder gar „Katastrophenszenarien" gearbeitet hat, die entwicklungspolitische Bildung hingegen mit Schuldzuweisungen an die Industrieländer für Ausbeutung, Unterdrückung und Armut in den Ländern des Südens (z.B. de Haan 2006; Bormann in diesem Band).

Man erfährt auch, „dass Umweltbildungskonzepte ... bereits der Erfahrung Rechnung (trugen), dass Verhaltensänderungen keine hinreichende Antwort auf Umweltprobleme sein konnten" (Stoltenberg 2009, S. 21).

Demnach war eine Neuorientierung, ein Paradigmenwechsel angezeigt: Statt Bedrohungs- und Elendsszenarien wird nun auf Bewusstseinswandel gesetzt und auf die Synthese von Umweltbildung, globalem Lernen und entwicklungspolitischer Bildung gehofft, um damit „Modernisierungsszenarien" zu gewinnen, die dem Einzelnen Fähigkeiten mitgeben, die es ihm ermöglichen, aktiv und eigenverantwortlich die Zukunft, die ökonomische Prosperität und Schutz der Umwelt zugleich erlauben.

Anschließend an die neue Orientierung am Konzept der Kompetenzen, die, so etwa Weinert (2001) „die bei den Individuen verfügbaren und durch sie erlernbaren kognitiven Fähigkeiten und Fertigkeiten (sind), um Probleme zu lösen sowie die damit verbundenen motivationalen, volitionalen und sozialen Bereitschaften und Fähigkeiten, um die Problemlösungen in variablen Situationen erfolgreich und verantwortungsvoll nutzen zu können" (Weinert 2001, S. 23f.) entwickelten de Haan und Harenberg (1999) das Konzept der „Gestaltungskompetenz" und sagen schlichter, aber nicht weniger anspruchsvoll: Mit Gestaltungskompetenz wird die Fähigkeit bezeichnet, Wissen über nachhaltige Entwicklung anzuwenden und Probleme nicht nachhaltiger Entwicklung erkennen zu können.

Derzeit sollen 12 Teilkompetenzen, die sich nach verschiedenen Kategorien, wie Sach- und Methodenkompetenz, Sozialkompetenz, und Selbstkompetenz gruppieren lassen, diese Aufgaben lösen helfen (s. auch de Haan et al. 2008):

- Weltoffen und neue Perspektiven integrierend Wissen aufbauen
- Vorausschauend Entwicklungen analysieren und beurteilen können
- Interdisziplinär Erkenntnisse gewinnen und handeln können
- Risiken, Gefahren und Unsicherheiten erkennen und abwägen können
- Gemeinsam mit anderen planen und handeln können
- Zielkonflikte bei der Reflexion über Handlungsstrategien berücksichtigen können
- An kollektiven Entscheidungsprozessen teilhaben können
- Sich und andere motivieren können, aktiv zu werden
- Die eigenen Leitbilder und die anderer reflektieren können
- Vorstellungen von Gerechtigkeit als Entscheidungs- und Handlungsgrundlage nutzen können
- Selbständig planen und handeln können
- Empathie für andere zeigen können

Ohne weitere Erklärungen, Operationalisierungen und didaktische Vorschläge zur Umsetzung bleibt Gestaltungskompetenz zunächst einmal eine abstrakte Liste mit unspezifischen Teilkompetenzen, die sich für die Beurteilung und Lösung vieler, vor allem sozialer Probleme oder Aufgaben anbieten könnte, von der weltweiten Friedenssicherung über das Lernen von Demokratie bis zur Planung des jährlichen Straßenfestes im Kiez. Sie sind sicherlich geeignet, um Bildung ganz allgemein zu verbessern, wenn diese denn so defizitär ist, wie es diese neuen Vorschläge vermuten lassen. Eine spezifische Grundlegung für eine Bildung, die zur Gestaltung einer nachhaltigen Entwicklung beitragen solle, lässt sich darin erst einmal nicht erkennen.

Versucht man einen Überblick über vorliegende Kompetenzliteratur für den Bereich Bildung für nachhaltige Entwicklung zu gewinnen, entdeckt man Erstaunliches: Nicht wenige der Artikel und Kapitel haben mich dadurch beeindruckt, dass nicht eine einzige Referenz auf „Umwelt" oder „Natur" oder „Lebensgrundlagen" u.ä. zu entdecken war. Manchmal fand sich die Integration von ökologischer, ökonomischer und sozialer Dimension als abstrakte Formel. Immerhin hat noch der Titel des Beitrags die Zuordnung zu Bildung für nachhaltige Entwicklung sichergestellt.

Wie wird mit der Gestaltungskompetenz und ihren Teilkompetenzen im Bildungsalltag umgegangen? Zwei Beispiele:

(1) In einer Masterarbeit (Marwege 2012) zu Bildung für eine nachhaltige Entwicklung in Biosphärenreservaten, die sich explizit als Modellregionen für nachhaltige Entwicklung verstehen und für die Bildung für nachhaltige Entwicklung ein genuiner Bestandteil ist, findet man folgende (stichwortartigen) Aussagen zur Gestaltungskompetenz in der Bildungsarbeit:
„Arbeit noch eher themenzentriert; sehr anspruchsvoll in der Umsetzung; Qualifizierungsbedarf sehr hoch" – „Begriff steht zwar in den Konzepten, mit denen kann aber nicht direkt gearbeitet werden" – „In der Bildungsarbeit geht es um Kompetenzvermittlung, was soll da am Ende rauskommen?" – „Es gibt Unterschiede zwischen dem theoretischen Ansatz und der praktischen Umsetzung, Kompetenzen kann man nicht losgelöst betrachten ..."

(2) In den Anträgen zur Auszeichnung als UN-Dekade-Projekt für Bildung für nachhaltige Entwicklung werden die Kompetenzen abgefragt (Frage 14): „Beschreiben Sie möglichst konkret, welche Kompetenzen im Sinne der Bildung für nachhaltige Entwicklung durch ihr Projekt vermittelt werden". Ein zufällig herausgegriffenes, im Übrigen sehr gutes Schulprojekt vom Sommer 2012 zählt 15 Aktivitäten auf (Umwelttag, Schülercafé, Stifte sammeln für guten Zweck usw.) und listet jeweils daneben die Nummern der berücksichtigten Kompetenzen (2, 3, 5, 7, 8, 9, 10 u.ä. oder auch „alle Kompetenzen" auf. Oder es heißt:" BNE als fester Bestandteil des Unterrichts bedeutet, dass die Teilkompetenzen der Gestaltungskompetenz genauso fester Bestandteil des Lernens sind wie auch die Nachhaltigkeitsdimensionen."

Welchen Reim soll man sich darauf machen?

Das Konzept der Gestaltungskompetenz gilt offensichtlich für einen großen Teil der Nachhaltigkeitsbildung in Deutschland als verbindlicher Kanon, der überall zitiert, aber selten expliziert oder kritisch diskutiert wird. Die Aufzählungen der Teilkompetenzen finden sich in Berichten und Forschungsplänen, Auszeichnungsanträgen und Kriteriendiskussionen, und es wird auch wie selbstverständlich immer von *der* Bildung für nachhaltige Entwicklung bzw. *der* BNE gesprochen.

Konkurrierend und noch keineswegs in einer Synthese begriffen, gibt es den aus der entwicklungspolitischen Bildung heraus entwickelten Orientierungsrahmen Globale Entwicklung (2008), in dem 11 Kernkompetenzen in den drei Kategorien „Erkennen", „Bewerten", „Handeln" zumindest etwas differenzierter aufgeführt werden. (BMZ-KMK 2008; s. auch Rieckmann 2010). Quasi vorgeordnet werden die als Folge der PISA Studie verbindlichen Kompetenzkategorien der OECD (Rychen & Salganik 2003), die als „Interaktive Verwendung von Medien und Tools", „Interagieren in heterogenen Gruppen" und „Eigenständiges Handeln" unterschieden werden und offenbar auch ganz einfach mit den Teilkompetenzen der Gestaltungskompetenz verknüpft werden können.

Es gibt weitere Versuche, die verschiedenen Kompetenzen einander zuzuordnen, indem man Kategorien umformuliert oder neue definiert, um eine Übereinstimmung herzustellen, die sich dem Nicht-Eingeweihten nicht ohne Weiteres erschließen würde. Offenbar ist das Bedürfnis nach Konsistenz in der Kompetenzdiskussion und das Bedürfnis nach dem *einen* Konzept für eine Bildung für nachhaltige Entwicklung stark ausgeprägt.

Eindrucksvoll ist der Versuch von Stengel, Liedtke, Baedeker und Welfens (2008, S. 32), gleich vier Kompetenzkonzepte zu integrieren und dafür drei Kategorien vorzuschlagen, die sie als Reflexive, als Soziale und als Methodische Dimension benennen. Wenn man diese Kategorien und die ihnen zugeordneten anspruchsvollen Kompetenzen zur Kenntnis nimmt, ist man beeindruckt, was Schüler – denn es geht meist um Schule – heute alles können sollen.

Weltoffene Wahrnehmung, aber auch distanzierte Reflexion über individuelle und kulturelle Leitbilder (woher kennt man diese?), intelligentes Wissen (was auch immer das ist), systemisches und antizipatorisches Denken, Wahrnehmungsfähigkeit und Entscheidungsfähigkeit, aber auch Fantasie und Forschungskompetenz – da fragt man sich schon, wie das, was zu solchen komplexen Themen und gerade für die Probleme einer nachhaltigen Entwicklung äußerst schwierigen Forschungsfragen an oft widersprüchlichen Ergebnissen vorliegt, zur Kompetenzvermittlung in der Schule herangezogen wird. Wie nehmen denn Menschen Umwelt und Natur wahr, fühlen sich betroffen oder tatsächlich auch bedroht? Wie beurteilen Menschen im Alltag, sogenannte Laien, Umwelt-, aber auch Gesundheits- oder finanzielle Risiken und welche Handlungsentscheidungen treffen sie auf der Basis von Medieninformationen, beeinflusst durch die wahrgenommenen Normen ihres Umfelds oder auch durch die Ankündigung von Vergünstigungen oder Verlusten? Oder hat all dies keinen Platz bei der Anwendung von Kompetenzen? Festzuhalten bleibt, dass es sich bei den verschiedenen Kompetenzen überwiegend um kognitive Kategorien handelt und die Umsetzung vornehmlich für den Kontext Schule gedacht bzw. geplant ist.

Selbst die als Handeln bezeichneten Kompetenzen sind die kognitiven Repräsentationen von Handlungen.

Dies zeigt auch eine interessante Studie von Künzli David und Kaufmann-Hayoz (2008), in der sie auf der Grundlage der OECD Schlüsselkompetenzen eine differenzierte didaktische Ausgestaltung einer Bildung für eine nachhaltige Entwicklung vornehmen. In allen Kompetenzfeldern, sei es Handeln in sozial heterogenen Gruppen, interaktive Nutzung von Medien und tools oder Selbständig handeln, – die zahlreichen Teilkompetenzen beziehen sich alle auf kognitive Sachverhalte: kennen, verstehen, beurteilen, abschätzen, unterscheiden, Informationen suchen etc. Die Schülerinnen und Schüler erwerben aber offenbar nicht die Kompetenz, auch die über das Urteilen und Entscheiden hinausgehenden sozialen und strukturellen Barrieren oder Potenziale für konkretes Handeln kennen zu lernen und zu berücksichtigen, was für die Gestaltung einer nachhaltigen Entwicklung mindestens ebenso wichtig ist. Handeln (in der Grundschule) darf nicht zum Selbstzweck werden, wie die Autorinnen betonen, und aus der normativen Idee einer nachhaltigen Entwicklung lässt sich kein verbindlicher Inhaltskanon ableiten – aber ohne Bezug zu den wesentlichen Handlungsfeldern einer nachhaltigen Entwicklung, wie Ressourcennutzung, Energieeffizienz, Biodiversität, Konsum, Mobilität u.a.m. bleiben derartige Kompetenzen m.E. leer.

Offenbar scheuen die Kompetenzexperten die explizite Einbeziehung konkreter Themenfelder oder gar die Frage nach der Veränderung von Lebensstilen, von konkreten Verhaltensweisen, Konsummustern etc. so sehr, dass sie sich lieber in abstrahierenden Kompetenzräumen aufhalten.

Was soll Bildung für eine nachhaltige Entwicklung leisten?

Diese Frage klingt fast rhetorisch, ist sie aber nicht, denn darüber besteht noch längst keine Einigkeit. Abgesehen von der längst noch nicht konsistenten Verwendung des Begriffs der Bildung für eine nachhaltige Entwicklung kann man mindestens zwei Standpunkte unterscheiden: Eine Sichtweise betont, dass der mit Bildung für eine nachhaltige Entwicklung einhergehende Paradigmenwechsel, die neuen Lehr-Lernformen, die Konzentration auf Kompetenzen ein erfolgreicher Beitrag zur Steigerung der Qualität von Bildung überhaupt ist. Auch wenn dazu die sog. evidenzbasierte Forschung noch weitgehend aussteht, ist die Vermutung nicht von der Hand zu weisen. Eine andere Sichtweise betont die Rolle von Bildung für eine nachhaltige Entwicklung für die Gestaltung einer nachhaltigen Entwicklung als gesellschaftliche Aufgabe. Vor diesem Hintergrund diskutieren Künzli David und Kaufmann-Hayoz (2008) verschiedene

Funktionen von Bildung für eine nachhaltige Entwicklung und machen den Vorschlag, dass der Begriff Bildung für eine nachhaltige Entwicklung nur für die Funktion „Entwicklung spezifischer Kompetenzen für eine nachhaltige Entwicklung" verwendet werden sollte (2008, S. 13).

Bisher war von den spezifischen Kompetenzen jedoch noch nicht viel zu sehen, bleiben doch die Argumentationen zumeist bei sehr allgemein formulierten überwiegend kognitiven Kompetenzen stehen.

Den Versuch einer Spezifizierung macht eine der wenigen empirischen Untersuchungen, die, allerdings unter dem Begriff „Umweltbildung" fragt, welche Kompetenzen denn z.b. für die Verkleinerung des ökologischen Fußabdrucks, als eine der großen Herausforderungen unserer nicht-nachhaltigen Lebensstile, notwendig sind. Kaiser, Roczen und Bogner (2008) kritisieren den Ansatz von ökologie-unspezifischen Kompetenzen als allgemeine Fähigkeiten zur Lösung von Problemen. Sie können empirisch zeigen, dass zwei ökologie-spezifische Fähigkeiten im Bereich Wissen und Motivation in einer umfangreichen empirischen Untersuchung an 7 Schulen klare Ergebnisse erbrachte. Während „Umweltwissen", wie aus der umweltpsychologischen Forschung seit langem bekannt, nur einen geringen Teil der Varianz des umweltschonenenden Verhaltens (6%) aufklären konnte, konnten die AutorInnen darüber hinaus aber auch zeigen, dass die von ihnen unterschiedenen Wissensarten Systemwissen, handlungsorientiertes Wissen (bezüglich möglicher Handlungsoptionen) und effektspezifisches Wissen (z.B. bezogen auf das Resultat einer Maßnahme zur Energieeinsparung) nicht als einzelne, sondern nur in ihrem Zusammenwirken überhaupt relevant werden können. Den größten Einfluss hatte jedoch die emotionale Fähigkeit „Verbundenheit mit der Natur" auf umweltschonendes Verhalten, ein weiterer Hinweis darauf, dass vornehmlich altruistische Motive Schlüsselfaktoren für umweltrelevantes Verhalten sind.

Wenn heute zunehmend die Forderung nach „environmental literacy" erhoben wird (Scholz 2011), um Ignoranz und Apathie bezüglich der Gestaltung nachhaltiger Entwicklung zu überwinden, dann haben solche Bemühungen um eine evidenzbasierte Aufdeckung ökologie- und nachhaltigkeitsrelevanter Kompetenzen einen wichtigen Platz.

Stengel, Liedtke, Baedeker und Welfens (2008) gehen noch weiter und greifen die Forderung „Vom Wissen zum Handeln" konkret auf. Sie machen den Versuch, die bereits diskutierten Teilbereiche einer Gestaltungskompetenz quasi als Wissenskomponente zu stärken, indem sie Kenntnisse, Fähigkeiten und Motivationen für eine nachhaltigere Lebensweise in den Mittelpunkt stellen. Diese werden dann eingebracht in ein dynamisches integriertes Handlungsmodell (Matthies 2005), das auf zwei der populärsten Handlungstheorien der umweltpsychologischen Forschung (der Theorie des geplanten Verhaltens und dem Normaktivationsmodell) beruht.

Dieser originelle Ansatz macht deutlich, dass der Weg vom Wissen zum Handeln erst vom Wissen zum Wollen, von dort zum Können und schließlich zum Handeln führt (S. 35). Allerdings muss angemerkt werden, dass die umweltpsychologische Forschung sich (noch) nicht mit dem genannten Modell zufrieden geben kann, wenn man die Fülle der Faktoren kennt, die ein umweltbezogenes oder noch umfassender ein nachhaltigkeitsrelevantes Handeln beeinflussen können. Immerhin wurde hier ein interessanter Anfang gemacht, die Beziehung zwischen Wissen und Handeln umfassender zu bestimmen. Dieser Ansatz wird von der Forschungsgruppe am Wuppertal Institut inzwischen weiter verfolgt, in dem sie in sog. „Living Lab" Studien vom Alltagshandeln der Akteure ausgehen (z.b. Liedtke, Welfens, Rohn & Nordmann 2012)

So wenig wie es „die" nachhaltige Entwicklung geben kann, die ein definiertes Ziel nahe legt, das auf verschiedenen Wegen und mit verschiedenen Mitteln erreicht werden kann, so wenig gibt es „die" Bildung für eine nachhaltige Entwicklung, inzwischen als die BNE verbreitet, die suggeriert als gäbe es ein überprüftes Konzept, das sich mit allen möglichen Zielgruppen an allen möglichen Lernorten in einem lebenslangen Prozess anwenden ließe.

Noch ist Bildung für eine nachhaltige Entwicklung vornehmlich auf kognitive Fähigkeiten ausgerichtet, auf die Schule zugeschnitten und am Individuum orientiert. Das reicht nicht aus, um Bildung für nachhaltige Entwicklung als Schlüsselinstrument für die Gestaltung einer nachhaltigen Entwicklung fruchtbar zu machen und nachhaltigere Lebensstile zu initiieren, die Entwicklung und adäquate Nutzung von Technologie, z.B. für eine umfassende Energiewende zu unterstützen, neue Mobilitätsformen, aber auch neue Landnutzungsformen und Ernährungsweisen zu fördern.

Daher schlage ich vor, die Perspektive zu erweitern oder gar zu wechseln und das (nicht-) nachhaltige Handeln in den Vordergrund zu rücken.

5 Bildung für eine nachhaltige Entwicklung erweitern: Vielfältige Bedingungen nachhaltigen Handelns berücksichtigen

Zu Beginn des Kapitels wurde betont: Umwelt- und Nachhaltigkeitsprobleme sind Probleme des Menschen und der Menschheit insgesamt im Umgang mit Natur, mit Umweltverschmutzung, Gebrauch von Ressourcen, Verminderung der biologischen Vielfalt als Folge von Wirtschafts- und Konsumstilen u.v.m. Es sind Probleme der Gesellschaft und jedes Individuums in ihrem Verhältnis zu Natur und Umwelt, einschließlich der mitmenschlichen Umwelt. Diese Probleme existieren nicht nur (oder oft gar nicht) im Bewusstsein als Gegenstand von Wahrnehmungen, Interpretationen, Urteilen und Einstellungen, von Verantwortungsbewusstsein und moralischen Überzeugungen, sondern sind Probleme von

Handlungsweisen, die sich als nicht-nachhaltig erwiesen haben und immer noch erweisen. Demnach muss es darum gehen, dieses Verhalten zu verändern, an neuen Verhältnissen und Erkenntnissen auszurichten.

Es geht um Verlernen von abträglichen Verhaltensweisen und Neu-Lernen bzw. Unterstützen von umweltverträglicheren und nachhaltigeren Verhaltensweisen.

Es sollen hier nicht spezifische Lernkonzepte oder gar deterministische Vorstellungen propagiert werden, vielmehr gilt es den Weg vom Wissen zum Handeln oder umgekehrt verständlicher zu machen. Es wird auch nicht zwischen Handeln und Verhalten unterschieden, obwohl dies im Lichte einzelner Handlungstheorien durchaus sinnvoll ist.

Die hier vorgeschlagene Handlungsperspektive basiert auf verschiedenen Prämissen:

- (Nicht-) nachhaltige Verhaltensweisen sind nicht angeboren, sondern werden von klein auf (kulturspezifisch) angeeignet, d.h. gelernt und immer wieder verstärkt. Deshalb kommt auch der Elementarpädagogik und den frühen Sozialisationskontexten besonderes Gewicht zu, damit hier ein (Neu-) Lernen stattfinden kann, das ein späteres, mühsames „Verlernen" von meist stark habitualisierten Handlungsmustern (z.B. Ernährung, Auto-Mobilität) weniger oft notwendig macht.
- Handeln findet auf *verschiedenen Ebenen* (individuell und kollektiv) statt (Individuum, Familie, Arbeitsgruppe, Betrieb, Schulklasse, Universität, Verwaltung, Kommune, Region, Nation, internationale Organisationen)
- Handeln findet in *konkreten Lebenswelten* statt: zu Hause, im Klassenraum, im Supermarkt oder auf dem Wochenmarkt, im Freizeitgelände, auf der Straße, im Gemeinderat, am Ferienort.
- Manche Handlungen können *unmittelbare*, für alle gleich erkennbare Wirkungen haben, andere nur verzögerte, nicht von jedem gleich in ursächlichem Zusammenhang mit konkreten Ereignissen identifizierbare Wirkungen. Es gibt *direkte* (z.B. Umwelt-)Wirkungen (etwa Autofahren) oder *indirekte* (Engagement in Umweltverbänden, Wählen, Verbreitung von Ideen, Umzug aufs Land als Anstoß für veränderte Mobilität)
- (Nicht-) nachhaltige Verhaltensweisen werden von konkreten Akteuren und Rollenträgern ausgeführt (von Kindern, Jugendlichen, Älteren, Frauen, Männern, Fußgängern, MigrantInnen, Familienvätern, UnternehmerInnen, KonsumentInnen, WählerInnen...)
- Sind verschiedene Handlungsfelder zu differenzieren (Wasser- und Energiesparen, Mobilität und Verkehrsmittelwahl, Einkaufen von regionalen oder Ökoprodukten, Akzeptanz von Naturschutzmaßnahmen oder Windkraftanlagen, Freizeitaktivitäten)

5.1. Bedingungen nachhaltigen Handelns: Vom Wissen zum Handeln? – Vom Handeln zum Wissen?

In der Öffentlichkeit und in vielen politischen Diskussionen wird immer wieder die Ansicht vertreten, dass vor allem das Wissen vermehrt und/oder die Einstellungen gestärkt werden müssten, um - gleichsam automatisch - auch das Handeln zu verändern. Dahinter steckt die explizite oder implizite Annahme, dass vermehrtes Wissen zu umweltgerechterem oder nachhaltigerem Handeln führt. Im Lichte dieser Annahme wird viel kommuniziert, werden Reden gehalten und Informationsmaterial verbreitet. Ganze Fakultäten und Stiftungsabteilungen widmen sich der Umweltkommunikation.

Zum anderen wird immer wieder die Formel von der „Kluft zwischen Wissen und Handeln" oder vom „Handeln wider besseres Wissen" bemüht (Kruse 2002). Damit wird ausgesagt, dass Menschen viel (oder auch wenig) über ihre Umwelt (oder heute über Nachhaltigkeitsprobleme) wissen, aber nicht entsprechend handeln. Analog lässt sich das Problem auch für die Kluft zwischen Einstellungen und Handeln formulieren und das bekannte Beispiel aus den Umweltumfragen zitieren, nach denen ein großer Prozentsatz der Befragten die Nutzung erneuerbarer Energien begrüßt, aber nur ein geringer Teil auch den Stromanbieter gewechselt hat.

Zu diesen beiden Problemen ist festzustellen: Die Korrelation zwischen Wissen und Handeln ist sehr gering (ca. $r = .3$ bis $.4$). Dies zeigen vor allem Meta-Analysen, die den Beitrag von Wissen im Vergleich zu weiteren Bedingungen zur Änderung von Handlungsmustern in vielen empirischen Studien zusammenfassen (z.B. Abrahamse, Steg, Vlek & Rothengatter 2005; Bamberg & Möser 2007).

Des Weiteren gibt es methodische Artefakte: Gemessen werden eher abstraktes Wissen oder auch generelle Einstellungen („Ich bin dafür, dass der Klimawandel verlangsamt wird") und dann korreliert mit konkreten Verhaltensweisen („ich schalte immer den standby Strom aus"); hier ist die Korrelation meist sehr gering. Je spezifischer Einstellungen gemessen werden, desto größer ist dann auch der Zusammenhang mit dem entsprechenden spezifischen Verhalten.

Häufig sind bestimmte Wissenselemente oder auch Einstellungen für die Situation gar nicht zentral bzw. werden überlagert von (meist) sozialen Einstellungen und Wissenselementen („meine Familie mag keinen Spinat, also kaufe ich auch nicht dieses regionale Biogemüse"). Im Vergleich zu sozialen und funktionalen Zielen sind ökologisch-relevante Ziele in der Regel (noch) von untergeordneter Bedeutung oder werden gar nicht aktiviert, selbst wenn entsprechendes ökologisches Wissen vorhanden sein sollte (s. bereits Hirsch 1993).

Wissen ist zwar eine notwendige Bedingung (man sollte wissen, was man tun kann), aber eben keine hinreichende Bedingung.

Man muss sogar damit rechnen (s. Aeschbacher, Calo & Wehrli 2001), dass der Versuch, Wissen (hier über den Treibhauseffekt als „Strahlenfalle") bei Physikschülern der oberen Klassenstufen durch gezielte Aufklärung zu erzeugen, zwar kurzfristig gelingt, aber bei einer zeitlich späteren Überprüfung des Wissensstandes wieder ein Rückfall auf das bewährte Alltagsschema der „Loch-Konzeption" (vermehrte Sonnenstrahlung durch die Ozonlöcher in der Atmosphäre) gefunden wurde. Bleibt die Frage, ob trotz falschem Wissen nicht doch das klimaschützende Verhalten gesteigert werden kann?

Es reicht also nicht aus, immer mehr Wissen zu verbreiten und dann auf eine quasi automatische Umsetzung in entsprechendes Handeln zu warten, oder Einstellungen zu beeinflussen und auf eine Konsistenz von Einstellung und Verhalten zu hoffen.

Vielmehr sollten auch Forschungsbefunde ernst genommen werden, die zeigen, dass auch die Ausübung eines Verhaltens oder Verhaltensänderungen durch Überredung, finanzielle Anreize, sozialen Druck oder auch nur einen „Nudge" (Thaler & Sunstein 2011) oder durch eine passende Gelegenheit nachfolgend zu Einstellungsänderung führen kann. In seiner Selbstwahrnehmungstheorie geht Bem (1972) davon aus, dass Personen von der Beobachtung ihres eigenen, freiwilligen Verhaltens (z.B. jeden Tag 30 Minuten Sport) auf eine zugrunde liegende Einstellung schließen. Eine andere Erklärung im Kontext der Theorie der kognitiven Dissonanz postuliert, dass bei einem zunächst einstellungskonträren Verhalten, für das keine ausreichende Rechtfertigung verfügbar ist, die Einstellungsänderung eine Form der Dissonanzreduktion ist (Festinger & Carlsmith 1959).

Ganz abgesehen davon, dass es bei induzierter Verhaltensänderung auch zu einem Bumerangeffekt (Reaktanz) als Folge der wahrgenommen Einschränkung von Verhaltensfreiheit (Brehm 1972) kommen kann, muss aber auch in Betracht gezogen werden, dass eine Einstellungsänderung als Folge veränderten Verhaltens auch dazu motivieren kann, weitere Informationen einzuholen und neues Wissen aufzubauen.

Diesen Weg vom Handeln zum Wissen sollte man auch im Auge behalten, wenn, etwa im Rahmen der Energiewende, neue Infrastrukturen vorgegeben werden (z.B. Passivhäuser) und diese neuen Handlungskontexte nicht nur verändertes Wohnverhalten notwendig machen, sondern auch zu Wissenserwerb und Einstellungsänderungen motivieren (s. Mack 2007).

Aus der wachsenden Zahl von Interventionsstudien gibt es genügend empirisch gesicherte Ergebnisse, die zeigen, dass die Rolle von Wissen und Einstellungen oft überschätzt wird. Es gibt genügend Belege, dass nur eine Kombination von Bedingungen, also z.B. Information im Zusammenhang mit Motivation und Emotion, Selbstverpflichtung und Handlungsanreizen als antezedente Bedingungen einer Handlung, oder dann, als konsequente Bedingung, vor allem die Rückmeldung über das eigene Handlungsergebnis oder auch im Vergleich mit dem Ergebnis eines Kollektivs oder der anderen (z.B. Hausbewohner oder Klassenkameraden) wirkungsvoll ist (vgl. im Überblick Hübner i.Dr.).

Gerade im Zusammenhang mit der in Zukunft anstehenden Energiewende als einem umfassenden kulturellen und keinesfalls nur technologischen Wandel, werden die Erkenntnisse aus der modernen sozial- und verhaltenswissenschaftlichen Forschung unverzichtbar sein (NBBW 2012).

5.2. Wissen und darüber hinaus

Der Weg vom Wissen zum Handeln und die Kluft zwischen Einstellung und Verhalten müssen also differenzierter betrachtet werden. Auch wenn die umweltpsychologische Forschung sich bisher noch vornehmlich mit umweltbezogenem Handeln beschäftigt, so sind erweiterte und integrierende Fragestellungen und Untersuchungen durchaus schon vorhanden, z.b. für den Bereich Konsum, Naturschutz, Anpassung an den Klimawandel, Energiesparen u.a.m. (s. z.B. American Psychologist 2011; Cervinka 2006; Hübner i.Dr.; Kruse 2005, 2006; Mack 2007; Schmuck & Schultz 2002)

Mit Recht betonen Stern (2000, 2011) und andere, dass Verhalten für eine nachhaltige Entwicklung sich vor allem auf „environmentally significant behavior" richten und dies im Zusammenhang mit weiteren internen (personbezogenen) und externen Einflussfaktoren (z.B. Technik, Infrastruktur, Makro-Strukturen) problemlösungsorientiert aufgreifen muss.

Im Folgenden soll selektiv und zusammenfassend auf die vielfältigen, zum Teil gut untersuchten Bedingungen umweltrelevanten und nachhaltigen Handelns eingegangen werden und auf ihre Bedeutung bei der Gestaltung von Interventionen zur Veränderung bzw. Transformation zu nachhaltigen Lebensstilen hingewiesen werden. In der Regel werden solche Bedingungen von Mensch-Umwelt-Wechselwirkungen hauptsächlich unter der Perspektive von Restriktionen und Barrieren betrachtet (Lantermann & Linneweber 2006; Lantermann & Schmitz 1994). Gifford (2011a, b) spricht sogar von den „Drachen der Untätigkeit". Diese wirken nicht nur einschränkend auf das Handeln, sondern erschweren auch den Aufbau von Kompetenzen. Aus der Betrachtung von Restriktionen und Barrieren lassen sich jedoch auch immer Hinweise auf Veränderungspotenziale gewinnen, die in empirischen Projekten zu überprüfen sind.

Zur Differenzierung der multiplen Bedingungen von Mensch-Umwelt-Wechselwirkungen im Sinne von Einflussfaktoren für (nicht-)nachhaltiges Handeln ist es sinnvoll, drei Gruppen zu unterscheiden: personale (bzw. individuelle) Faktoren, interpersonale (oder soziale) und externe (situative, infrastrukturelle). Dabei kommen multiple Bedingungen für nachhaltiges Handeln in den Blick, der etwa der Wissensvermittlung einen geringeren Stellenwert zuweist als in formalen Bildungskontexten üblich. Dafür oder dazu werden weitere Einflussfaktoren für (nachhaltiges) Handeln thematisiert (s.a. Kruse 1995; WBGU 1993).

Personale Bedingungen

Bei den *personalen*, d.h. am Individuum festzumachenden Bedingungen sind Probleme der Wahrnehmung und der Informationsverarbeitung von besonderer Bedeutung.

Für viele Umweltzustände und (globale) Veränderungen hat der Mensch keine spezifischen *Sinnesorgane* (z.b. Radioaktivität), und auch schleichende Veränderungen (2 Grad Temperaturanstieg innerhalb von 300 Jahren) sind nicht wahrnehmbar.

Auch die allgemeine „*Naturvergessenheit*" sowie die unhinterfragte Regenerationsfähigkeit von Natur, von Wasser, von Luft, aber auch die Technik als das im Alltag Selbstverständliche, nicht mehr Reflektierte stellen ein Problem dar, werden sie doch erst durch ihre Bedrohung (Hochwasser, Stromausfall) bewusst und in ihrer Funktion als Verhaltensstützen fraglich (s. Kruse 1983).

Ein wichtiges Wahrnehmungsproblem ist die *zeitliche* und oft auch *räumliche* Distanz zwischen Umwelteingriff und Wirkung. Dazu kann auch noch eine *soziale* Distanz kommen, wenn die Emissionen der Industrieländer des Nordens ihre schädigende Wirkung vor allem in den Ländern des Südens entfalten, wo Zugang zu Informationen und Ressourcen zur Bewältigung möglicherweise nicht gegeben sind. Diese Trennung zwischen „Tätern" und „Opfern" erfordert umso mehr Anstrengungen für das soziale Lernen für Nachhaltigkeit.

Andere Wahrnehmungsprobleme tun sich auf, wenn die einzelnen *Wirkungen gering* sind. Dies gilt nicht nur für schädigende Eingriffe, sondern auch für manche nachhaltige Verhaltensweise (z.B. Einschränkung der privaten PKW Nutzung), wenn kleine Verbesserungen nur als „Tropfen auf den heißen Stein" abgetan werden und nicht der „Strom" gesehen wird, der im Laufe der Zeit oder durch die kollektive Verbreitung einer Verhaltensweise und ihrer kumulativen Effekte entstehen kann.

Daher ist die Gestaltung von wahrnehmbaren Handlungskonsequenzen (z.B. durch persönliches Feedback oder auch durch technische Verbrauchsanzeigen) von großer Bedeutung.

Weitere Wahrnehmungsbarrieren ergeben sich durch die hohe *Komplexität, Vernetztheit und Dynamik* von Mensch-Umwelt-Wechselwirkungen, bei denen große Zeithorizonte und vielfache Rückkopplungen zu berücksichtigen sind. Denken in Systemen ist daher auch eine der vordringlich auszubildenden Kompetenzen einer Bildung für nachhaltige Entwicklung.

Die mangelnde Anschaulichkeit und Erlebbarkeit vieler Nachhaltigkeitsprobleme bzw. von Ursache-Wirkungs-Zusammenhängen hat eine Reihe psychologischer Folgen für die *Informationsverarbeitung* und für Entscheidungen unter Unsicherheit.

Erwähnt sei nur die Rolle der *Massenmedien*, der öffentliche Streit von Experten (z.B. zum Klimawandel), aber auch die politisch oder ökonomisch motivierte Sprachpolitik, die Risiken hoch- oder heruntersredet.

Besonders relevant ist die Bedeutung kognitiver Strategien, die Menschen beim Umgang mit komplexen Problemen, bei unsicheren und unanschaulichen Sachverhalten heranziehen:
Dazu gehört die Neigung zu *monokausalen Erklärungen* (z.B. Wetterextreme als Folge von Klimawandel). Dazu gehören vor allem auch die inzwischen vielfach untersuchten *Urteilsheuristiken*, die Menschen als Faustregeln anwenden, um komplexe Problemlösungen auf einfache Urteilsoperationen zu reduzieren. Die Literatur über intuitives Denken und „Bauchentscheidungen" (s. Gigerenzer & Kober 2008; Kahneman & Schmidt 2012) hat inzwischen auch den populären Buchmarkt erreicht. Diese Grundlagen moderner Problemlösungs- und Entscheidungsforschung müssen sich m.E. auch in den Kompetenzkonzepten und ihren Handlungsimplikationen niederschlagen.

Von besonderer Bedeutung sind auch die Bedingungen der Wahrnehmung und Bewertung von *Risiken*, ihre Über- oder Unterschätzung durch Laien im Vergleich zu den „objektiven" Bewertungen durch Experten, wobei zu betonen ist, dass jeder Experte außer in seinem Fachgebiet auch Laie ist.

Über die Wahrnehmungs- und Urteilsprobleme hinaus, die als Restriktionen bei den Aufgaben der Transformation von Mensch-Umwelt-Verhältnissen zu beachten sind, kommt noch eine Reihe weiterer individueller Bedingungen in Betracht, für die es bereits differenzierte Befunde gibt.

Zu diesen Faktoren gehören *Werthaltungen* und *Einstellungen* z.B. zu sozialen Problemen, biographisch fundierte und habituell gewordene *Motivationen* (Egoismus, Altruismus, Verzichtbereitschaft), aber auch temporäre Emotionen wie Furcht vor Verlust oder Hoffnung auf Erfolg, wenn es um die Entscheidung für nachhaltigkeitsrelevante Handlungen geht.

Soziale Bedingungen

Zu den *interpersonalen* und *sozialen* Faktoren gehören als wichtige Einflussvariablen (wahrgenommene) soziale Normen und Werte der Gruppen, denen man angehört oder angehören möchte. Zu berücksichtigen sind auch die *sozialen Repräsentationen* und *Werte einer Gesellschaft* insgesamt (z.B. Orientierung am Leitbild der Nachhaltigkeit) sowie die sozialen, ökonomischen, politischen und kulturellen Normen.

Eine bedeutsame Rolle spielen auch die durch *soziale Interaktion und Kommunikation* erleichterten oder erschwerten Handlungsbedingungen; das Lernen von Verhaltensweisen kann durch das *Modellverhalten* Anderer wesentlich gefördert werden.

Ausserdem sind bestehende *soziale Netzwerke* (Nachbarschaften, Klassenverbände) zu beachten, die Partizipations- und Lernprozesse begünstigen können.

Eine weitere soziale Bedingung sind *Konflikte zwischen Interessengruppen*, bei denen die vermeintlichen Gewinner(innen) und Opfer einer Maßnahme (z.b. der Verkehrsberuhigung) völlig unterschiedliche Perspektiven und Bewertungen in eine Auseinandersetzung einbringen können. Ob dies durch die Kompetenz „Empathie für andere zeigen können" einbezogen wird?

Externe Bedingungen

Zu den *externen* und *strukturellen* Bedingungen zählen zunächst einmal die vielfältigen Arten von *Handlungsanreizen* und Belohnungen *monetärer* (Umweltticket, Rabatte) und *nicht-monetärer* Art (z.B. öffentliche Anerkennung) sowie schließlich die gesamten ökologischen und soziokulturellen Rahmenbedingungen einer Gesellschaft (Klima, Ressourcenverfügbarkeit, ökonomische, rechtliche, technische, wissenschaftliche und Bildungseinrichtungen).

Dazu gehören weiterhin als wichtige handlungsfördernde, aber auch begrenzende Bedingungen *Handlungsangebote* und *Handlungsmöglichkeiten* (z.B. energiesparende Geräte, ÖPNV-Angebote), die z.B. als Voraussetzungen für ressourcenschonendes Handeln gegeben sein müssen. Davon ausgehend, dass fast unser gesamtes Alltagsverhalten in irgendeiner Weise technisch unterstützt (oder behindert) wird, werden diese Faktoren in ihrer Wechselwirkung mit personalen und sozialen Faktoren - z.B. auch in ihrer Bedeutung für die Gestaltung von nicht nur persönlichem, sondern auch technisch vermitteltem Feedback - , bisher noch viel zu wenig in der verhaltenswissenschaftlichen Forschung berücksichtigt. In Anbetracht der oben skizzierten Möglichkeiten vom Handeln zum Wissen besteht hier noch großer Handlungsbedarf. Stern (2000; 2011), der seine Kategorie des „environmentally significant behavior" vor allem in Bezug auf das Ausmaß der Umweltwirkung (environmental impact) definiert, weist immer wieder darauf hin, dass Menschen häufig die Bedeutung von einfach auszuführenden Verhaltensweisen (z.B. die Heizungstemperatur nach unten regulieren) überschätzen und jene unterschätzen, die z.B. für die Energieeinsparung die größte Wirkung hätten (Investition in Hausisolierung, neue Heiz- oder Kühlsysteme).

Es würde den Rahmen des Kapitels sprengen, wenn nun noch die erfolgreichen und vielfach überprüften Strategien und Instrumente zur Intervention, also zur Veränderung von Handlungsmustern in Richtung auf eine nachhaltige Entwicklung diskutiert würden (vgl. dazu etwa Gardner & Stern 1996; Homburg & Matthies 1998; Kaufmann-Hayoz & Gutscher 2001; Stern 2011 sowie die Metaanalysen von Abrahamse et al. 2005; Bamberg & Möser 2007; Dwyer et al. 1993):

Die Vermittlung von Wissen und konkreten Informationen unter Beachtung von bewährten Kommunikationsmethoden ist zwar eine notwendige, aber keine hinreichende Voraussetzung. Nur eine an den Zielgruppen (Schüler, Hausfrauen), den spezifischen Handlungsfeldern (Energiesparen, Freizeitmobilität) und den Kontexten (Arbeitsplatz, Freizeitort) orientierte *Kombination von Interventionsmaßnahmen* kann letztlich erfolgreich sein, wie eine wachsende Zahl von Untersuchungen belegen.

Wenn man also z.B. die Energiewende als Aufgabe einer Lerngesellschaft ansieht, reicht es m.E. nicht aus zu verstehen, zu reflektieren und zu partizipieren, man muss auch etwas über die Möglichkeiten – die Barrieren und Potenziale – für die Entwicklung neuer Energieformen, die Akzeptanz und Mitbestimmungsmöglichkeiten, die Steigerung der Energieeffizienz, die Reduzierung von Energieverbräuchen und die Formen und Gefahren von Reboundeffekten wissen, um diese in Bildungs- und Lernprozesse einbringen zu können.

6 Zusammenfassung und Ausblick: Vom Wissen zum Handeln oder auch vom Handeln zum Wissen – gehandelt werden muss auf jeden Fall

Die Aufgabe, eine nachhaltige Entwicklung zu gestalten, wird derzeit gern als „Große Transformation" (WBGU 2011) definiert und gefordert. Damit ist im Kern eine weltweite Veränderung von Mensch-Umwelt-Wechselwirkungen gemeint, die auf vielen verschiedenen Ebenen – global, national, regional, kommunal, aber immer auch auf der Ebene von Individuen und Gruppen realisiert werden muss.

Gefragt ist ein Wandel von Lebensstilen, der in den verschiedenen Kulturen und Weltregionen ganz unterschiedlich aussehen muss.

Mensch-Umwelt-Verhältnisse manifestieren sich letztlich immer im konkreten direkten und indirekten Verhalten von Individuen und Gruppen in vielen verschiedenen Handlungsfeldern, wie Konsum, Produktion, Mobilität und Verkehr, Bauen und Wohnen, Stadt- und Verkehrsplanung etc. Da es *die* nachhaltige Entwicklung mit einem definierbaren Endziel nicht gibt und nicht geben kann, muss die Transformation von einer nicht-nachhaltigen in eine nachhaltigere Gesellschaft als ein fortwährender Prozess verstanden werden, in dem Ziele formuliert und verfolgt werden, aber auch immer wieder neu ausgehandelt werden müssen. Das Leitbild einer nachhaltigen Entwicklung wird in einem großen *Suchprozess* realisiert, und zwar in einer *Experimentiergesellschaft*, die es sich nicht (mehr) leisten kann, nach Versuch und Irrtum vorzugehen, sondern in der alles verfügbare wissenschaftliche und gesellschaftliche Wissen, aber mehr noch alle bekannten und erforschbaren Einflussfaktoren einbezogen werden müssen, um den Pfad der Nicht-Nachhaltigkeit zu verlassen. Nachhaltige Entwicklung verlangt einen *Kulturwandel,* in dem die verschiedenen Dimensionen, in denen sich Mensch-Umwelt- oder Mensch-Natur-Verhältnisse artikulieren und materialisieren (Wirtschaft, Technik, Wissenschaft, sozio-politische Strukturen, Bildung, kulturelle Systeme und Normen u.a.m), immer wieder auf den Prüfstand gestellt werden, Barrieren identifiziert sowie Potenziale ihrer Veränderbarkeit abgeschätzt werden und genutzt werden müssen.

Bisher standen meist technische, ökonomische und rechtliche Maßnahmen im Vordergrund. Obwohl mit der Agenda 21 (Riokonferenz 1992) schon ausgeführt, wurde erst mit der „Weltkonferenz zur Nachhaltigen Entwicklung" in Johannesburg (2002) dem Bereich Bildung und dem lebenslangen Lernen eine neue Schlüsselrolle für eine Politik oder besser den kulturellen Wandel zu einer nachhaltigen Entwicklung zuerkannt und entsprechende Entwicklungen eingefordert. Die von der UNESCO umgesetzte „UN-Dekade Bildung für nachhaltige Entwicklung (2004 - 2015)" ist das bisher sichtbarste Instrument für die weltweite Gestaltung dieser Aufgabe. Haben die Bundesregierung und das Parlament (2004) zu einer „Allianz Nachhaltigkeit Lernen" aufgerufen, ist das „Lernen" zwar noch in verschiedenen Aktionsplänen oder Netzwerktiteln zu finden, aber der Sprachgebrauch in Deutschland hat sich auf „Bildung" eingependelt oder eingeschränkt. Damit geht einher, dass Bildung für nachhaltige Entwicklung überwiegend für den Bereich Schule thematisiert und ausgearbeitet wird. Mehr noch, der Ansatz zur Bildung für nachhaltige Entwicklung konzentriert sich ganz in Anlehnung an neue Bildungskonzepte auf den Erwerb von überwiegend kognitiv orientierten *Kompetenzen*, vornehmlich von Gestaltungskompetenz(en). Auch wenn in den Zielformulierungen oft von Fähigkeiten geredet wird, Probleme einer nicht-nachhaltigen Entwicklung erkennen und Wissen für eine nachhaltige Entwicklung anwenden zu können, bleibt die Ausformulierung der Kompetenzen so allgemein, dass sie praktisch für viele Handlungsbereiche relevant sind, aber keine spezifische Orientierung in Bezug auf nachhaltige Entwicklung aufweisen. Erst die weitere Ausarbeitung bzw. Operationalisierung für konkrete Handlungsfelder lässt manchmal erahnen, was diese Kompetenzen gleichsam als Meta-Handlungs- und Bewusstseinsanleitungen für die Erarbeitung von Themen oder Projekten im Schulalltag leisten können.

Die Forderung dieses Beitrags ist es, die Rede vom „Lernen für eine nachhaltige Entwicklung" ernst zu nehmen und die Perspektive einer Bildung für nachhaltige Entwicklung zu erweitern, über die institutionellen Bildungskontexte, speziell Schule hinaus, in viele verschiedene Lernorte und Handlungsfelder hinein und mit Blick auf unterschiedliche Akteure, Rollenträger und Zielgruppen, die an einer (nicht-)nachhaltigen Entwicklung mitwirken. Des Weiteren geht es darum, nicht nur allgemeine Kompetenzen in den Mittelpunkt zu stellen und damit überwiegend auf einer kognitiven Ebene zu argumentieren, sondern alle Ansätze, die sich um die Transformation menschlichen Handelns zu einer nachhaltigen Entwicklung bemühen, auch für die verschiedenen Bildungskontexte von der Frühpädagogik des Kindergartens, über Schulen, Hochschulen, in der beruflichen Bildung, in der Erwachsenenbildung und allen Weiterbildungseinrichtungen, für die non-formalen und die informellen Ansätze fruchtbar zu machen,

Nicht-nachhaltiges Handeln wird meist von klein auf gelernt und häufig zu Gewohnheiten und Routinen entwickelt, deren Veränderung mühsam und nicht immer erfolgreich ist. Das Ver-lernen und Neu-lernen sowie entsprechend nachhaltigkeitsorientiert zu handeln, muss heute die wichtige Aufgabe einer *Lerngesellschaft* sein.

Dabei geht es auch darum, neue Lernkonzepte für bestimmte Zielgruppen und Lernsettings zu entwickeln, vor allem aber gilt es zu fragen, wie Mensch-Umwelt-Verhältnisse ursächlich zu einer nicht-nachhaltigen Entwicklung im Sinne der Veränderung unseres Lebensraums, der Beeinflussung des Klimawandels, der Übernutzung von Rohstoffen, aber auch der sozialen Segregation und Ungerechtigkeit usw. beitragen und welche Einflussfaktoren im Sinne von Barrieren und Potenzialen berücksichtigt werden können und sollten, um diese nicht-nachhaltige Entwicklung zu einer nachhaltigeren zu transformieren. Im Mittelpunkt stehen dabei – angesichts der Bedeutung der ökologischen Dimension der Nachhaltigkeit – ganz wesentlich umweltrelevante Verhaltensweisen, aber i.w.S. auch sozial und global gerechte und ökonomisch sinnvolle, angepasste Verhaltensweisen und ihre vielfältigen – auch ethischen – Bedingungen. Es steht außer Frage, dass alle diese Themen und ihre Vernetzungen erkannt, diskutiert, reflektiert und beurteilt werden müssen, dass partizipativ Visionen und Vorschläge entwickelt werden sollen, aber es steht auch außer Frage, dass diese Themen konkret als Probleme identifiziert, analysiert und zu wahrnehmbaren Lösungen gebracht werden müssen, z.B. bei der Gestaltung der Energiewende, bei der Reduktion von Treibhausgasen, bei der Entwicklung neuer Mobilitätsmuster und der Förderung weniger umweltschädigender und nicht nachhaltiger Konsummuster. Da reicht es nicht, allgemeine Grundsätze des Erkennens, Bewertens, Reflektierens, der Partizipation und des Handelns in heterogenen Gruppen usw. zu formulieren, die das Individuum befähigen sollen, aktiv, reflektiert und eigenverantwortlich entscheiden und handeln zu können.

Es ist m.E. dringend erforderlich, „Nachhaltigkeit Lernen" durch die Erkenntnisse von theoretisch und empirisch fundierten Mensch-Umwelt-Wissenschaften zu bereichern, z.B. durch die Sozial- und Verhaltenswissenschaften, in denen es bereits viele Erkenntnisse zu Wahrnehmungsproblemen, der Rolle von Wissen und Einstellungen, von Emotionen, Motivationen und sozialen Normen, der Rolle von Verhaltensrückmeldungen und nicht zuletzt zur Bedeutung von externen und strukturellen Kontexten und Bedingungen gibt.

Vom Wissen zum Handeln – das ist kein direkter Weg und kein Selbstläufer, vielmehr sind viele – zum großen Teil bekannte – vermittelnde Bedingungen mit zu berücksichtigen und mit zu gestalten.

Vom Handeln zum Wissen – auch das hat seinen Platz im Alltag und in der empirischen Forschung, und es ist viel weiter verbreitet als es das Credo eines rationalen Handelns nahe legt. So bleibt zu wünschen, dass die noch immer explizit oder implizit vorgetragene Forderung, das „Umweltbewusstsein" (Wissen, Einstellung, Verantwortungsbewusstsein), das inzwischen auch als „Naturbewusstsein" oder „Nachhaltigkeitsbewusstsein" gemessen wird, zu fördern, um dadurch umweltgerechtes, naturschutzrelevantes, nachhaltiges Handeln zu stärken, in Zukunft immer mehr durch differenziertere Vorschläge abgelöst wird, die die jetzt schon vorhandenen Erkenntnisse aus Forschungs- und Anwendungskontexten zur Verbesserung umweltschonender und i.w.S. nachhaltiger Handlungsmuster einbeziehen.

Mit der Diskussion, der Verbreitung und aufwendigen Evaluation von schulorientierten Kompetenzen allein werden die in Johannesburg formulierten Erwartungen an eine Bildung für nachhaltige Entwicklung nicht erfüllt werden können. Das Ziel und Plädoyer dieses Kapitels ist es, die im Bildungsbereich fast dogmatische Engführung auf Kompetenzen durch ein breiteres Spektrum von Ansätzen für das Lernen von Nachhaltigkeit zu erweitern. Das bedeutet aber auch, dass eine Bildungsforschung, die sich auf die Gestaltung von nachhaltiger Entwicklung konzentriert, über die Evaluation von Kompetenzmodellen, die Entwicklung und Diagnose von Lehrer- wie Schülerkompetenzen und über die sehr wohl wichtigen Fragen des Transfers von neuen Bildungskonzepten und der strukturellen Institutionalisierung von Bildung für nachhaltige Entwicklung hinausgeht.

Wir brauchen konzertierte Aktionen zur Förderung von Lerngesellschaften als Voraussetzungen für den kulturellen Wandel zu einer nachhaltigen Entwicklung. Dazu müssen Erkenntnisse und Methoden aus vielen Disziplinen zusammengebracht und darüber hinaus transdisziplinäre Ansätze verstärkt werden, in denen die unterschiedlichen „Kompetenzen" gesellschaftlicher Akteure zum Tragen kommen (s. bereits WBGU 1996). Der Bildung kommt im Programm der „Großen Transformation" (WBGU 2011) in enger Verzahnung mit Forschung eine neue Rolle zu, die erst noch ausgearbeitet werden muss.

In der Umweltplanung wurde einmal der Begriff *„responsive design"* geprägt, das sich veränderten Bedürfnissen von Nutzern und Nutzerinnen anpassen kann. Eine eben solche Anpassung, angesichts von Fortschritten (oder Rückschlägen) und neuen Zielsetzungen bei der Gestaltung von nachhaltiger Entwicklung, muss als Teil einer großen Transformation auch für Bildung und Nachhaltigkeit Lernen möglich sein. Bildung und Lernen müssen nachhaltige Entwicklung mit gestalten, aber auch mit dem Prozess einer nachhaltigen Entwicklung mitwachsen und sich verändern können.

Literatur

Abrahamse, W., Steg, L., Vlek, C. & Rothengatter, T (2005). A review of intervention studies aimed at household energy conservation. *Journal of Environmental Psychology, 25*, 273 - 291.

Aeschbacher, U., Calo, C. & Wehrli, R. (2001). „Die Ursache des Treibhauseffekts ist ein Loch in der Atmosphäre". Naives Denken wider besseres Wissen. *Zeitschrift für Entwicklungspsychologie und Pädagogische Psychologie, 33*, 230 - 241.

American Psychologist (2011). Special Issue: Psychology and global climate Change. *American Psychologist, 66* (4), 241 - 328.

Apel, H. (2012). Von Rio nach Bologna: BNE in der Erwachsenenbildung. *umwelt & bildung*, 1, 12 - 14.

Bamberg, S. & Möser, G. (2007). Twenty years after Hines, Hungerford, and Tomera: A new meta-analysis of psycho-social determinants of proenvironmental behaviour. *Journal of Environmental Psychology, 27*, 14 - 25.

Becker, E. & Jahn, Th. (1987). *Soziale Ökologie als Krisenwissenschaft*. Frankfurt: IKO Verlag.

Becker, E. & Jahn, Th, (2006) *Soziale Ökologie. Grundzüge einer Wissenschaft von den gesellschaftlichen Naturverhältnissen*. Frankfurt: Campus.

Bem, D. J. (1972). Self-perception theory. *Advances in Experimental Social Psychology, 6*, 1 - 62.

BMZ-KMK (Hrsg.) (2008). *Orientierungsrahmen für den Lernbereich Globale Entwicklung*. Bonn

Brehm, J.W. (1972). *Responses to loss of freedom: A theory of psychological reactance*. Morristown, NJ: General Learning Press.

Cervinka, R. (2006). Von der Umweltpsychologie zur Nachhaltigkeitspsychologie? *Herausforderung, Möglichkeiten und Hürden: ein Positionspapier. Umweltpsychologie, 10* (1), 118 - 135.

De Haan, G. (2006). Bildung für nachhaltige Entwicklung. Ein neues Lern- und Handlungsfeld. *UNESCO heute, 53* (1), 4 - 9.

De Haan, G. & Harenberg, D. (1999). *Bildung für eine nachhaltige Entwicklung. Materialien zur Bildungsplanung und Forschungsförderung Nr. 72*. Bonn: BLK

De Haan, G, Kamp, G., Lerch, A., Martignon, L., Müller-Christ, G. & Nutzinger, H. G. (2008). *Nachhaltigkeit und Gerechtigkeit. Grundlagen und schulpraktische Konsequenzen*. Berlin: Springer.

Dwyer, W. O., Leeming, F.C., Cobern, M.K., Porter, B.E. & Jackson, J.M. (1993). Critical review of behavioural interventions to preserve the environment. *Environment and Behavior, 25*, 275 - 321.

Festinger, L. & Carlsmith, J.M. (1959). Cognitive consequences of forced compliance. *Journal of Abnormal and Social Psychology, 58*, 203 - 210.

Gardner, G.T. & Stern, P. (1996). *Environmental problems and human behavior*. Boston: Allyn & Bacon
Gifford, R. (2011a). The dragons of inaction: Psychological barriers that limit climate change mitigation and adaptation. *American Psychologist, 66* (4), 290 - 302.
Gifford, R. (2011b). Die Drachen der Untätigkeit: Warum wir nicht mehr tun. *UNESCO heute Nr.2*, 36 - 39.
Gigerenzer, G.& Kober, H. (2008). *Bauchentscheidungen. Die Intelligenz des Unbewussten und die Macht der Intuition*. München: Goldmann.
Graumann, C. F. & Kruse, L. (1990). The environment. Societal construction and psychological problem. In. H. Himmelweit & G. Gaskell (Eds.), *Societal psychology* (S. 221 - 229). Beverly Hills: Sage.
Grin, J., Rotmans, J. & Schot, J. (2010). *Transistions to sustainable development: New directions in the study of longterm transformative change*. New York: Routledge.
Hirsch, G. (1993) Wieso ist ökologisches Handeln mehr als eine Anwendung ökologischen Wissens? *GAIA, 2* (3), 141 - 151.
Homburg, A. & Matthies, E. (1998). *Umweltpsychologie. Umweltkrise, Gesellschaft und Individuum*. Weinheim: PVU.
Hübner, G. (i.Dr.) Mensch und Natur – nachhaltiges Verhalten fördern. In: L. Kruse (Hrsg.). *Natur, Naturwahrnehmung, Naturschutz: Nachhaltige Entwicklung aus Sicht der Psychologie*. Sankt Augustin: Academia Verlag.
Kahneman, D. & Schmidt, Th. (2012). *Schnelles Denken, langsames Denken*. München: Siedler.
Kaiser, F., Roczen, N. & Bogner, F. (2008). Competence formation in environmental education: Advancing ecology-specific rather than general abilities. *Umweltpsychologie, 12* (2), 56 - 70.
Kaufmann-Hayoz, R. & Gutscher, H. (Hrsg.) (2001). *Changing things – moving people. Strategies for promoting sustainable development at the local level*. Basel: Birkhäuser.
Kruse, L. (1983). Katastrophe und Erholung. Die Natur in der umweltpsychologischen Forschung. In: G. Großklaus & E. Oldemeyer (Hrsg.) *Natur als Gegenwelt. Beiträge zur Kulturgeschichte der Natur* (S. 121 - 135). Karlsruhe: von Loeper Verlag.
Kruse, L. (1995). Globale Umweltveränderungen: Eine Herausforderung für die Psychologie. *Psychologische Rundschau, 46*, 81 - 92.
Kruse, L. (2002). Umweltverhalten – Handeln wider besseres Wissen? In: G. Hempel & M. Schulz-Baldes (Hrsg.) *Nachhaltigkeit und globaler Wandel* (S. 175 - 192). Frankfurt: P. Lang.
Kruse, L. (2005). Nachhaltigkeitskommunikation und mehr: die Perspektive der Psychologie. In: G. Michelsen & J. Godemann (Hrsg.) *Handbuch Nach-*

haltigkeitskommunikation. Grundlagen und Praxis (S. 109 - 120). München: oekom.
Kruse, L. (2006). Globalization and sustainable development as issues of environmental psychology. *Umweltpsychologie, 2006, 10* (1), 136 - 152.
Künzli David, Ch. & Kaufmann-Hayoz, R. (2008). Bildung für eine nachhaltige Entwicklung – Konzeptionelle Grundlagen, didaktische Ausgestaltung und Umsetzung. *Umweltpsychologie, 12* (2), 9 - 28.
Lantermann, E.D. & Linneweber, V. (2006). Umwelt und Umweltpsychologie. In: H.W. Bierhoff & D. Frey (Hrsg.), *Handbuch der Sozialpsychologie und Kommunikationspsychologie* (S. 251 - 257). Göttingen: Hogrefe.
Lantermann, E.D. & Schmitz, B. (1994). Psychische Ressourcen und Strategien im Umgang mit globalen Umweltveränderungen. *Natur & Wissenschaften, 81*, 521-527.
Liedtke, Ch., Welfens, M., Rohn, H. & Nordman, JU. (2012). LIVING LAB: user-driven innovation for sustainability. *International Journal of Sustainability in Higher Education, 13* (2), 106 - 118.
Mack, B. (2007). *Energiesparen fördern durch psychologische Interventionen.* Münster: Waxmann.
Marwege, R. (2012*). Bildung für eine nachhaltige Entwicklung in Biosphärenreservaten in Deutschland*. Unveröffentl. Masterarbeit an der Hochschule Eberswalde.
Matthies, E. (2005). Wie können PsychologInnen ihr Wissen besser an die PraktikerInnen bringen? *Umweltpsychologie, 9* (1), 62 - 81.
Michelsen, G., Siebert, H. & Lilje, J. (2011). *Nachhaltigkeit Lernen. Ein Lesebuch*. Bad Homburg: VAS.
NBBW (Nachhaltigkeitsbeirat Baden-Württemberg) (2008). *Zukunft gestalten – Nachhaltigkeit lernen – Bildung für nachhaltige Entwicklung als Aufgabe für das Land Baden-Württemberg*. Stuttgart.
NBBW (Nachhaltigkeitsbeirat Baden-Württemberg) (2012). *Energiewende: Implikationen für Baden-Württemberg*. Stuttgart.
OECD (2005). *Definition und Auswahl von Schlüsselkompetenzen. Zusammenfassung.*
Rieckmann, M. (2010). *Die globale Perspektive der Bildung für nachhaltige Entwicklung*. Berlin: Berliner Wissenschafts Verlag.
Rychen, D. S. & Salganik, L.H. (Eds.) (2003). *Key competencies for a successful life and a well-functioning society*. Göttingen: Hogrefe.
Schmuck, P. & Schultz, P.W. (Eds.). (2002). *Psychology of sustainable development*. Boston: Kluwer.
Schneidewind, U. (2009). *Nachhaltige Wissenschaft*. Marburg: Metropolis Verlag.
Scholz, R. (2011). *Environmental literacy in science and society: from knowledge to decisions*. Cambridge: Cambridge University Press.

Stengel, O., Liedtke, Ch., Baedeker, C. & Welfens, M. (2008). Theorie und Praxis eines Bildungskonzepts für eine nachhaltige Entwicklung. *Umweltpsychologie, 12* (2), 29 - 42.
Stern, P. (2011).Contributions of psychology to limiting climate change. *American Psychologist, 66* (4), 303 - 314.
Stern, P. (2000). Toward a coherent theory of environmentally significant behaviour. *Journal of Social Issues, 56*, 407 - 424.
Stern, P. Young, O. & Druckman, D. (1992). *Global environmental change. Understanding the human dimension.* Washington: National Academy Press.
Stoltenberg, U. (2009). *Mensch und Wald.* München. oekom.
Thaler, R.H. & Sunstein, C. R. (2011). *Nudge. Wie man kluge Entscheidungen anstößt.* Berlin: Ullstein.
WBGU (Wissenschaftlicher Beirat der Bundesregierung Globale Umweltveränderungen) (1993). *Welt im Wandel: Grundstruktur globaler Mensch-Umwelt-Beziehungen.* Bonn. Economica.
WBGU (Wissenschaftlicher Beirat der Bundesregierung Globale Umweltveränderungen) (1996). *Welt im Wandel: Herausforderung für die deutsche Wissenschaft.* Berlin/Heidelberg: Springer.
WBGU (Wissenschaftlicher Beirat der Bundesregierung Globale Umweltveränderungen) (2011). *Welt im Wandel: Gesellschaftsvertrag für eine Große Transformation.* Berlin: WBGU.
WCED (World Commission for Environment and Development) Our common future. s. V. Hauff (1987) *Unsere gemeinsame Zukunft. Der Brundtland-Bericht der Weltkommission für Umwelt und Entwicklung.* Greven.
Weinert, F.E. (2001). Vergleichende Leistungsmessung in Schulen – eine umstrittene Selbstverständlichkeit. In: F.E. Weinert (Hrsg.), *Leistungsmessungen in Schulen* (S. 17 - 31). Weinheim: Beltz.

II. BNE im Bildungssystem

Bildung für nachhaltige Entwicklung im schulischen Kontext

Katrin Hauenschild & Horst Rode

Abstract

Since the 1990s, education for sustainable development (ESD) has become a principle that extends to all educational sectors from kindergarten to university. Despite continuing efforts ESD has not yet been fully implemented in all curricula and teacher education. However, ESD has great potentials for the development and improvement of skills, e.g. complex problem solving, critical thinking and global citizenship. The cross-curricular approach of ESD bears many chances for school quality and school development.

1 Grundlagen für BNE an Schulen

Mit Bildung für Nachhaltige Entwicklung (BNE) hat sich ein handlungsleitendes Bildungsprinzip ausgeformt, das alle Stufen des Bildungswesens von elementar- bis zum Hochschulbereich umfasst. Seit Mitte der 1990er Jahre werden konzeptionelle und didaktische Orientierungen für BNE entwickelt, in denen die zwei Säulen Umweltbildung und entwicklungspolitische Bildung (vgl. BMBF 2002, S. 14) neben Schulfächern und fächerübergreifenden Lernbereichen den curricularen Rahmen von BNE abstecken.

Als „Geburtsstunde" (Rieß 2010, S. 101) von BNE gilt die UN-Konferenz zu Umwelt und Entwicklung 1992 in Rio de Janeiro (zur Entwicklung von BNE vgl. Bormann in diesem Band). Die auf der Rio-Konferenz verabschiedete Agenda 21 befasst sich in einem eigenen Kapitel (36) explizit mit dem Thema Bildung. Weitere Anknüpfungspunkte für Bildung finden sich in den Kapiteln 4 (Veränderung von Konsumgewohnheiten), 35 (Funktion von Wissenschaft) und 40 (Information über politische Entscheidungsträger). Die Agenda 21 versteht Nachhaltige Entwicklung als Bildungsidee (vgl. Harenberg 2002) und zentralen Bildungsinhalt. „Ziel ist die Förderung einer breitangelegten Bewußtseinsbildung als wesentlicher Bestandteil einer weltweiten Bildungsinitiative zur Stärkung von Einstellungen, Wertvorstellungen und Handlungsweisen, die mit einer nachhaltigen Entwicklung vereinbar sind." (BMU 1997, S. 264). Dabei kommt der Schule eine besondere Bedeutung zu.

Um Schule in Hinblick auf BNE zu gestalten, wurde zwischen 1999 und 2004 von der damaligen Bund-Länder-Kommission für Bildungsplanung und Forschungsförderung (BLK) das Programm „Bildung für eine nachhaltige Entwicklung", kurz BLK-Programm „21" ins Leben gerufen, an dem sich 200 Schulen aus 15 Bundesländern beteiligten. Die Ergebnisse dieses Programms flossen in das Nachfolge-Programm „Transfer-21" ein, das die Dissemination und Implementation von BNE an Schulen fördern sollte. Das Programm Transfer-21 erreichte über 10 % der rund 40.000 allgemeinbildenden Schulen in Deutschland. Neben diesen beiden Programmen lassen sich weitere Initiativen nennen: beispielsweise Umweltschule in Europa/internationale Agenda-Schule mit mehreren 100 teilnehmenden Schulen pro Jahr oder die inzwischen mehr als 200 UNESCO-Schulen, die sich auch den Nachhaltigkeitszielen verpflichten. 2007 und 2008 wurden BNE und globales Lernen von der Kultusministerkonferenz als zentrale Aufgaben für die Schulen in Deutschland definiert (KMK/DUK 2007; KMK/BMZ 2008). Schulen beteiligen sich darüber hinaus an der UN-Dekade „Bildung für nachhaltige Entwicklung" von 2005 bis 2014. Über 20 % der Projekte sind im Schulbereich angesiedelt. Hinzu kommt die Beteiligung des Schulsektors im Rahmen der Dekade-Initiativen in den einzelnen Bundesländern. BNE umfasst allerdings nicht nur den Schulbereich, sondern strahlt auch in den Elementarbereich (frühkindliche Bildung), in die Hochschulen und in die außerschulische Bildung aus. Die in Projekten der UN-Dekade Aktiven sehen den Nutzen von BNE in der Herausbildung innovativer Sicht- und Herangehensweisen mit einem starken Alltagsbezug, erweiterten pädagogischen und organisatorischen Möglichkeiten und einer verbesserten Ausstrahlung in die Öffentlichkeit (Rode & Michelsen 2012, S. 34).

Sowohl auf der curricularen Ebene als auch auf der Ebene der Praxis hat sich BNE allerdings bisher nicht hinreichend etablieren können. Für den Schulbereich gibt es zwar keine aktuellen empirischen Daten, doch geben Befunde zur UN-Dekade einige Hinweise. Für die in den Projekten Aktiven gibt es drei Haupthindernisse für eine Umsetzung und Verbreitung von BNE: zu wenig Geld, zu wenig Zeit und zu wenig qualifiziertes Personal. Widerstände aus Verwaltung und Gesellschaft gegenüber BNE haben hingegen aus Sicht der Aktiven der UN-Dekade nachgelassen. Auch die oft als Hindernis ins Feld geführte inhaltliche Komplexität spielt aus Sicht der Projekte der UN-Dekade keine entscheidende Rolle (ebd., S. 53 f.). Für diejenigen, die sich auf BNE eingelassen haben, eröffnen sich vielmehr attraktive Möglichkeiten, andere Sicht- und Herangehensweisen zu entwickeln, die über tradierte Formen von Bildung hinausgehen.

Gerade mit der Verbindung von Umweltbildung und entwicklungspolitischer Bildung gilt BNE als eine inter- bzw. transdisziplinäre Bildungsaufgabe. Klassische Inhalte von Konzepten zur Umwelterziehung der 1980er Jahre (vgl. z.B. Bolscho, Eulefeld & Seybold 1980; Beer & de Haan 1984) werden in BNE durch Inhalte entwicklungspolitischer Bildung insbesondere um Themen des inter- und transkulturellen Lernens, des globalen Lernens und der Friedenserziehung erweitert. Somit ist BNE als fachübergreifende Aufgabe für Schule und Unterricht zu verstehen, in der die Dimensionen Ökologie, Ökonomie und Soziales mit lokalen und globalen Problemaspekten verbunden werden.

Damit sind zentrale didaktische Prinzipien angesprochen: Vernetzung der drei Dimensionen, Globalität und Problemorientierung verweisen auf den Grundsatz der „Systemorientierung" (BLK 1998). Die inter- und transdisziplinäre Vernetzung der ökologischen, ökonomischen und soziokulturellen Dimension (Retinität) sowie die Verbindung zwischen lokalen und globalen Aspekten bilden den didaktischen Kern von BNE, um globale Interdependenzen vielperspektivisch zum Gegenstand in Unterricht und Schule zu machen. Der Syndromansatz des WBGU (1996) zeigt diese Interdependenzen auf. Ein problemorientierter Zugang, der sowohl für die Lernenden als auch für die Sache bedeutsam ist, muss Ausgangspunkt für BNE sein, um auf dieser Grundlage Visionen und Gestaltungsmöglichkeiten zu entwickeln (bei Künzli David vgl. 2007, S. 65) für die Grundschule unter dem Begriff „Visionsorientierung" gefasst). Dabei sind Lernanlässe im Sinne der Zugänglichkeit an den lebensweltlichen Wahrnehmungs- und Deutungsmustern der Lernenden zu orientieren und in Hinblick auf die Erlangung verschiedener Kompetenzen weiterzuentwickeln.

Die zentrale Zielsetzung von BNE ist die Entwicklung von Gestaltungskompetenz. Im Programm Transfer-21 (siehe www.tranfer-21.de) wird mit Gestaltungskompetenz „die Fähigkeit bezeichnet, Wissen über nachhaltige Entwicklung anwenden und Probleme nicht-nachhaltiger Entwicklung erkennen zu können. Das heißt, aus Gegenwartsanalysen und Zukunftsstudien Schlussfolgerungen über ökologische, ökonomische und soziale Entwicklungen in ihrer wechselseitigen Abhängigkeit ziehen und darauf basierende Entscheidungen treffen, verstehen und umsetzen zu können, mit denen sich nachhaltige Entwicklungsprozesse verwirklichen lassen.". Gestaltungskompetenz umfasst einzelne Teilkompetenzen, die inzwischen mehrfach überarbeitet, auf die Kompetenzkategorien der OECD bezogen und für die Sekundarstufe I und die Grundschule ausformuliert wurden (vgl. AG Qualität & Kompetenzen 2007, S. 12 ff.; de Haan 2009, S. 22 ff.).

Rost, Lauströer & Raack (vgl. 2003) differenzieren in Analogie zu den Bereichen Wissen, Bewerten und Handeln „Systemkompetenz", „Bewertungskompetenz" und „Gestaltungskompetenz" als wesentliche Ziele. *Handlungskompetenzen* beziehen sich auf die Planung und Gestaltung zukünftiger Entwicklungsprozesse und setzen die Fähigkeit voraus, „sich Ziele zu setzen, Entwicklungen zu antizipieren und Veränderungsprozesse zu gestalten" (ebd., S. 11). Voraussetzung dafür ist zum einen die Kompetenz, globale Systemzusammenhänge zu verstehen und mit ihnen umzugehen sowie die Fähigkeit zur Wissensaneignung (*Systemkompetenz*); zum anderen geht adäquates Handeln mit *Bewertungskompetenz* einher, „bei Entscheidungen unterschiedliche Werte zu erkennen, gegeneinander abzuwägen und in den Entscheidungsprozess einfließen zu lassen" (ebd.).

Diese Dreiteilung korrespondiert mit den Kompetenzbereichen Erkennen, Bewerten und Handeln, wie sie im Orientierungsrahmen für den Lernbereich

Globale Entwicklung (KMK/BMZ 2007, S. 72 ff.) ausgewiesen werden, und ist anschlussfähig an die im Rahmen politischer Bildung geforderte Grundkompetenz Mündigkeit (vgl. Peter, Moegling & Overwien 2011; Hauenschild 2009). Mündigkeit bedeutet zusammengefasst, dass der Mensch „selbstbestimmt und verantwortungsfähig Entscheidungen trifft, denkt und handelt. (…) Insofern ist der Begriff der Mündigkeit nicht nur auf die Förderung des Individuums konzentriert, sondern ist zugleich auf eine Veränderung der Gesamtgesellschaft ausgerichtet" (Henkenborg 2001, S. 4). Mündigkeit schließt damit an die Schlüsselkompetenzen der OECD (interaktive Anwendung von Medien und Mitteln, interagieren in heterogenen Gruppen, autonomes Handeln) an, die sowohl dem erfolgreichen Leben von Individuen als auch gut funktionierenden Gesellschaften zu Gute kommen sollen (OECD 2005). Selbstverwirklichung der individuellen Persönlichkeit auf der einen und Übernahme von Verantwortung in der Gesellschaft auf der anderen Seite sind auch die zwei Pole von Bildung, wie sie Hartmut von Hentig (1996) setzt.

Die didaktischen Prinzipien bieten einen Referenzrahmen für die Auswahl und Begründung von Unterrichtsinhalten. Weitere Kriterien für die Themenauswahl, die von einer Arbeitsgruppe im BLK-Programm „21" entwickelt wurden, sind: Zentrales/Globales Thema, längerfristige Bedeutung, differenziertes Wissen, Handlungspotential (BLK „21" 2003, S. 15; vgl. auch de Haan 2009, S. 40). Auf thematischer Ebene müssen Inhalte auch immer situationsspezifisch und in Hinblick auf die Lerngruppe ausgewählt werden.

Auf curricularer Ebene (vgl. Hauenschild & Bolscho 2009, S. 56 ff.) sind Umweltbildung und entwicklungspolitische Bildung zunächst die wesentlichen Bezugspunkte. Der Bereich *Umweltbildung*, der die Auseinandersetzung mit der natürlichen, gebauten und sozialen Umwelt zum Gegenstand hat, ist im Kontext der ökologischen Dimension von BNE nach wie vor zentral. Die Themenbereiche der *entwicklungspolitischen Bildung* wurden mit dem Orientierungsrahmen für den Lernbereich Globale Entwicklung (vgl. KMK/BMZ 2007, S. 79 ff.) stark auf BNE ausgerichtet. Umweltbildung und entwicklungspolitische Bildung haben stets auf fachdidaktische Entwicklungen in *Schulfächern* rekurriert. BNE ist an viele Unterrichtsfächer anschlussfähig: Biologie und Geographie, Physik, Chemie und Technik, des Weiteren Sozialkunde/Politische Bildung, Geschichte, Wirtschaftslehre und Religion, auch in Fächer wie Kunst und Deutsch ist BNE integrierbar. In der Grundschule sind für BNE bedeutsame Themen hauptsächlich im Sachunterricht angesiedelt, der als integratives Fach für die Mehrdimensionalität von BNE konstitutiv ist (zu BNE in der Grundschule vgl. ausführlich Hauenschild & Bolscho 2009; Hauenschild & von Monschaw 2009; de Haan 2009; Künzli David 2007). Über die Schulfächer hinaus sind insbesondere *fächerübergreifende Lernbereiche* bedeutsam: Neben Ökologischer Bildung, Ökonomischer Bildung und dem Lernfeld Globale Entwicklung sind Gesundheitsbildung, Mobilitätsbildung, Medienerziehung und Friedenserziehung wohl zentral.

Für BNE wird das über diesen curricularen Rahmen hinausgehende Innovative deutlich, wenn sich die Vernetztheit zwischen den Lernbereichen auf der unterrichtlichen Ebene konkretisieren lässt. So lassen sich am Beispiel „Gesundes Frühstück" sehr viele inhaltliche und didaktische Elemente verbinden und unterschiedliche Kompetenzen fördern. Der Bogen spannt sich von den physiologischen Eigenschaften der Zutaten eines gesunden Frühstücks über eine Analyse der Produktionsformen und -wege bis hin zur Frage, wie das eigene Konsumverhalten und das Frühstück in anderen Kulturen aussieht. Vernetztes Denken und Handeln werden ebenso gefördert wie Partizipation oder die Reflektion eigener und der Leitbilder anderer. Physiologische und ökologische Aspekte haben einen Bezug zum Fach Biologie, Preise und Preisfunktionen lassen sich in Mathematik und Wirtschaft ansiedeln usw. Von Bedeutung ist die Verbindung zwischen den Kerndimensionen nachhaltiger Entwicklung und die Integration der Inhalte, auch wenn sie sehr unterschiedlichen Unterrichtsfächern zuzuordnen sind. Die beteiligten Lehrkräfte müssen sich abstimmen und den Schülerinnen und Schülern Freiräume für eigene Lösungen und zur Entwicklung eigener Herangehensweisen lassen.

Dieses Beispiel zeigt, dass auf der methodischen Ebene die Anwendung innovativer Lehr-Lernformen und Methoden wesentlich für BNE ist. Dazu gehören situiertes Lernen mit der Einbeziehung der Lebenswelt der Schülerinnen und Schüler, konstruktivistische Lernarrangements mit der Möglichkeit eines hohen Grades an Eigentätigkeit und Eigenverantwortung und die bereits angesprochenen inter- und transdisziplinären Herangehensweisen. Dazu gehören auch Partizipation und Handlungsorientierung. Partizipation bedeutet die gemeinsame Planung von Unterricht und die gemeinsame Festlegung seiner Ziele durch Klasse und Lehrkraft sowie die gemeinsame Ergebnissicherung, Auswahl von Materialien und selbstständige Festlegung von Arbeitsgruppen und deren Aufgaben durch Schülerinnen und Schüler. Hinzu kommen die Schaffung von Freiräumen und damit Möglichkeiten, Gelerntes zu erproben, anzuwenden, weiterzuentwickeln und zu erfahren, dass man selbst erfolgreich agieren kann – mit anderen Worten Handlungsorientierung und Selbstwirksamkeit (s.u.). BNE geht vor diesem Hintergrund über klassische, auf Wissensvermittlung („fragend-entwickelnder Unterricht") fokussierte Lernsettings hinaus. Hinzu kommen verschiedene Fähigkeiten wie vernetztes und vorausschauendes Denken, die Fähigkeit zu gemeinsamer Planung, die Reflexion eigener Werte und Weltanschauungen, die Bereitschaft, sich auf andere kulturelle Zugänge zu Problemen einzulassen, oder die Fähigkeit, Prozesse und Produkte hinsichtlich ihrer Übereinstimmung mit den Zielen nachhaltiger Entwicklung zu bewerten.

In der Lehr-Lernforschung haben sich vor diesem Hintergrund Ansätze herausgebildet, die sich stark auf Bewertungs- und Beurteilungskompetenz fokussieren (vgl. Eggert 2008; Lauströer 2005; Reese 2005).

Über die unterrichtliche Ebene hinaus bietet die Einbeziehung des Schulumfeldes im Sinne der Öffnung von Schule die Bereitstellung zusätzlicher Möglichkeiten der Teilhabe – sei es bei der Gestaltung von Schulgebäude und -gelände oder der Einbindung der Schülerinnen und Schüler in die Entwicklung der Außenbeziehungen einer Schule. Beispiele sind die Kooperation mit Vereinen oder am Schulort ansässigen Firmen. Auf diesem Wege eröffnen sich Chancen, den Leitgedanken nachhaltiger Entwicklung auch außerhalb der Schule zu verbreiten.

Diese Anforderungen verweisen auf das große Potenzial von BNE, Schülerinnen und Schüler auf das Leben außerhalb der Schule vorzubereiten und gleichzeitig einen produktiven Weg für die Entwicklung von Schule zu einer zukunftsfähigen und zukunftsgerechten Schule aufzuzeigen.

2   BNE als Teil der Schul- und Unterrichtsentwicklung

Wenn man BNE als Prinzip versteht, das seinen Niederschlag sowohl im Unterricht wie im Schulleben finden soll, so stellt sich auch die Frage nach dem Verhältnis von BNE zur Schul- und Unterrichtsentwicklung. Für Deutschland ist dabei zu berücksichtigen, dass es in den 16 Schulsystemen durchaus – meist graduell – differierende Auffassungen über Definition und Gestaltung von Schulentwicklungsprozessen gibt. Das gilt auch für den Grad an Selbstständigkeit, der den Schulen für die Implementation von BNE zugebilligt wird (vgl. Hovestadt 2003). Zentrales Anliegen der Schulentwicklung ist die Verbesserung von Schul- und Unterrichtsqualität. Das Potenzial von BNE als Teil der Schul- und Unterrichtsentwicklung lässt sich exemplarisch an Hand der Überlegungen in Niedersachsen und Nordrhein-Westfalen untersuchen.

Im Orientierungsrahmen „Schulqualität in Niedersachsen" wird zunächst der Qualitätsbegriff allgemein definiert. Dort heißt es: „In der Regel wird heute von ‚Qualität' gesprochen, wenn ein Produkt, eine Dienstleistung oder ein Prozess den Zusagen oder Erwartungen entspricht. (…) Mit Schulqualität verbindet sich demnach die Frage nach den Anforderungen an die gesellschaftliche Institution Schule, nach entsprechenden Erwartungen der Öffentlichkeit einerseits und Zusagen der Schulen und des Landes andererseits." (Niedersächsisches Kultusministerium 2007, S. 7). Der Orientierungsrahmen unterscheidet zwischen Prozess- und Ergebnisqualität und verknüpft beide Größen: „Die Ergebnisse und Erfolge einer Schule werden im hohen Maße bestimmt durch die Prozessqualität, also durch die Qualität der schulischen Arbeitsprozesse. Gemeint sind die Lern- und Lehrprozesse (als Kernprozesse der Schule), aber z.B. auch die Gestaltung des

Schullebens bzw. der Schulkultur oder die Kooperation der Lehrkräfte sowie die Entwicklung ihrer Kompetenzen." (ebd.). Die Schulentwicklung wird in Beziehung zu verschiedenen Inputs wie administrativen Regelungen und Lehrplänen oder Stützsystemen wie Lehreraus- und -fortbildung und Beratungsstrukturen sowie den Bedingungen ihres Umfeldes gesetzt. Der Orientierungsrahmen ordnet diese Faktoren den Prozessqualitäten (Stichworte: Schulmanagement, Schulkultur, Lernen und Lehren, Lehrerprofessionalität) zu und ergänzt um Ergebnisqualitäten (Stichworte: Kompetenzen, Zufriedenheit der Beteiligten, Schulabschlüsse und Bildungsweg, Gesamteindruck der Schule) (vgl. ebd., S. 8). Eine ähnliche, wenn auch anders ausdifferenzierte Überlegung findet sich im „Qualitätstableau für Nordrhein-Westfalen" (www.schulministerium.nrw.de/QA/Tableau/index.html; 01.06.2012): Dort wird zwischen „Ergebnissen der Schule" (Kompetenzen, Zufriedenheit der Beteiligten), „Lernen und Lehren (Unterricht)" (u. a. Leistungsanforderungen und -förderung, Lernarrangements), „Schulkultur" (u. a. soziales Klima, Partizipation und Außenbeziehungen), „Führung und Schulmanagement" (u. a. Qualitätsentwicklung und Ressourcenmanagement), „Professionalität der Lehrkräfte" (u. a. Weiterbildung und Kooperation) sowie „Zielen und Strategien der Qualitätsentwicklung" (u. a. Schulprogramm und interne Evaluation) unterschieden. Sowohl das niedersächsische als auch das nordrhein-westfälische Konzept liefern neben den allgemeinen Kategorien für jeden Qualitätsbereich zielführende Fragestellungen und Indikatoren, um den Schulen Werkzeuge an die Hand zu geben, den Stand der Unterrichts- und Schulentwicklung zu bestimmen.

Die Ausrichtung einer Schule auf BNE kann die Erreichung von Schulentwicklungszielen fördern. Dies wird deutlich, wenn man sich vor dem Hintergrund der Schulentwicklung Überlegungen zur Rolle von BNE vergegenwärtigt. So wurde im Programm Transfer-21 eine Orientierungshilfe (Koordinierungsstelle 2007) erarbeitet, die sich auf neun Qualitätsbereiche bezieht: Lernkultur, Lerngruppe, Kompetenzen, Schulkultur, Öffnung von Schule, Schulmanagement, Schulprogramm, Ressourcen, Personalentwicklung. Diese Bereiche sind durchaus kompatibel mit den Entwicklungsbereichen, wie sie in den beiden Beispielen Niedersachsen und Nordrhein-Westfalen angesprochen werden. In der Zielrichtung sehr ähnlich, wenn auch anders gegliedert und die bestehenden Qualitätskriterien um BNE-spezifische Kriterien ergänzend, präsentiert das Netzwerk ENSI (Environment and School Initiatives) drei Schwerpunkte, an denen sich die Qualität von Schulen, die BNE anbieten, orientieren soll (Breiting, Meyer & Mogensen 2002, S. 13):

- Qualitätskriterien in Bezug auf die Qualität von Lehr- und Lernprozessen,
- Qualitätskriterien in Bezug auf Schulleitlinien und Organisation,
- Qualitätskriterien in Bezug auf die Außenbeziehungen der Schule.

Am umfangreichsten wird auf die Qualität von Lehr- und Lernprozessen eingegangen, während die Außenbeziehungen der Schule nur durch wenige Kriterien beschrieben werden. Die Leitfäden der Länder zur Schulqualität haben ähnliche, zumindest aber kompatible Schwerpunkte: Wenn es um die Ergebnisse des Unterrichts, um Lehren und Lernen geht, so stehen Kompetenzen und die Zufriedenheit der Beteiligten im Vordergrund. Hinzu kommen Leistungsanforderungen, die allerdings mit einer gezielten Förderung der Schülerinnen und Schüler verknüpft werden. Lehrerhandeln spielt ebenfalls eine wichtige Rolle für die Qualitätsentwicklung. Bei Ergebnissen und Erfolgen, Lehren und Lernen finden sich in den Dokumenten der Länder Kriterien, die sich auf den Unterricht insgesamt beziehen, ohne auf BNE einzugehen. Das gilt auch für die Bereiche Schulkultur („Schule als Lebensraum") und Schulentwicklung. Auch in den Länderdokumenten gilt beispielsweise Partizipation als Qualitätskriterium für die Entwicklung einer förderlichen Schulkultur. Alle vier synoptisch betrachteten Dokumente sehen eine zentrale Rolle der Schulleitung und die Bedeutung der Kodifizierung von Zielen und Entwicklungsstrategien in einem Schulprogramm. Es fällt auf, dass weder im niedersächsischen Orientierungsrahmen noch im nordrhein-westfälischen Qualitätstableau auf fachgebundene Kompetenzen oder Standards Bezug genommen wird. Es finden sich auch nur knappe Hinweise auf interdisziplinäres Arbeiten.

Wenn man alle Dokumente parallel betrachtet, so entsteht der Eindruck, dass BNE ein geeigneter Weg ist, Schulen zu entwickeln, da auch dort Kompetenzorientierung, Partizipation oder der verantwortungsvolle Umgang mit Ressourcen von Bedeutung sind. Das ENSI-Dokument bezieht sich am deutlichsten auf BNE und unterscheidet sich von den übrigen Dokumenten in seiner Struktur. Das Papier aus dem Programm Transfer-21 nimmt so etwas wie eine Zwischenposition ein, indem es Strukturmerkmale der Länderdokumente aufnimmt und in Richtung BNE erweitert und interpretiert. ENSI stellt hingegen eine Schule neuen Typs vor und betrachtet BNE konsequent als Prinzip, auf dessen Basis sich Schule anders entwickeln kann, national wie auch international. Die Persönlichkeitsentwicklung der Schülerinnen und Schüler sowie ihre Einbindung in alle schulischen Prozesse stehen bei BNE neben den bereits beschriebenen inhaltlichen Kategorien im Mittelpunkt. Die beiden Länderdokumente gehen im Gegensatz zu den beiden anderen Dokumenten weniger deutlich auf die Außenbeziehungen der Schule und ihre Einbettung in das schulische Umfeld ein. Für die Schulentwicklung lassen sich folgende Kompatibilitäten zwischen den Länder- und BNE-Ansätzen erkennen:

- *Ergebnisse und Erfolge einer Schule.* Hier steht die Entwicklung von Kompetenzen durchgehend im Vordergrund. Gestaltungskompetenz mit ihren Teilkompetenzen und die in den Dokumenten der Länder formulierten Kompetenzziele lassen sich ohne Schwierigkeiten in Einklang bringen. Ein zweiter Punkt ist die Zufriedenheit aller Beteiligten. Dieses Ziel lässt sich am ehesten erreichen, wenn alle an Schule Beteiligten, also auch Schülerinnen und Schüler und deren Eltern, eingebunden sind. Die BLK-Modellversuche BLK „21" und Transfer-21 haben gezeigt, dass solche Prozesse möglich sind und mit BNE erfolgreich gestaltet werden können.

- *Lehren und Lernen.* Die Länder erwarten schulinterne Curricula und die Förderung einer individuellen Entwicklung der Kinder und Jugendlichen. Lernprozesse sollen aktiv unterstützt werden. Zur Erreichung dieses Ziels erscheinen die vielfältigen Lernformen und multiperspektivischen Ansätze von BNE sehr hilfreich. Besonders Handlungsorientierung als Verbindung zwischen Theorie und Praxis und die selbstständige Erarbeitung von Handlungsalternativen leisten einen Beitrag zur Entwicklung von Fachkompetenzen, personalen Kompetenzen und darüber hinaus.
- *Schulkultur.* Sowohl die Länder und mehr noch BNE setzen auf eine partizipative Schulkultur, die allen Beteiligten eine Teilhabe an den Entwicklungsprozessen und Entscheidungen einräumt. Schülerinnen und Schüler sowie die Eltern werden explizit als Akteure genannt.
- *Ziele und Strategien der Schulentwicklung.* Alle vier exemplarisch genannten Ansätze setzen auf die Verankerung der schulischen Ziele und Leitbilder in einem Schulprogramm. Dabei ist von Bedeutung, die Strategien so zu formulieren, dass eine evaluative Überprüfung möglich ist.

Diese wenigen Hinweise belegen, dass das Prinzip BNE einen großen Beitrag zur Schulentwicklung und damit auch indirekt zu den Lernleistungen der Schülerinnen und Schüler leisten kann. Hier kommt besonders der Aspekt informellen Lernens zum Tragen, der durch eine entsprechende Schulkultur intensiviert werden kann (vgl. Barth u.a. 2012).

3 Möglichkeiten und Potenziale für die Umsetzung von BNE

Die konzeptionellen Grundlagen von BNE und die Rolle von BNE in der Schulentwicklung bedeuten hohe Anforderungen. Dass diese Anforderungen erfüllbar sind, soll anhand drei zentraler Bereiche beschrieben werden: (1) Partizipation, Handlungsorientierung und Selbstwirksamkeit, (2) Interdisziplinarität und (3) Kompetenzorientierung.

Partizipation, Handlungsorientierung und Selbstwirksamkeit
Partizipation und Handlungsorientierung sind Grundpfeiler einer BNE, die sich mit Formen offenen Unterrichts dem Anspruch verpflichten, Schülerinnen und Schülern Mitbestimmungsmöglichkeiten einzuräumen. Wenn man *Partizipation* im Sinne von Kurrat (2010) als „Teilen von ..." versteht, so geht es um die Abgabe oder zumindest Aufweichung von „Machtpositionen", d. h., dass Schülerinnen und Schüler Einfluss nehmen können auf unterrichtsrelevante Entscheidungen: Auswahl von Materialien, Festlegung von Unterrichtszielen oder, wie de Haan & Seitz (2001, S. 64) formulieren, um die „kooperative Teilhabe an Planungs-, Umgestaltungs- und Entscheidungsprozessen". *Handlungsorientierung* richtet sich gegen die sog. ‚Buch-, Sitz- und Paukschule', in der Fertigkeiten ohne Bezug zu ihrer praktischen Verwendung vermittelt werden, in der Wissen produziert und reproduziert wird, in der Lernende eine passive, rezeptive Lernhaltung einnehmen und in der Phänomene der Wirklichkeit nach Fächern parzelliert sind. Demgegenüber setzt handlungsorientierter Unterricht auf Prinzipien wie Schüleraktivierung, ganzheitliches Lernen, Mitbestimmung, Zielgerichtetheit, Produktorientierung (vgl. Hauenschild 2009, S. 34), so dass „Kopf- und Handarbeit der Schüler in ein ausgewogenes Verhältnis zueinander gebracht werden können." (Meyer 1994, S. 214). Handlungsorientierung folgt der lerntheoretischen Grundannahme, dass Tun und Denken in einem engen Zusammenhang stehen. Handeln ist jedoch nicht nur „ein Medium des Lernens" (Köhnlein 2012, S. 290), sondern auch ein „Mittel für Veränderungen in unserer Umwelt" (ebd.). „Durch Handeln erkunden und gestalten wir die (physische und soziale) Welt in unserem Wirkungskreis. (...) Indem ein Mensch handelt, erfährt er unmittelbar physisch und sozial, was dieses Handeln bewirkt, und er lernt, diese Wirkungen vorausschauend zu kontrollieren." (ebd.). In lern- und motivationspsychologischer Hinsicht ist das Handeln sinnbestimmt, wenn Schülerinnen und Schüler an für sie selbst bedeutsamen Themen arbeiten können. Dadurch sind sie in höherem Maße mit der Zielsetzung identifiziert, wodurch sich die Motivation erhöht, die Ziele zu erreichen. Durch erfolgreiches Handeln wird das Selbstvertrauen in die eigenen Fähigkeiten und die Bereitschaft, sich aktiv einzusetzen, gestärkt. Partizipation, Handlungsorientierung und *Selbstwirksamkeit* stehen in einem unmittelbaren Zusammenhang. Selbstwirksamkeit entwickelt sich am ehesten, wenn es umfassende Möglichkeiten gibt, sich einzubringen, eigene Handlungsalternativen zu entwickeln und diese dann zu erproben und ihren Wirkungen zu bewerten und zu reflektieren.

Die Umsetzung von Partizipation als Grundlage für Handlungsorientierung und Selbstwirksamkeit hat sich jedoch teilweise als Hürde erwiesen, rüttelt Partizipation doch an tradierten Funktionen der Lehrkraft. Partizipation heißt auch Verzicht auf Macht (Kurrat 2010). Eine Mehrheit der Lehrkräfte ist noch nicht bereit, ihre Rolle konsequent und umfassend neu zu definieren – hin zu einer Lernpartnerschaft, in der die Stoffvermittlung durch die Unterstützung und Moderation hochgradig selbstständiger Lern- und Erprobungsprozesse abgelöst wird, so wie es konstruktivistisch orientierte Lehr-Lernformen zum Ziel haben. Die bisherige empirische Forschung zeigt, dass die Ausprägungen der Bereitschaft der Lehrkräfte, sich auf paritizipative Ansätze einzulassen, unterschiedlich sind. Am ehesten wird Schülerinnen und Schülern die Möglichkeit eingeräumt, eigene Arbeitsergebnisse zu präsentieren, am wenigsten ausgeprägt sind die Einbeziehung der Kinder und Jugendlichen in die Auswahl von Texten und Materialien und bei der Festlegung von Unterrichtszielen (vgl. Abb. 1).

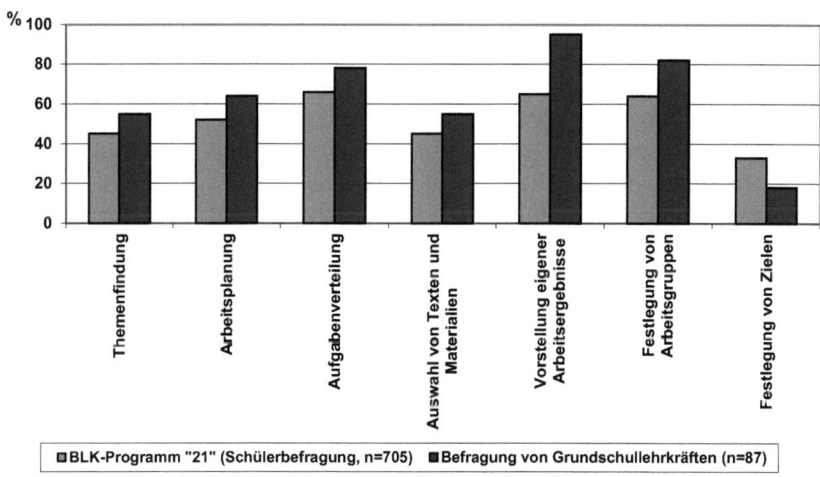

Abb. 1: *Partizipation im Unterricht (Quellen: Rode 2005, S. 116; Kurrat 2010, S. 120)*

Ähnliche Tendenzen finden sich auch in einer Pilotstudie, die an vorwiegend niedersächsischen Schulen zu Inhalten von BNE durchgeführt wurde (Bolscho, Hauenschild & Rode 2008). Dort zeigte sich, dass sich bei den befragten Lehrkräften zwei Gruppen unterscheiden lassen: Eine Gruppe lässt ein hohes Maß an Partizipation zu, die andere ein deutlich geringeres Maß. Die deutlichsten Unterschiede bestehen zwischen der Teilhabe der Schülerinnen und Schüler an der Themenfindung, bei der Festlegung von Unterrichtszielen und bei der Arbeitsplanung. Zwar ist die Fallzahl dieser Pilotstudie gering, doch zeigt auch sie die bereits beobachteten Trends.

Eng mit Partizipation verbunden sind Angebote für die Schülerinnen und Schüler, eigene Handlungserfahrungen zu gewinnen. Handlungsorientierung wurde bereits in der schulischen Umweltbildung als wichtiges Element in den Unterricht einbezogen, sowohl unter natur- als auch sozialwissenschaftlichen Aspekten (vgl. Eulefeld u.a. 1993). BNE bietet Schülerinnen und Schülern breite

Möglichkeiten, Gelerntes mit einem hohen Grad an Selbstständigkeit anzuwenden und sich auf diesem Wege als Partner in das gesamte Schulleben einzubringen.

Nach Befunden der Lehr-Lernforschung ist zu erwarten, dass sich Lernmotivationen spezifisch aus der Interessenlage von Schülerinnen und Schülern ergeben. Sind Jugendliche beispielsweise am Bereich Sprachen interessiert, so könnte es durchaus geschehen, dass ihr Interesse und ihre Motivation für den Bereich Mathematik oder Naturwissenschaften absinkt (vgl. Köller 2004; Köller, Schnabel & Baumert 2001). Im Anschluss an diesen Befund kann man die Frage stellen, ob sich Schülerinnen und Schüler überhaupt für ein komplexes Themenfeld wie nachhaltige Entwicklung interessieren lassen, das keine endgültigen oder doch unsichere Antworten auf die dort zu analysierenden Probleme liefert. Mangelnde Schülermotivation könnte sich als Hindernis auf dem Weg zu einer nachhaltigen und qualitätsbewussten Schule erweisen.

Im BLK-Programm „21" lassen sich beachtliche Beteiligungs- und Handlungsmöglichkeiten für Schülerinnen und Schüler identifizieren. Sie bringen sich besonders bei der Gestaltung von Schulgelände und -gebäude ein und beteiligen sich aktiv zu Fragen zu Energie, Müll und Wasser. So waren 27 % der 1564 befragten Schülerinnen und Schüler im BLK-Programm „21" Mitglied von Schulteams für Energie, Müll und Wasser, weiteren 35 % waren solche Aktivitäten zumindest bekannt. 24 % beteiligten sich aktiv an der Gestaltung von Schulgelände und -gebäude, wobei weitere 45 % solche Aktivitäten an der Schule kannten. Immerhin 20 % gaben an, gemeinsam mit den Lehrkräften überlegt zu haben, wie sich Unterricht mit BNE-Bezug verbessern lässt. Weitere 37 % hatten von solchen Aktivitäten zumindest etwas gehört. Deutlich geringer als diese Aktivitäten ist die Kooperation mit Schülerinnen und Schülern benachbarter Schulen.

Ähnliche Schwerpunkte zeigt auch die Pilotstudie von Bolscho, Hauenschild und Rode (2008). Energie- und Mülldetektive und die Mitwirkung bei der Gestaltung des Schulgebäudes und -geländes sind die häufigsten Beteiligungsformen (vgl. Tab. 1). Im Schulleben stehen die umweltgerechte Gestaltung schulischer Stoffströme und des Schulgebäudes und -geländes im Mittelpunkt.

Bildung für nachhaltige Entwicklung im schulischen Kontext 73

Tab. 1: *Handlungsangebote für Schülerinnen und Schüler aus Lehrersicht (Quelle: Bolscho, Hauenschild & Rode 2008, S. 123).*

Möglichkeit/Form der Teilhabe	ist tägliche Praxis	gelegentlich	wird erwogen	bereitet Probleme	ist nicht umsetzbar	N
„Energie-/Mülldetektive"	43,6	23,1	19,2	3,8	10,3	78
Mitwirkung bei der Gestaltung des Schulgebäudes und Schulgeländes	30,7	53,4	6,8	3,4	5,7	88
Mitwirkung bei der Zubereitung von Mahlzeiten	12,2	45,1	9,8	6,1	26,8	82
Einbeziehung in Partnerschaften mit (ausländischen) Schulen	9,2	26,3	17,1	17,1	30,3	76
Mitwirkung bei der Beschaffung umweltfreundlicher Materialien	8,6	43,2	21,0	12,3	14,8	81

Wenn es Handlungsangebote und -möglichkeiten gibt, kann man erwarten, dass Schülerinnen und Schüler die Wirksamkeit ihres eigenen Handelns höher einschätzen. Eine höhere Selbstwirksamkeitserwartung wiederum lässt sich als Beitrag zur Steigerung von Handlungsmotivation verstehen (vgl. Deci & Ryan 1985). So beobachten Barth u.a. (2012) bei Schülerinnen und Schülern, die sich aktiv am schulischen Forschungs- und Entwicklungsprojekt BINK (Bildungsinstitutionen und nachhaltige Konsumkultur) beteiligt haben, ein größeres Wissen, ein höheres Maß an Betroffenheit, ein deutlicher auf Nachhaltigkeit ausgerichtetes Konsumverhalten und eine stärkere Selbstwirksamkeitserwartung als bei den übrigen Schülerinnen und Schülern. Die Werte liegen auch signifikant über denen der Befragten, die Schulen besuchten, die nicht in das Projekt eingebunden waren („Externe", vgl. Tab. 2).

Tab. 2: Werte ausgewählter Skalen im Rahmen des Projektes BINK (Min=1, Max=6; Quelle: Barth u.a. 2012)

		Wissen	Einfluss	Betroffenheit	Verhalten
BINK-Inaktive-Unerreichte	M	3,18	3,12	4,21	3,34
	N	453	453	465	460
	SD	1,489	1,247	1,195	1,556
BINK-Inaktive-Erreichte	M	3,92	3,30	4,79	3,80
	N	98	97	98	99
	SD	1,434	1,346	1,079	1,293
BINK-Aktive	M	3,75	3,72	4,86	4,10
	N	142	139	145	144
	SD	1,421	1,279	,897	1,337
Externe	M	3,34	3,00	4,48	3,62
	N	352	351	363	351
	SD	1,413	1,259	1,089	1,433

Insgesamt scheint Partizipation an den Schulen noch nicht so gelebt zu werden, wie es die Agenda 21 und auch die Qualitätsentwicklung für Schulen erfordern. Die gemeinsame Festlegung von Zielen im Unterricht hinkt anderen Partizipationsbereichen hinterher. Möglicherweise sehen Lehrkräfte hier auch institutionelle und administrative Hindernisse. Darüber hinaus werden nicht alle Schülerinnen und Schüler gleichermaßen von partizipativen Ansätzen erreicht. Auf der anderen Seite werden Handlungsangebote und -möglichkeiten offeriert, die sich in steigendem Wissen, wachsender Betroffenheit, verstärkter Orientierung hin zu nachhaltigem Konsum und einer höheren Selbstwirksamkeitserwartung niederschlagen.

Vor allem nachhaltige Schülerfirmen haben das besondere Potenzial, Partizipation, Handlungsorientierung und Selbstwirksamkeit zu fördern. In den Sekundarstufen I und II gibt es inzwischen viele Initiativen (siehe hierzu www.nasch21.de), aber auch in Grundschulen sind Schülerfirmen geeignet, um wirklichkeitsorientiertes ökonomisches Lernen zu ermöglichen (vgl. Hauenschild & von Monschaw 2009; Wulfmeyer & Hauenschild 2009). In nachhaltigen Schülerfirmen bewirtschaften Kinder und Jugendliche eigenständig einen Betrieb in der Schule, sie agieren gewissermaßen als Betriebswirte unter realitätsnahen Bedingungen und können Kompetenzen auf verschiedenen Ebenen erwerben (vgl. Hauenschild 2012). Empirische Untersuchungen zu nachhaltigen Schülerläden in der Grundschule konnten u.a. zeigen, dass Kinder wirtschaftliche Zusammenhänge durch die Bearbeitung der verschiedenen Aufgabe in der Schülerfirma erfassen und eine hohe Motivation haben (vgl. Lampe 2009).

Interdisziplinarität
Probleme nachhaltiger Entwicklung lassen sich nicht im Rahmen von an Fächergrenzen gebundenen Betrachtungsweisen bearbeiten. Vielmehr müssen Beiträge mehrerer Fächer eingeholt werden, um komplexe Probleme beschreiben und Lösungsvorschläge erarbeiten zu können. „Umweltprobleme (…) lassen sich nicht nur disziplinenunabhängig definieren, und für ihre Bearbeitung sind nicht nur Wissensbestände unterschiedlicher Disziplinen, sondern auch die Integration von Wissensbeständen betroffener Akteure notwendig." (Schneidewind 2010, S. 122). Inter- und Transdiziplinarität sind also für die Mehrdimensionalität von BNE grundlegend. Transdisziplinarität unterscheidet sich von Interdiziplinarität darin (vgl. Bolscho & Hauenschild 2007), dass Disziplinen vom Entdeckungszusammenhang bis zum Verwertungszusammenhang kooperieren und dass die Problemdefinition und die Problemlösung lebensweltlich eingebettet sind (vgl. Blättel-Mink u.a. 2003, S. 14), d.h., dass Anstöße zu transdiziplinären Fragestellungen oft von *außerhalb* der Disziplinen, aus konkreten Anwendungsbereichen, aus der Praxis oder aus aktuellen gesellschaftlichen Diskursen kommen.

Auf die Ebene von Schule und Unterricht bezogen heißt dies, dass Fragestellungen von BNE von den Lernenden selbst entwickelt werden und im Sinne der Lebensweltorientierung an die Deutungs- und Handlungsmuster anknüpfen sollen – denn: BNE in ihrer Komplexität lässt sich nicht verordnen. Hinzu kommen die vier curricularen Bereiche (Umweltbildung, entwicklungspolitische Bildung, die Schulfächer und fächerübergreifende Lernbereiche), so dass die Vermittlung von BNE nicht allein *zwischen* (inter) den Fächern und Bereichen, sondern insbesondere *jenseits* (trans) von ihnen umfassend geleistet werden kann (vgl. Bolscho & Hauenschild 2007).

Hinweise auf eine beginnende Transdisziplinarität lassen sich im BLK-Programm „21" in der Nutzung externer Kooperationen ablesen: 37 % der 352 antwortenden Lehrerinnen und Lehrer geben drei und mehr externe Kooperationen an, 17 % berichten über zwei und weitere 22 % über eine externe Kooperation. Insgesamt wurden damit von 76 % der befragten Lehrkräfte Beziehungen und Kontakte zu mindestens einem externen Partner aufgebaut und gepflegt. Zwei Drittel dieser Beziehungen sollten auch nach Programmende fortgesetzt werden. Fast die Hälfte der zur externen Zusammenarbeit befragten Schülerinnen und Schüler erinnert sich an Personen und/oder Einrichtungen, zu denen

Kontakte im Programm bestanden; 38 % dieser 781 Jugendlichen machen konkrete Angaben über die Partner (vgl. Rode 2005, S. 118). Am häufigsten nennen Schülerinnen und Schüler Vertreter kommunaler Instanzen wie Verwaltungen, Ämter, Betriebe und Vertreter aus der Kommunalpolitik (37 %) und Handwerksbetriebe und andere Firmen aus der gewerblichen Wirtschaft und Dienstleistung (40 %) am Schulort (vgl. ebd.).

Ein gelungenes Praxisbeispiel ist das von der Deutschen Bundesstiftung Umwelt geförderte Projekt „Bildung für Nachhaltige Entwicklung (BNE) und die Syndrome globalen Wandels in der Grundschule" des Schulträgervereins Bildung, Leben und Natur e.V. der Freien Schule Bredelem in Kooperation mit der Universität Hildesheim. Die Freie Schule Bredelem macht es sich mit ihrem Projekt zur Aufgabe, BNE umfassend in der Schule zu verankern und bietet vielfältige institutionelle wie unterrichtsorganisatorische Voraussetzungen für die Entwicklung eines grundschulspezifischen BNE-Konzeptes (u.a. jahrgangsübergreifender Unterricht, handlungs- und projektorientierter Unterricht, flexible Lernzeiten, Nutzung von Außenanlagen, Projektwochen, Einbeziehung des außerschulischen Umfeldes etc.). Im Modellprojekt liegt der Schwerpunkt auf konstruktivistisch orientierten Lernarrangements, die Kinder auf der Grundlage spezifischer Anreize zu selbstständigen Denkprozessen anregen und somit selbstgesteuerte Lernprozesse initiieren. Auf der inhaltlichen Ebene setzt das Modellprojekt am Syndromkonzept des WBGU (1996) an, in dem Kernprobleme des globalen Wandels – als „Syndrome im Sinne von Störungen oder Fehlentwicklungen der Mensch-Umweltbeziehungen" (ebd., S. 120) – zur Beschreibung und Analyse globaler Umweltveränderungen im Sinne einer nichtnachhaltigen Entwicklung identifiziert werden. In drei Syndrom-Gruppen werden 16 Syndrome typisiert. Auf didaktischer Ebene implizieren die Syndrome ökologische Problemlagen, die Ursache-Wirkungs-Beziehungen in globaler Perspektive und also auch ökonomische und sozio-kulturelle Aspekten beschreiben. Im Rahmen des BLK-Programms „21" sind „Zehn Gründe für die Integration des Syndromkonzeptes in den Unterricht" (vgl. Harenberg o.J., S. 7 ff.) genannt worden: 1) Verdeutlichung globaler Zusammenhänge, 2) Umgang mit Komplexität und Strukturierung, 3) Transsektoralität und transdisziplinäre Methode, 4) Definition der fachlichen Qualität, 5) Verdeutlichung von Dynamik, Geschichtlichkeit und Zukunftsbezug, 6) Betroffenheit und Verantwortung von Individuen, Gesellschaft und Politik, 7) Betonung der Reflexivität und Handlungsrelevanz, 8) Beitrag zur Wissenschaftspropädeutik: Umgang mit Wissen und Nichtwissen, 9) Problemorientierung und Lösungskompetenz und 10) Gestaltungskompetenz.

Die wissenschaftliche Begleitung des Projektes konnte zeigen, dass Kinder in der Lage sind, sich auf der Grundlage einzelner Anreize selbstständig zentrale Wechselbeziehung der Mensch-Umwelt-Beziehung und globale Ursache-Wirkungsgefüge der Syndromkerne zu erschließen.

Kompetenzorientierung

Ein zentrales Bildungsziel von BNE ist die Herausbildung von *Kompetenzen*, die als individuelle Dispositionen, die kognitive, emotionale, volitive und motivationale Elemente umfassen, zu verstehen sind. Diese Komponenten sind in ihrem gegenseitigen Zusammenspiel zu betrachten. Kompetenzen ermöglichen in verschiedenen komplexen Situationen selbstorganisiertes Handeln, wobei sie situations- und kontextbezogen zur Geltung kommen. Sie entwickeln sich im Handeln auf der Grundlage von Erfahrungen und Reflexion weiter (vgl. Jung 2010; Erpenbeck & Heyse 2007; Erpenbeck & von Rosenstiel 2007; Heil 2007; Weinert 2001). *Schlüsselkompetenzen* werden als multifunktionale und kontextübergreifende Kompetenzen verstanden, die als besonders relevant für die Erreichung – in einem definierten normativen Rahmen (z.B. Nachhaltigkeit) – wichtiger gesellschaftlicher Ziele betrachtet werden, für alle Individuen von Bedeutung sind und einen hohen Grad an Reflexivität voraussetzen (vgl. Weinert 2001).

In diesen Kontext lässt sich auch das Kompetenzverständnis von Lauströer & Rost (2005) einordnen. Dort wird zwischen drei Kompetenzbereichen unterschieden (s.o.):

- Wissen als Systemkompetenz (Interdisziplinäres Wissen und Fähigkeit zur Wissensaneignung),
- Werte als Bewertungskompetenz (Interkulturelle Akzeptanz und Toleranz),
- Handeln als Gestaltungskompetenz, die hier allerdings nicht in der Breite des Ansatzes von Harenberg & de Haan (vgl. BLK 1999) zu sehen ist, sondern sich auf kooperative und partizipative Fähigkeiten fokussiert.

Rieckmann (2010, S. 172) identifiziert als Ergebnis seiner internationalen Delphi-Studie insgesamt 12 Schlüsselkompetenzen „für globales Denken und Handeln in der Weltgesellschaft". Auch dort findet sich die Bewertungskompetenz neben der Kompetenz zu interdisziplinärem Arbeiten, Partizipationskompetenz, der Kompetenz zu Ambiguitäts- und Frustrationstoleranz und weiteren Kompetenzen, die im Zusammenhang mit BNE zu sehen sind. Diese Schlüsselkompetenzen sind nicht trennscharf, sondern weisen Überschneidungsfelder auf.

Allen Kompetenzdefinitionen ist gemeinsam, was Rost (2006, S. 5) so formuliert: „Der Kompetenzbegriff versucht nicht zu zerlegen, was zusammengehört. Eine, oder besser jede Kompetenz umfasst Wissen, Verstehen, Fähigkeiten, Können, Erfahrung, Handeln und Motivation". So stellt Eggert (2008, S. 7) fest, dass es sich bei der Bewertungskompetenz um „die Fähigkeit, Probleme multiperspektivisch betrachten zu können und dabei eine integrierende naturwissenschaftliche und ethische Bewertung von Problemen durchführen zu können" handelt. Dieser Kompetenzbegriff erweist sich als anschlussfähig an die Bildungsstandards, die im Nachgang zu den ersten beiden PISA-Studien festgelegt wurden. Kompetenzen und Lernsettings hängen eng miteinander zusammen: In einer Schule, die sich auf BNE ausrichtet und dies auch im Schulleben und der Gestaltung ihrer Lernangebote deutlich werden lässt, nehmen die Schülerinnen und Schüler deutlichere Lernzuwächse im Sinne nachhaltiger Entwicklung wahr (vgl. Barth u.a. 2011). Diese Tendenz deutete sich bereits im BLK-Programm „21" an. Dort sahen die Schülerinnen und Schüler an den am Programm teilnehmenden Schulen beachtliche Lernzuwächse hinsichtlich der im Programm definierten Teilkompetenzen (Rode 2005, S. 136).

4 Konsequenzen und Schlussfolgerungen

Für BNE liegen ausreichende konzeptionelle und didaktisch-methodische Grundlagen vor, die eine weitere Verbreitung von BNE und eine verstärkte Implementierung fördern können. Es fehlt jedoch an empirischer Forschung zur Implementation von BNE und zu den Mechanismen, die diese Innovation befördern können. Insofern ist eine der Forderungen im Memorandum der Kommission Bildung für nachhaltige Entwicklung in der Deutschen Gesellschaft für Erziehungswissenschaft von 2004 noch nicht umgesetzt. Dies gilt auch in Hinblick auf die Qualität von Schule.

Ein weiteres Desiderat ist die Einbeziehung von BNE in die Ausbildung von Lehrkräften. Zwar wächst die Zahl der Lehramtsstudiengänge, die BNE explizit als Inhalt ausweisen, doch hat das Konzept praktisch noch keinen Eingang in die zweite Phase der Ausbildung von Lehrkräften gefunden. Darüber hinaus zeigen einige Erfahrungen auch, dass die Akkreditierung nachhaltigkeitsbezogener Studiengänge wegen des inter- und transdisziplinären Charakters von BNE mühsam ist.

BNE hat das Potenzial, die Schulentwicklung zu fördern. Dies gilt besonders im Rahmen aktueller Entwicklungen wie der vermehrten Entstehung von Ganztagsschulen und gesteigerter Schulautonomie. Nicht übersehen werden dürfen auch die Innovationsmöglichkeiten, die sich im Zuge der Zusammenlegung von Haupt- und Realschulen zu neuen Schulformen ergeben. Dort könnte wegen der ohnehin notwendigen konzeptionellen Neuaufstellung der Schulen eine konsequente Ausrichtung am Leitbild BNE neue Bildungschancen für Schülerinnen und Schüler und neue Entwicklungschancen für die Schulen eröffnen.

Diese Überlegungen sind auch vor dem Hintergrund zu sehen, dass andere Thematiken und gesellschaftliche Herausforderungen in „Konkurrenz" zu BNE stehen. Beispiele sind Migrationsphänomene, der demographische Wandel oder Rechte von Behinderten. Zwar sind diese Probleme durchaus mit den Mitteln der BNE beschreib- und handhabbar, doch sollte die Warnung vor einer Überfrachtung (de Haan 2009) ernst genommen werden. Dennoch: BNE setzt immer die Verbindung aller drei Säulen, also der Ökonomie, der Ökologie und des Sozialen voraus. Zu viele Unterrichtsvorschläge und Unterricht selbst fokussieren auf den ökologischen Bereich und benennen traditionelle Inhalte um. Damit lassen sich die Anforderungen, die BNE stellt, nicht erfüllen.

Literatur
AG Qualität & Kompetenzen (2007). *Orientierungshilfe Bildung für nachhaltige Entwicklung in der Sekundarstufe I.* Bonn. [http://www.transfer-21.de/daten/materialien/Orientierungshilfe/Orientierungshilfe_Kompetenzen.pdf; 29.05.2012]
Barth, M., Fischer, D., Michelsen, G., Nemnich, C. & Rode, H. (2012, accepted). Tackling the knowledge-action gap in sustainable consumption: insights from a participatory school programme. *Journal of Education for Sustainable Development.*
Barth, M., Fischer, D., Michelsen, G. & Rode, H. (2011). Bildungsorganisationale Konsumkultur als Kontext jugendlichen Konsumlernens. In: R. Defila, A. Di Guglio & R. Kaufmann-Hayoz (Hrsg.), *Wesen und Wege nachhaltigen Konsums. Ergebnisse aus dem Themenschwerpunkt „Vom Wissen zum Handeln – Neue Wege zum nachhaltigen Konsum"* (S. 247 - 263). München: oekom.
Beer, W. & Haan, G. de (Hrsg.) (1984). *Ökopädagogik. Aufstehen gegen den Untergang der Natur.* Weinheim/Basel.
Blättel-Mink, B., Kastenholz, H., Schneider, M. & Spurk, A. (2003). *Nachhaltigkeit und Transdisziplinarität. Ideal und Forschungspraxis.* Stuttgart: Akademie für Technikfolgenabschätzung.
BLK (1998). Bildung für eine nachhaltige Entwicklung – Orientierungsrahmen. *Materialien zur Bildungsplanung und Forschungsförderung, Heft 69.* Bonn.
BLK (1999). Bildung für eine nachhaltige Entwicklung – Gutachten zum Programm von Gerhard de Haan und Dorothee Harenberg, Freie Universität Berlin. *Materialien zur Bildungsplanung und Forschungsförderung, Heft 72.*
BLK „21" (2003). *Präambel und Empfehlungen/Richtlinien zur „Bildung für eine nachhaltige Entwicklung" in allgemeinbildenden Schulen.* Berlin.
BMU (Hrsg.) (1997). *Umweltpolitik. Agenda 21, Konferenz der Vereinten Nationen für Umwelt und Entwicklung im Juni 1992 in Rio de Janeiro, Dokumente.* Bonn.
Bolscho, D., Eulefeld, G. & Seybold, H. (1980). *Umwelterziehung. Neue Aufgaben für die Schule.* München.

Bolscho, D., Hauenschild, K. & Rode, H. (2008). Bildung für Nachhaltige Entwicklung in der Grundschule – Ausgewählte Ergebnisse einer Pilotstudie mit Lehrerinnen und Lehrern. In: D. Cech & J. Wiesemann (Hrsg.), *Kind und Wissenschaft* (S. 301 - 312). Bad Heilbrunn: Klinkhardt.

Breiting, S., Mayer, M. & Mogensen, F. (2002). *"Qualitatskriterien fur BNE-Schulen" Bildung fur Nachhaltige Entwicklung in Schulen – Leitfaden zur Entwicklung von Qualitatskriterien.* Wien.

de Haan (2009). *Bildung für nachhaltige Entwicklung für die Grundschule. Hrsg. vom Bundesministerium für Umwelt, Naturschutz und Reaktorsicherheit (BMU).* Berlin.

de Haan, G. & Seitz, K. (2001). Kriterien für die Umsetzung eines internationalen Bildungsauftrags. Bildung für eine nachhaltige Entwicklung (Teil 1 + 2). *Zeitschrift „21" – Das Leben gestalten lernen*, H. 1 (S. 58 - 62) und 2 (S. 63 - 66).

Deci, E.L. & Ryan, R.M. (1985). *Intrinsic motivation and self-determination in human behavior.* New York.

Eggert, S. (2008): *Bewertungskompetenz für den Biologieunterricht – Vom Modell zur empirischen Überprüfung.* Diss. Göttingen.

Erpenbeck, J. & Heyse, V. (2007). *Die Kompetenzbiographie. Wege der Kompetenzentwicklung.* Münster, New York, München, Berlin.

Erpenbeck, J. & Rosenstiel, L. v. (2007). *Handbuch Kompetenzmessung. Erkennen, verstehen und bewerten von Kompetenzen in der betrieblichen, pädagogischen und psychologischen Praxis.* Stuttgart.

Eulefeld, G., Bolscho, D., Rode, H., Rost, J. & Seybold, H. (1993). *Entwicklung der Praxis schulischer Umwelterziehung in Deutschland.* Kiel: IPN

Harenberg, D. (2002): *Bildung für eine nachhaltige Entwicklung in der Wissensgesellschaft.* Diss. FU Berlin.

Harenberg, D. (o. J.). *Syndrome globalen Wandels als überfachliches Unterrichtsprinzip.* [http://www.transfer-21.de/daten/texte/SyndromtextHarenberg.pdf; 09.06.2012].

Hauenschild, K. (2009). Von der Lebenswelt zur ökonomischen Bildung – ein Beitrag zu Bildung für Nachhaltige Entwicklung mit Kindern. In: K. Hauenschild & B. v. Monschaw (Hrsg.), *Kinder erfahren Nachhaltiges Wirtschaften – eine Handreichung für die Grundschulpraxis* (S. 16 - 40). Frankfurt/M.: Peter Lang.

Hauenschild, K. (2012). Schülerfirmen. In: U. Sandfuchs, W.Melzer, B. Dühlmeier & A. Rausch (Hrsg.), *Handbuch Erziehung.* Bad Heilbrunn: Klinkhardt.

Hauenschild, K. & Bolscho, D. (2009). *Bildung für Nachhaltige Entwicklung in der Schule – Ein Studienbuch* (3. Aufl.). Frankfurt/M.: Peter Lang.

Hauenschild, K. & Monschaw, B. v. (Hrsg.) (2009). *Kinder erfahren Nachhaltiges Wirtschaften – eine Handreichung für die Grundschulpraxis.* Frankfurt/M.: Peter Lang.
Heil, F. (2007). Der Kompetenzbegriff in der Pädagogik: Ein Ansatz zur Klärung eines strapaziertens Begriffs. In: W.M. Heffels, D. Streffler & B. Häusler (Hrsg.), *Macht Bildung kompetent? Handeln aus Kompetenz – pädagogische Perspektiven* (S. 43 - 79). Opladen: Farmington Hills.
Henkenborg, P. (2001). *Zur Philosophie des Politikunterrichts: Zum Kern politischer Bildung in der Schule.* [http://www.jsse.org/2001/2001-1/pdf/henkenborg.pdf; 30.05.2012].
Hentig, H. v. (1996). *Bildung.* München/Wien.
Hovestadt, G. (2003). *Bildung für nachhaltige Entwicklung und die Eigenverantwortlichkeit der Schulen. Eine Studie in sechs Bundesländern im Auftrag des Vereins zur Förderung der Ökologie im Bildungsbereich e.V.* Berlin.
Jung, E. (2010). *Kompetenzerwerb: Grundlagen, Didaktik, Überprüfbarkeit.* München.
KMK/BMZ (2007). *Orientierungsrahmen für den Lernbereich Globale Entwicklung im Rahmen einer Bildung für nachhaltige Entwicklung.* Bonn/Berlin.
KMK/DUK (2007). *Bildung für nachhaltige Entwicklung.* Bonn.
Köhnlein, W. (2012). *Sachunterricht und Bildung.* Bad Heilbrunn: Klinkhardt.
Köller, O. (2004). Null Bock auf nichts? Interessen und Lernmotivationen in der Sekun-darstufe. In: M. Horstkemper, A. Scheunpflug, K.-J. Tillmann & S. Walper (Hrsg.), *Aufwachsen. Die Entwicklung von Kindern und Jugendlichen* (S. 104 - 105). Seelze.
Köller, O., Schnabel, K. & Baumert, J. (2001). Does interest matter? The relationship between academic interest and achievement in mathematics. *Journal for Research in Mathematics Education, 32*, S. 448 - 470.
Künzli David, C. (2007). *Zukunft mitgestalten: Bildung für eine nachhaltige Entwicklung – Didaktisches Konzept und Umsetzung in der Grundschule.* Bern: Haupt.
Kurrat, A. (2010). *Bildung für eine nachhaltige Entwicklung in der Grundschule.* Berlin: BWV.
Lampe, V. (2009). Evaluation des Projektes. In: K. Hauenschild & B. v. Monschaw (Hrsg.), *Kinder erfahren Nachhaltiges Wirtschaften – eine Handreichung für die Grundschulpraxis* (S. 88 - 95). Frankfurt/M.: Peter Lang.
Lauströer, A. & Rost, J. (2005). *Operationalisierung und Messung von Bewertungskompetenz,* Kiel.
Lauströer, A. (2005). *Förderung von Bewertungskompetenz durch Bildung für eine nachhaltige Entwicklung,* Diss. Kiel.
Meyer, H. (1994). *Unterrichtsmethoden. I. Theorieband.* Berlin, 6. Aufl.

Niedersächsisches Kultusministerium (Hrsg.) (2007). *Orientierungsrahmen Schulqualität in Niedersachsen.* Hannover.

OECD (2005). *Die Definition und Auswahl von Schlüsselkompetenzen. Zusammenfassung.* Paris. [http://www.oecd.org/dataoecd/36/56/356932 81.pdf; 30.05.2012]

Peter, H., Moegling, K. & Overwien, B. (2011). *Politische Bildung für nachhaltige Entwicklung.* Immenhausen: Prolog.

Reese, M. (2005). *Qualitätsmanagement in der Schulentwicklung.* Diss. Kiel.

Rieckmann, M. (2010). *Die globale Perspektive der Bildung für eine nachhaltige Entwicklung. Eine europäisch-lateinamerikanische Studie zu Schlüsselkompetenzen für Denken und Handeln in der Weltgesellschaft.* Berlin: BWV.

Rieß, W. (2010). *Bildung für nachhaltige Entwicklung. Theoretische Analysen und empirische Studien.* Münster u.a.: Waxmann.

Rode, H. (2005). *Motivation, Transfer und Gestaltungskompetenz: Ergebnisse der Abschlussevaluation des BLK-Programms "21" 1999 - 2004.* Berlin.

Rode, H. & Michelsen, G. (2012). *Der Beitrag der UN-Dekade 2005 - 2014 zur Verbreitung und Verankerung der Bildung für nachhaltige Entwicklung.* Bonn.

Rost, J., Lauströer, A. & Raack, N. (2003). Kompetenzmodelle einer Bildung für Nachhaltigkeit. *Praxis der Naturwissenschaften – Chemie in der Schule, 52,* S. 10 - 15.

Rost, J. (2006). Kompetenzstrukturen und Kompetenzmessung. *Praxis der Naturwissenschaften 8*(55), S. 5 - 8.

Schneidewind, U. (2010). Ein institutionelles Reformprogramm zur Förderung transdidziplinärer Nachhhaltigkeitsforschung. *GAIA 19/2,* S. 122-128.

WBGU (1996). *Welt im Wandel. Herausforderung für die deutsche Wissenschaft. Jahresgutachten 1996.* Berlin.

Weinert, F.E. (2001). Concept of Competence: A Conceptual Clarification. In: D.S. Rychen & L.H. Salganik (Hrsg.). *Defining and Selecting Key Competencies* (S. 45 - 65). Seattle, Toronto, Bern, Göttingen.

Wulfmeyer, M. & Hauenschild, K. (2009). *Ökonomische Bildung in der Grundschule oder: Wie Kinder handlungsorientiert Wirtschaft machen.* Hannover: Pelikan Vertriebsgesellschaft.

Vertrauen als zentrale Beziehungsvariable im Kontext von BNE

Martin K.W. Schweer & Alexandre Gerwinat

Abstract

The present article will outline the role of trust regarding education for sustainable development (ESD) both from an interpersonal and a system-based perspective. Beginning with a critical focus on past and present approaches to ESD in schools the field of trust research is being introduced and transferred onto the context of sustainability with special consideration of pro environmental behaviour. Based on earlier findings about the limits of mere ecological knowledge transfer trust is accentuated as important determinant for interventions aiming at self-reflection and lasting behaviour modification.

Implications are being proposed within a rough framework arguing for a more systematic emphasis on trust development in research and practice for the context of ESD.

1 Einführung in den Problemkreis

Ausgehend von der UN-Dekade „Bildung für nachhaltige Entwicklung 2005 - 2014" (UNESCO 2004) wurde innerhalb der BRD ein nationaler Aktionsplan entwickelt. Diesem zu Folge hat Bildung für nachhaltige Entwicklung (BNE) zum Ziel, „allen Menschen Bildungschancen zu eröffnen, die es ermöglichen, sich Wissen und Werte anzueignen sowie Verhaltensweisen und Lebensstile zu erlernen, die für eine lebenswerte Zukunft und eine positive gesellschaftliche Veränderung erforderlich sind" (Nationalkomitee der UN-Dekade „Bildung für nachhaltige Entwicklung" 2011, S. 7).

Überlegungen zur Erreichung dieses Ziels sind bevorzugt an dem Aspekt der *Nachhaltigkeit* orientiert (s. Brundtland-Kommission 1987). Ursprünglich aus dem forstwirtschaftlichen Bereich entlehnt, findet dieser Terminus mittlerweile für beinahe sämtliche Lebensbereiche Verwendung, im Rahmen der Agenda 21 wird übergreifend die zielführende Anpassung „der Verbrauchsgewohnheiten von Industrie, Staat, Haushalten und Einzelpersonen" (BMU 1992, S. 20) unterstrichen.

BNE nimmt mittlerweile im gesellschaftlichen Diskurs eine wichtige Rolle ein: Im Zuge einer sich dynamisch verändernden Welt müssen Individuen befähigt werden, ihren Alltag und die Zukunft ökologisch, ökonomisch und sozial ausgewogen zu gestalten: „Nachhaltige Entwicklung ist eine Entwicklung, die die Lebensqualität der gegenwärtigen Generation sichert und gleichzeitig zukünftigen Generationen die Wahlmöglichkeit zur Gestaltung ihres Lebens erhält" (Deutsche UNESCO Kommission e.V., 2011, S. 7; s.a. Brundtland-Kommission 1987). Als Ziele stehen diesbezüglich die Vermittlung von Werten,

Wissen und (Handlungs-)Kompetenzen für die diversen pädagogischen Kontexte im Vordergrund, dies erfolgt mit Blick auf ein ressourcenschonendes Konsumverhalten, die Reduktion des Klimawandels und die Sicherung der Biodiversität. Angesprochen ist dabei vor allem auch der *Ausbildungssektor* - also Kompetenzvermittlung „vor Ort" durch Bildung, lebenslanges Lernen sowie mittels struktureller Veränderungen und Verankerungen; Kompetenzvermittlung bezieht sich dabei stets zum einen auf die Kompetenzen der Lernenden, ferner auf die Lehr-Lern-Kultur und die Qualifikation der Lehrenden. Dementsprechend fordert der Nationale Aktionsplan (Deutsche UNESCO Kommission e.V. 2011), dass Lehrer/innen bereits in ihrer Ausbildung Lernangebote nutzen sollen, die eine aktive und handlungsorientierte Auseinandersetzung der Teilnehmenden mit substantiellen Inhalten von BNE (Handlungskompetenz, Risikowahrnehmung, Zukunftsvertrauen) ermöglichen. Obwohl BNE bereits seit 2007 auf der Grundlage des KMKBMZ-Curriculums „Orientierungsrahmen für den Lernbereich Globale Entwicklung im Rahmen einer Bildung für nachhaltige Entwicklung" und der KMK-DUK-Empfehlung zur „Bildung für nachhaltige Entwicklung in der Schule" in den allgemeinbildenden Schulen systematisch etabliert werden soll, wird dieser Bereich in der Lehrerausbildung jedoch curricular immer noch vernachlässigt (Godemann et al. 2008; Stoltenberg 2008). Ferner sind aktuelle BNE-Maßnahmen trotz zunehmenden öffentlichen und privatwirtschaftlichen Engagements oftmals nur durch einen singulären, modellhaften Charakter gekennzeichnet; systematische, theoretisch fundierte nachhaltige Konzeptionen und fundierte Evaluationen liegen bislang kaum vor. Gerade aus sozial- und umweltpsychologischer Forschung ist allerdings bekannt, dass die Wirksamkeit punktuell durchgeführter Maßnahmen hinsichtlich intendierter langfristiger Erlebens- und Verhaltensänderungen stark eingeschränkt ist (s. etwa Homburg & Matthies 1998; Lantermann & Linneweber 2008). Ferner können vorliegende wissenschaftliche Ansätze, die Umwelthandeln ausschließlich aus einer kognitiven (Umweltwissen) bzw. einer ökonomisch-rationalen Perspektive (Homo Oeconomicus) zu erklären suchen, die vielfach festgestellte Diskrepanz zwischen (Umwelt-)Wissen und (Umwelt-)Handeln nur unzureichend aufklären (Frick 2003; Jahn et al. 2009).

Vor diesem Hintergrund bietet die Vertrauensforschung neue, innovative Zugangsmöglichkeiten zum Themenkomplex BNE, indem *Vertrauen als moderierende Variable* konzeptualisiert wird, die zwischen Umweltwissen und Umwelthandeln insbesondere in pädagogischen Kontexten langfristig verhaltenssteuernd ist. Auf dieser Folie lassen sich nachhaltig effektive pädagogische Interventionsmaßnahmen erarbeiten, um die Intentionen des Nationalen Aktionsplans (Vermittlung von Werten, Wissen und [Handlungs-]Kompetenzen) zielführender umsetzen zu können.

Aus psychologischer Perspektive treten in diesem Zusammenhang die informationsverarbeitenden und behavioralen Muster auf kollektiver und individueller Ebene in den Mittelpunkt der Betrachtung, die diesbezügliche Analyse steht von daher im Fokus dieses Beitrages. Hierbei wird angesichts der mittlerweile hinreichenden empirischen Fundierung der Bedeutung von Vertrauensprozessen für das soziale Geschehen besonderes Gewicht geschenkt. Es erfolgt somit in einem ersten Schritt eine definitorische Annäherung und paradigmatische Verortung, sodann wird der Stellenwert von Vertrauen für Erziehungs- und Bildungsprozesse sowie spezifisch für den nachhaltigen Umgang von Individuen mit Umweltressourcen aufgezeigt. Abschließend sollen Potentiale der Vertrauensentwicklung für den pädagogischen Kontext aufgezeigt werden.

2 Grundlegende Annahmen zum Vertrauensphänomen

In der wissenschaftshistorischen Entwicklung lassen sich zur Beschreibung und Erklärung von Erlebens- und Verhaltensmustern in einer überblicksartigen Zusammenschau drei paradigmatische Forschungslinien ausmachen (s. etwa Asendorpf 2007):

- Ansätze, welche das Erleben und Verhalten von Individuen im sozialen Kontext primär *personal* erklären, also über relativ stabile Persönlichkeitsdispositionen (angeboren bzw. über Umwelterfahrungen erworben); hierzu zählen beispielsweise die eigenschaftstheoretischen Perspektiven von Allport oder Cattell sowie sozial-kognitiv verortbare Ansätze zu dispositionalen Determinanten menschlichen Handelns, so etwa vorgelegt von Julian Rotter
- Ansätze, welche das Erleben und Verhalten von Individuen im sozialen Kontext primär *situational* erklären, also über die spezifischen Bedingungen, die aus der sozialen Umwelt auf die Person einwirken; hierzu zählen Beiträge einschlägiger Vertreter des Behaviorismus wie Skinner oder Watson

Mit Hilfe dieser beiden paradigmatischen Ausrichtungen lassen sich jedoch mit Blick auf die Varianzaufklärung insgesamt eher wenig befriedigende Ergebnisse erzielen, die Ausrichtung auf primär einen beeinflussenden Variablenkomplex (also Person oder Situation) erwies sich in der Vergangenheit als zu einseitig. Wesentlich erfolgversprechender zeigen sich von daher:

- Ansätze, die einer *dynamisch-interaktionistischen* bzw. *transaktionalen* Perspektive folgen, welche das Erleben und Verhalten von Individuen im sozialen Kontext aus dem komplexen Wechselspiel personaler und situationaler Variablen erklären (s. etwa Magnusson 2001; Mischel 2004); wenngleich bereits in der Lewinschen Verhaltensformel V = f (P, S) [Verhalten als Funktion personaler und situationaler Einflüsse; Lewin 1935] zum Ausdruck gebracht, prägten solche Ansätze erst ab den 1970er Jahren entscheidend die Theoriebildung in der Psychologie. Die Komplexität des Interaktionsgeschehens ergibt sich dabei nicht nur daraus, dass sowohl personale als auch situationale Einflüsse Berücksichtigung finden, sondern darüber hinaus die spezifischen Effekte des Zusammenspiels dieser Einflüsse in die Analyse integriert werden. Hinzu kommt, dass mit dem Begriff der *Historizität* dem Umstand Rechnung getragen wird, dass die Ergebnisse vergangener Prozesse des Interaktionsgeschehens zukünftiges Erleben und Handeln prädeterminieren, weshalb also jede aktuelle Situation in den Kontext ihrer bisherigen „Geschichte" eingebettet werden muss (u.a. Graumann 2002; s. Abb. 1).

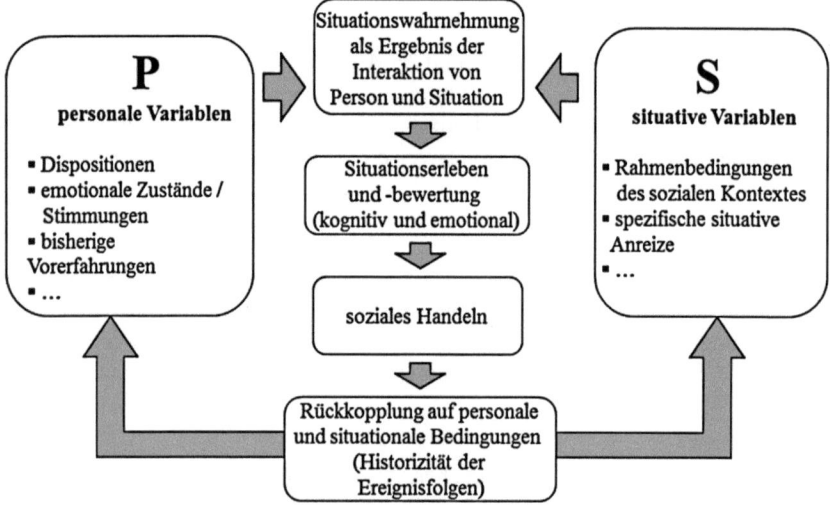

Abb. 1: Skizzierung von Erleben und Verhalten im Wechselspiel personaler und situationaler Variablen

Mit Blick auf das Vertrauensphänomen lässt sich dieses nun als *soziale Einstellung* begreifen, mit welcher die subjektive Sicherheit verbunden ist, sich in die Hand einer anderen Person (beispielsweise Arzt) oder aber eines sozialen Systems (beispielsweise Regierung) begeben zu können, weshalb im Zuge der Vertrauensforschung zumindest zwischen den Ebenen des *personalen Vertrauens* und des *systemischen Vertrauens* differenziert werden kann (u.a. Bachmann & Zaheer 2006; Yamagishi 2011). Vertrauen ist in diesem Sinne stets objektbezogen, es kann sich auf Individuen und Gruppen sowie auf Gegenstände oder abstrakte Systeme beziehen. Unterscheiden lassen sich dabei stets kognitive (subjektiver Wissensstand), affektive (emotionale Bewertung) und behaviorale (Verhaltenstendenzen) Komponenten (u.a. Myers 2008).

In Übereinstimmung mit oben skizzierter grundlegender wissenschaftshistorischer Entwicklung in der Psychologie wurde die Entstehung von Vertrauen zunächst eher einseitig dispositional (u.a. Butler & Cantrell 1984; Rotter 1971, 1981) oder eben situational (u.a. Coleman 1990; Deutsch 1958, 1973) erklärt: Im ersteren Falle wird postuliert, dass die Genese einer Vertrauensbereitschaft bzw. -fähigkeit als Persönlichkeitsmerkmal situationsübergreifend die entscheidende Voraussetzung dazu darstellt, um Vertrauen im sozialen Miteinander aufbringen zu können. In letzteren Ansätzen wird Vertrauen als abhängig von Parametern des konkreten sozialen Geschehens betrachtet; in diesem Sinne operationalisiert Deutsch (1958) Vertrauen als kooperative Handlung im Rahmen einer Dilemma-Situation (das Handeln des Interaktionspartners muss ebenso kooperativ ausfallen, um den gemeinsamen Nutzen anstatt partikulärer Interessen zu maximieren; s.a. Luhmann 2009).

Einer dynamisch-interaktionistischen Perspektive auf menschliches Erleben und Verhalten folgend, werden im Rahmen der *differentiellen Vertrauenstheorie* (u.a. Schweer 1996, 2008) personale und situationale Antezedenzien der Vertrauensgenese integriert: Zentrale Parameter der Person werden kontextspezifisch definiert; die bereichsspezifischen Vertrauenstendenzen umfassen dabei die grundlegenden Überzeugungen, in einem bestimmten Lebensbereich überhaupt Vertrauen aufbauen zu können, die bereichsspezifischen impliziten Vertrauenstheorien beinhalten die subjektiven Erwartungen an die Vertrauenswürdigkeit von Interaktionspartnern oder auch an abstrakte soziale Systeme. Diese personalen Voraussetzungen sind dabei in hohem Maße das Ergebnis vergangener Erfahrungen in den jeweiligen Lebensbereichen. Auf Seiten der Situation spielen beispielsweise gesetzliche Rahmenbedingungen, hierarchische Unterschiede zwischen den Interaktionspartnern sowie Art und Umfang der gegebenen Kommunikationsstrukturen eine wichtige Rolle dafür, mit welchen förderlichen bzw. hemmenden Bedingungen der Prozess der Vertrauensentwicklung einhergeht.

Mit einer solchen Annahme wird gegenüber einer einseitig dispositionalen Perspektive erklärbar, weshalb ein und dieselbe Person in einer konkreten Situation vertraut, in einer anderen hingegen weniger oder sogar gar nicht. Zudem wird aus einer transaktionalen Ausrichtung heraus ein stetiges Zusammenspiel personaler und situationaler Antezedenzien bei der zeitlichen Entwicklung von Vertrauen angenommen. Im gegenwärtigen Vertrauenserleben sind daher Aspekte denkbar, die nicht in aktuell gegebenen situationalen oder personalen Parametern oder deren Zusammenspiel begründet liegen, sondern die sich nur aus der Historizität des Interaktionsgeschehens heraus beschreiben und erklären lassen.

Mit dem Konstrukt „Vertrauen" als eine bis dato im wissenschaftlichen Diskurs um ökologisches Handeln weitestgehend ausgeklammerte Variable sozialer Einstellungen wird demnach eine zentrale Wahrnehmungs-, Bewertungs- und Bewältigungsstrategie für den Kontext BNE in den Fokus der wissenschaftlichen Analyse gestellt. Neben den bereits genannten Aspekten des personalen und systemischen Vertrauens spielt wohl ferner gerade für diesen spezifischen Kontext *transsystemisches Vertrauen* eine wichtige Rolle; letzteres impliziert das Vertrauen in abstrakte Konstrukte und multidimensionale Zusammenhänge, wie etwa im Rahmen des Konzepts der Nachhaltigkeit (Schweer & Siebertz 2013). In einer zunehmend vielfältiger werdenden Welt, die durch Diversifizierung von Expertenmeinungen und erhöhter Intransparenz bei der Bewertung von Ereignissen und Erkenntnissen gekennzeichnet ist, erfüllt Vertrauen in der subjektiven Auseinandersetzung mit der Umwelt eine bedeutsame handlungsleitende Funktion: Vertrauen trägt in unsicheren Situationen zur Komplexitätsminderung und zur *Reduktion der Risikowahrnehmung* bei (Luhmann 2009), es befriedigt beim Individuum und in Gruppen zentrale Kontroll- und Sicherheitsbedürfnisse (Hellbrück & Fischer 1999), die sich kontinuierlich auf Zufriedenheitserleben und Motivationsprozesse in dem jeweiligen Lebensbereich auswirken; dies ließ sich gerade auch für den pädagogischen Kontext empirisch bestätigen (s. etwa Schweer 2010).

3 Umwelthandeln und Nachhaltigkeit

Eine wesentliche Stoßrichtung von BNE markiert die *Förderung des Umwelthandelns* von Schüler/innen in schulischen und außerschulischen Lernkontexten. Angesichts der ökologischen Kernprobleme des 21. Jahrhunderts wird oftmals das Umweltwissen fokussiert, dieses ist grob definierbar als deklaratives Wissen über ökologische Zusammenhänge und deren Verflechtung mit menschlichem Handeln (Kuckartz 1998). Eine hinreichende Aufgeklärtheit hierüber und über die damit verbundene Verantwortung des Menschen ist eine notwendige Voraussetzung für Umwelthandeln, so etwa für den nachhaltigen Umgang mit natürlichen Ressourcen. Wie nun aber bereits oben angedeutet, ist in Analogie zu weiteren, von der Umweltpsychologie abzugrenzenden Anwendungsdisziplinen psychologischer Theorienbildung jedoch hinreichend empirisch untermauert, dass Zusammenhänge zwischen dem Wissen eines Individuums einerseits und seinem tatsächlichen Handeln andererseits bestenfalls moderat ausfallen (zu Diskrepanzen zwischen Umweltwissen und -handeln s. etwa Diekmann & Preisendörfer 2001; Linneweber & Kals 1999): Umweltwissen konnte in Meta-Analysen ca. 10 % der Verhaltensvarianz im Umwelthandeln erklären. Spezifischere Analysen ergeben zwar stärkere, aber immer noch eher unbefriedigende Zusammenhänge, so offenbart etwa die Eingrenzung auf den Recyclingbereich ca. ein Drittel gemeinsamer Varianz (Hornik, Cherian, Madansky & Narayana 1995).

Angesichts solcher Untersuchungsergebnisse muss daher deutlich bezweifelt werden, dass die bloße Tatsache, gut informiert zu sein, eine hinreichende Bedingung für verantwortungsvolles Umwelthandeln darstellt; Kaiser & Frick (2002, S. 181) sprechen in diesem Zusammenhang gar von einem „Bildungsoptimismus". Demzufolge finden sich mittlerweile theoretische Konzeptualisierungen mit dem Ziel, die kognitive Basis des Umwelthandelns detaillierter zu konzipieren, indem verschiedene Arten des Umweltwissens unterschieden werden; ein diesbezügliches Beispiel ist die Unterscheidung in Umweltsystemwissen, Handlungs- und Wirksamkeitswissen sowie normatives Wissen (s. Frick, Kaiser & Wilson 2004; Schultz 2002). Ungeachtet der (bislang) noch ausstehenden empirischen Unterstützung dieser Einteilung leuchtet dennoch grundsätzlich ein, dass Kenntnisse über ökologische Zusammenhänge nur einen Teilbereich abdecken, darüber hinaus jedoch beispielsweise Wissen über ganz bestimmte Handlungsoptionen im Sinne von Nachhaltigkeit im Alltag sowie Einschätzungen über deren jeweilige Wirksamkeit bedeutsam für das individuelle Handeln sind. Ferner kann die subjektive Wahrnehmung normativer Erwartungen im sozialen Umfeld als relevanter Wissensaspekt einzelner Akteure betrachtet werden.

Allerdings erscheinen auch diese Ansätze insgesamt keineswegs überzeugend. Umwelthandeln ausschließlich über kognitive und in diesem Sinne objektivierbare bzw. wissenschaftlich überprüfbare Erkenntnisse erklären oder fördern zu wollen, impliziert die Ausblendung *affektiver und motivationaler Determinanten* menschlichen Handelns. Folgerichtig wird also mittlerweile etwa die Bedeutung des subjektiven Bewusstseins und der emotionalen Betroffenheit im Zuge ökologischer Problematiken als wichtige Moderatorvariablen zwischen Umweltwissen und -handeln thematisiert (u.a. Bamberg & Möser 2007; Kollmuss & Agyeman 2002). Weitere Arbeiten fokussieren die Beziehung von Umweltwissen und Umweltsorgen, sie identifizieren hierbei das subjektive Vertrauen in die Informationsquelle sowie die politische Orientierung des Empfängers als bedeutsame Einflussgrößen (Malka, Krosnick & Langer 2009). Bei der empirischen Strukturierung von Umweltsorgen lassen sich Sorgen um das Ökosystem, Sorgen um andere Menschen und schließlich Sorgen um die eigene Person in Folge ökologischer Problematiken voneinander abgrenzen. Objektivierbares

Umweltwissen und Umweltsorgen bzw. die subjektive Betroffenheit sind demnach gemeinsam zu betrachten, wenn Umwelthandeln nachhaltig auf der individuellen Ebene erlernt und gefestigt werden soll. Zudem sollte umweltbewusstes Handeln systematisch mit spezifischen Attributionsmustern bei der Wahrnehmung globaler Herausforderungen einhergehen.

4 Umwelthandeln und Vertrauen im pädagogischen Kontext

Vertrauen stellt eine zentrale Beziehungsvariable zwischen (außer-)schulischen Akteuren (u.a. Lehrkräfte, Schüler/innen) dar. Ausgehend von der bereits erfolgten Drei-Komponenten-Definition geht mit dem (idealerweise) gegenseitigen Erleben von Vertrauen eine positive Beurteilung von Lehr-Lern-Situationen einher, dies kann sich entscheidend auf den Erfolg von Lehr-Lern- und Erziehungsprozessen auswirken. So finden sich bei Thies (2002) empirisch fundierte Hinweise dahingehend, dass Vertrauen von Schüler/innen in die Lehrkraft positiv mit deren Lernbereitschaft sowie negativ mit lernhinderlichen Emotionen (u.a. Unzufriedenheit, Leistungsängstlichkeit) korreliert ist. Weitere empirische Befunde zeigen bedeutsame Zusammenhänge mit der Selbstachtung resp. dem Selbstvertrauen von Schüler/innen auf, zudem profitieren spezifische Präventions- und Interventionsprogramme (u.a. zur Gewaltprävention) von einem vertrauensvollen Gruppenklima (Schweer 2008). Somit kann Vertrauen in der Lehrer-Schüler-Beziehung vermutlich dazu beitragen, dass individuelle Lernpotentiale besser ausgeschöpft werden (s. Abb. 2).

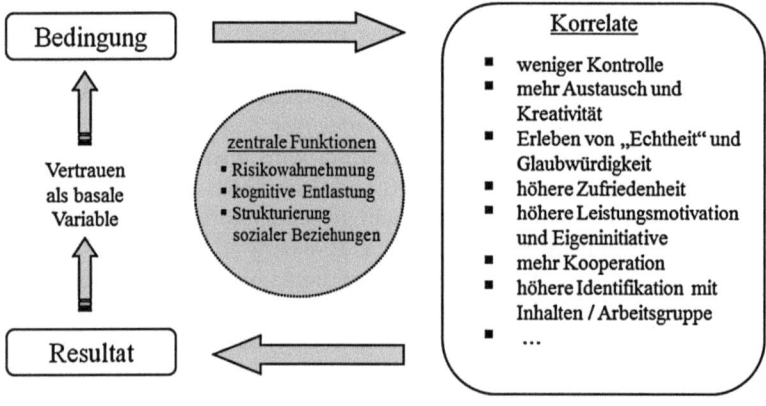

Abb. 2: Vertrauen als Bedingung und Resultat von Korrelaten im pädagogischen Kontext

Von mehreren dyadischen Vertrauensbeziehungen ausgehend, kann ferner das Phänomen *kollektiven Vertrauens* als Aggregat über die Gruppenmitglieder verortet werden. Auch in dieser Hinsicht sind positive Auswirkungen auf das Interaktionsgeschehen wahrscheinlich, wenngleich die vermittelnden Prozesse bislang in der empirischen Lehr-Lern-Forschung noch nicht vollständig nachvollzogen sind. Aus einer angrenzenden Perspektive stellt Eder (1996) in einer diesbezüglichen Überblicksarbeit fest, dass Schüler/innen bei einem positiven Klassenklima bessere Leistungen erbringen und sich zufriedener äußern. Ferner sind, analog zu den bereits angerissenen Befunden zu den Korrelaten dyadischen Vertrauens, weitere bedeutsame Aspekte der Schülerpersönlichkeit (u.a. Selbstkonzept, schulische Leistungsmotivation, Schulangst) günstiger ausgeprägt als im Falle eines negativen Klassenklimas. Vorliegende Ergebnisse zur Leistungsrelevanz des Kohäsionserlebens in Gruppen gehen in eine ähnliche Richtung, so dass unter Vorbehalt vergleichbare Effekte für das Vertrauenserleben postuliert werden können. Dies gilt selbstverständlich auch in einschränkender Hinsicht für das stets hiermit verbundene Korrelationsproblem - Leistung bzw. die Produktivität von Gruppen ist nicht nur als Folge von, sondern auch (und dies scheint eher der Fall zu sein) als Ursache für eine positive Gruppenbeurteilung seitens der Mitglieder zu begreifen (u.a. Forsyth 2010).

Für die Förderung des Umwelthandelns in pädagogischen Settings ergeben sich aus dieser Gesamtschau zahlreiche Hinweise auf die primäre Bedeutung von Prozessen der Vertrauensentwicklung. Die Kommunikation persönlicher Überzeugungen und Alltagsroutinen, die diesbezügliche Reflexion und Revision sowie die Förderung von Betroffenheit für globale Herausforderungen setzen eine vertrauensvolle Atmosphäre zwischen den Lernenden untereinander sowie zwischen Lernenden und Lehrenden voraus. Über Vertrauen kann eine positive Basis für die globale Wahrnehmung und Bewertung von Lehr-Lern-Situationen konstituiert werden, hierauf können dann explizite Prozesse der Selbst- und Umweltanalyse aufbauen. Die diesbezüglich anschlussfähigen Befunde *neurophysiologischer Forschung* zeigen die Bedeutung impliziter Etikettierungen von Situationen anhand von vorangegangenen Erfahrungen auf. Sie machen ferner evident, dass diese holistisch geleiteten Prozesse dann mit der Subjektivität bei der gegebenenfalls anschließenden analytischen Auseinandersetzung mit Einzelinformationen in Verbindung stehen (u.a. Roth 2003). Hinweise zur affektiven Verarbeitung von Lehr-Lern-Situationen sprechen deutlich für die herausragende Relevanz eines vertrauensvollen Lernklimas, da positive Emotionen über die stärkere Aktivierung des limbischen Systems die Verarbeitungstiefe unterstützen, Inhalte werden somit weniger oberflächlich (als Einzelfakten) verarbeitet, sondern mit emotional positiver Bedeutung versehen. Hiervon profitiert nicht nur die Behaltensleistung, es steigt zudem die Wahrscheinlichkeit eines erfolgreichen Lerntransfers auf relevante Anwendungssituationen (Brand & Markowitsch 2006; Immordino-Yang & Damasio 2007). Ferner wird in einem Übersichtsartikel von Pekrun & Schiefele (1996) aufgezeigt, dass Emotionen den Lernprozess zum einen indirekt (nämlich vermittelt über die Lernmotivation) initiieren, modulieren oder reduzieren, jedoch auch direkte Effekte ausüben können, indem sie aktuelle kognitive Ressourcen sowie qualitative Parameter der Informationsverarbeitung (Lernstrategien) beeinflussen. Schließlich sind in diesem Zusammenhang klassische Erkenntnisse aus der Analyse menschlicher Informationsverarbeitung von Relevanz, wonach die Wahrnehmung, Enkodierung und Bewertung aktueller Situationen resp. sensorischer Informationen unter Rückgriff auf Inhalte des Langzeitgedächtnisses erfolgen (s. Gruber 2011). Bisherige Erfahrungen, wie das Erleben von Vertrauenswürdigkeit und Glaubwürdigkeit spezifischer Personen oder Gruppen, tragen demzufolge zur Strukturierung neuartiger Situationen bei, diese Ergebnisse unterstreichen die bereits angesprochene Bedeutung von *Historizität* für das Vertrauenserleben.

Eine vielversprechende, wenngleich bislang wenig beachtete Forschungsperspektive stellt die Frage dar, inwieweit sich für den pädagogischen Kontext ein Zusammenhang zwischen Vertrauen und *kognitiver Komplexität* ausmachen lässt; kognitive Komplexität lässt sich dabei als interindividuell unterschiedlich stark ausgeprägte Fähigkeit und Bereitschaft zur differenzierten Situationswahrnehmung definieren (s. Eye 1999). Es lässt sich in dieser Hinsicht vermuten, dass gerade angesichts der Dynamik und Systemhaftigkeit globaler Entwicklungen kognitive Komplexität eine entscheidende personale Disposition zur Förderung von Umwelthandeln resp. zur Nachhaltigkeit darstellt. Aus der Forschung zur Analyse sozialer Wahrnehmungsprozesse (u.a. Fiedler & Bless 2003) finden sich nämlich Hinweise darauf, dass stereotypisierende Urteile und diskriminierende Handlungen negativ mit kognitiver Komplexität korreliert sind. Möglicherweise können Strategien zur Bewältigung kognitiver Dissonanz, die bei Konfrontation mit neuen Erkenntnissen und Handlungsmustern im ökologischen Kontext resultieren können, qualitative Unterschiede in Abhängigkeit von der individuellen kognitiven Komplexität aufweisen.

Ferner erscheint es gerade auch mit Blick auf den hier fokussierten Gegenstandsbereich BNE erforderlich, neben den konstruktiven auch mögliche *destruktive Wirkungen* von Vertrauensprozessen verstärkt in den Blick zu nehmen (auf die gerade erst sich intensivierende Diskussion zur Abgrenzung von Vertrauen und Misstrauen und eine in diesem Zusammenhang gegebenenfalls stärker zu beachtende Funktion konstruktiven Misstrauens sei an dieser Stelle nur verwiesen; s. etwa Lewicki & Wiethoff 2000) - vor dem Hintergrund seiner (oben bereits angedeuteten) komplexitätsreduzierenden Funktion wird nämlich unter Umständen auch die kognitive Komplexität vermindert. Gleichzeitig konkurrieren mit dieser Hypothese die angstlösenden Effekte von Vertrauen, die es ermöglichen können, dass Individuen sich eher mit ambivalenten Situationen und konfrontierenden Sichtweisen auseinandersetzen. Angesichts dieser Überlegungen erscheint es denkbar, dass die im Bereich des Umwelthandelns virulenten Verdrängungsmechanismen (Kontrollillusionen, Überoptimismus usw.; s. Ernst 2008) und fatalistische oder resignative Haltungen erst unter der Voraussetzung einer gegenseitigen Vertrauensbasis hinterfragt und in der Folge möglicherweise revidiert werden. Diesbezüglich verweist bereits Lewin (1951) darauf, dass Modifikationen von Handlungsroutinen ein „Auftauen" voraussetzen, das wiederum auf einem Vertrauen in die Notwendigkeit einer Veränderung fußt.

5 Implikationen für die pädagogische Praxis - vertrauensbasierte Lernsettings

Die Probleme traditioneller Lehr-Lern-Methoden sind vielfach aufgezeigt worden, dies gilt insbesondere für den Frontalunterricht und das hiermit verbundene so genannte Trichtermodell des Lernens (s. Helmke 2010). Zudem lassen obige Ausführungen die Probleme und Grenzen bei der Vermittlung von Umweltwissen zum Zwecke einer nachhaltigen Verhaltensänderung erkennen.

Es stellt sich damit die Frage nach alternativen Lehr-Lern-Formen. In der Zusammenschau der diesbezüglich vorliegenden Untersuchungsergebnisse erscheinen in dieser Hinsicht vor allem *handlungsorientierte Settings* besonders vielversprechend - und zwar auch dann, wenn die Vermittlung von kognitiven Wissensbeständen von primärem Interesse ist. Denn Lernende, die in ihrer Aktivität unterstützt werden, setzen mit höherer Wahrscheinlichkeit elaborierte gegenüber oberflächlichen Lernstrategien ein (kritisches Prüfen, Herstellen von Zusammenhängen usw.), weshalb einer Kompartmentalisierung und Trägheit von Wissen entgegengewirkt wird (u.a. Gruber 2006). Die stärkere Vernetzung von Elementen des semantischen Gedächtnisses kann das Aktivierungspotenzial entsprechender Gedächtnisspuren und somit die Wahrscheinlichkeit für den erfolgreichen Zugriff in relevanten Transfersituationen erhöhen (s. Anderson 1999).

Angesichts der Tatsache, dass die soziale Interaktion ein grundlegendes Merkmal vieler Kontexte situierten Lernens darstellt, wird dabei der Stellenwert einer vertrauensvollen Beziehungsqualität virulent. Auf der Grundlage oben skizzierter Annahmen der differentiellen Vertrauenstheorie lassen sich mit dem Ziel vertrauensbasierter Lernsettings drei verschiedene Ebenen ausmachen (s. Abb. 3):

- Die *Mikroebene* umfasst die dyadischen Vertrauensbeziehungen zwischen den beteiligten Individuen im Rahmen einer Bildungsmaßnahme (Lehrer/in - Schüler/in, Schüler/in - Schüler/in, Lehrer/in - Lehrer/in).
- Die *Mesoebene* markiert den organisationalen Bezugsrahmen, innerhalb dessen sich diese individuellen Interaktionsprozesse vollziehen (Realisie-

rung von Vertrauen als Organisationsprinzip; s. Schweer 2011; Schweer & Thies 2003).
- Die *Makroebene* konstituiert den gesellschaftlich-kulturellen Rahmen mit seinen vertrauensförderlichen bzw. -hemmenden Einflüssen (u.a. Vorgaben im Bildungssystem, Sensibilisierung der Bürger/innen für die Bedeutung von Vertrauen als soziale Ressource).

Vor dem Hintergrund, dass Vertrauen ja stets aus dem komplexen Zusammenspiel personaler und situationaler Faktoren beschreibbar und erklärbar wird, lässt sich auf der Mikroebene zunächst die Bedeutung individueller *Vertrauenstendenzen* im Rahmen von BNE ausmachen. Es spielt also für den Erfolg einer entsprechenden Maßnahme eine wichtige Rolle, inwieweit vor allem Lernende davon überzeugt sind, ihren Lehrkräften prinzipiell Vertrauen schenken zu können (für den Fall, dass Lehrende dieses grundlegende Vertrauen in ihre Schüler/innen nicht aufweisen, erscheint die Realisierung eines vertrauensvollen Lernsettings nicht möglich). Dieser Aspekt kann vor allem im Rahmen von Maßnahmen außerhalb des Regelunterrichts (beispielsweise bei der Erstellung einer Projektarbeit) bedeutsam werden, wenn Schüler/innen etwa abwägen, inwieweit ihr Handeln seitens der Lehrkräfte bewertet wird und eine solche Bewertung sich letztlich trotz der besonderen Lehr-Lern-Situation auf eine spätere Notengebung möglicherweise negativ auswirken kann. Denkbar ist in diesem Zusammenhang von daher ein verstärkter Einsatz schulexternen Personals (beispielsweise Expert/innen aus dem Bereich Umweltschutz und Nachhaltigkeit), die nur temporär an der Schule verweilen.

Ferner sind *implizite Vertrauenstheorien* (IVT) von Lehrenden und Lernenden erlebens- und handlungsrelevant. Eine Etablierung von Vertrauen bzw. eine progressive Vertrauensentwicklung setzt Kongruenz zwischen den IVT einerseits und den wahrgenommenen Attributen des jeweiligen Gegenübers andererseits voraus. Wesentliche Elemente der IVT von Lernenden gegenüber Lehrenden könnten sich neben der wahrgenommenen Kompetenz und der erlebten Wertschätzung durch die Lehrperson (s. bereits Schweer 1996) etwa auf die Vorbildlichkeit und die Konsistenz in deren Umwelthandeln beziehen. Eine entsprechende diesbezügliche Sensibilisierung (und auch Selbstreflektion) des Lehrpersonals besonders angezeigt zu sein. Hinzu kommt, dass aufgrund der Differentialität der IVT zudem stets interindividuelle Unterschiede in den normativen Anforderungen zu berücksichtigen sind. Von daher sollten Lehrende den Blick von einem „optimalen Verhaltensstil" abwenden und vielmehr bei der Gewichtung von Aufgaben- und Beziehungsorientierung kompatibel zu den konkreten Bedingungen handeln, d.h. möglichst unter Berücksichtigung der spezifischen Erwartungen und Bedürfnisse ihrer jeweiligen Schüler/innen im bestehenden situativen Rahmen. Dies beinhaltet auch die Bereitschaft, sich verstärkt auf eher unsichere Lehr-Lern-Situationen einzulassen und eine möglichst offene Kommunikation zu fördern.

Der organisationale Bezugsrahmen wird den Vertrauensprozess auf der dyadischen Ebene insofern tangieren, als dass die Entwicklung positiver Vertrauensbeziehungen wahrscheinlicher wird, je konsistenter Vertrauen auf der Ebene der Gesamtorganisation bereits etabliert ist (u.a. Schweer, Siebertz-Reckzeh & Wolking 2011). In solchen Fällen wird ein Ineinander-Greifen von bottom-up und top-down Prozessen im Zuge der Vertrauensgenese realisierbar, Interaktionsprozesse auf der Mikroebene werden in Kongruenz zu den Vorgaben der Organisationskultur erlebt, durch die Etablierung kollektiven Handelns kann höhere Verbindlichkeit für das Verhalten Einzelner resultieren.

Auf einer Makroebene spielen schließlich sozio-kulturelle, ökonomische und politische Verhältnisse eine nicht unerhebliche Rolle, deren (transsystemische) Bewertung tangiert die intraorganisational und interpersonal ablaufenden vertrauensrelevanten Prozesse. Ungeachtet der bislang hierzu noch defizitären Befundlage ist nämlich etwa eine Korrumpierung des Vertrauens auf der Ebene distaler Umwelten im Kontext von BNE denkbar. Mit Giddens (1996, S. 40 f.) lässt sich in diesem Zusammenhang von „Expertensystemen" sprechen, hierunter fallen menschliche oder nicht menschliche „Systeme technischer Leistungsfähigkeit oder professioneller Sachkenntnis, die weite Bereiche der materiellen oder gesellschaftlichen Umfelder, in denen wir heute leben, prägen". Gerade vor dem Hintergrund der hohen Komplexität und Dynamik ökologischer Herausforderungen gewinnt Vertrauen in Expertensysteme an Bedeutung, so beispielsweise dann, wenn individuelles Umwelthandeln mit Blick auf dessen Wirksamkeit bilanziert wird. Ferner ist auf der politischen Ebene zu beachten, dass verschiedenste Rahmenbedingungen (u.a. finanzielle Etats für Personalversorgung oder Fortbildung) systemimmanente Möglichkeiten und Grenzen für die Vertrauensbildung im Kontext Schule abstecken. Besonderen Stellenwert nimmt dabei der Faktor Zeit ein, diesbezügliche Restriktionen sind für die Vertrauensgenese (u.a. Schweer 2008) nicht nur im Zuge von BNE problematisch.

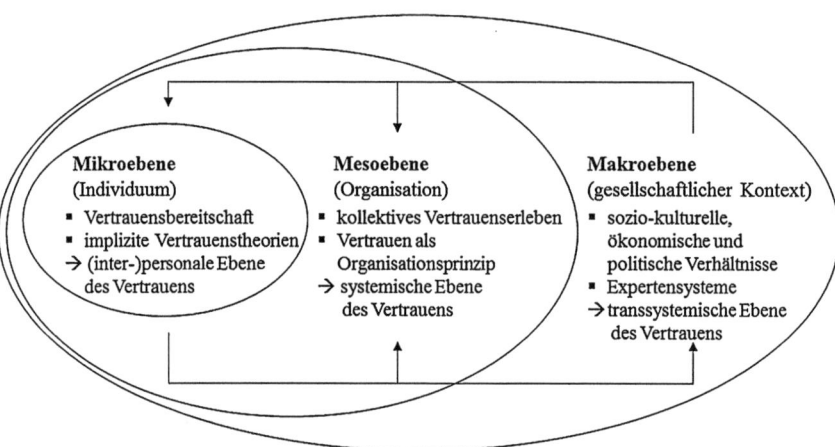

Abb. 3: Bezugsebenen vertrauensbasierter Lernsettings

Wie in Abb. 3 noch einmal zusammenfassend dargestellt, nehmen vertrauensrelevante Prozesse auf den verschiedenen Einflussebenen (Mikro-, Meso- und Makroebene) einen zentralen Stellenwert im Kontext von Bildungs- und Erziehungsmaßnahmen ein. Dies gilt selbstverständlich auch für den Erwerb von Kenntnissen und Handlungsstrategien, die Fragen der Nachhaltigkeit berühren. Insofern kann der hier erfolgte Aufriss als Anstoß für weiterführende Fragestellungen in der Forschung und zudem als Ausgangspunkt für die wissenschaftliche Begleitung von Praxisprojekten dienen - vor allem lohnenswert erscheint dabei die Betrachtung der Bedingungen und Folgen von vertrauensrelevanten Prozessen im Rahmen von BNE über Explorations-, Querschnitt- und insbesondere über Längsschnittstudien. Analog zu therapeutischen Forschungszusammenhängen ließe sich auf diese Weise etwa untersuchen, inwieweit das Erleben von Vertrauen eine notwendige oder gar hinreichende Bedingung zur Verhaltensreflexion und gegebenenfalls zur Verhaltensmodifikation im Sinne von Nachhaltigkeit darstellt (u.a. Thies 2010). Befunde zu so genannten basalen Wirkmechanismen von Psychotherapie, die bereits bei Rogers (u.a. 1957) mit Empathie, Kongruenz und Wertschätzung fokussiert wurden, sind dabei für pädagogische Kontexte anschlussfähig. Angesichts der sozialen Heterogenität von Lehr-Lern-Situationen können zudem in einer vertiefenden Perspektive die ethnischen bzw. sozio-ökonomischen Unterschiede dyadischer Konstellationen (u.a. Lehrer/in-nen-Schüler/innen-Beziehung) von Bedeutung für die Vertrauensgenese sein - stellen doch stereotypisierende Wahrnehmungen und diskriminierende Verhaltensmuster gravierende Barrieren einer positiven Ausgestaltung persönlicher Beziehungen dar (für die diesbezüglich angrenzenden Befunde aus den Forschungsbereichen zu Lehrerkognitionen und antizipatorischen Erwartungen s. Naujok, Brand & Krummheuer 2008). Dabei sind Kinder und Jugendliche aus Familien mit Migrationshintergrund eine wichtige Zielgruppe für BNE, da diese zwar über eine durchaus positive Grundhaltung zum Umweltschutz verfügen, jedoch vergleichsweise zu wenig Informationen über die entsprechenden Zusammenhänge sowie über umweltschonende Strategien besitzen (Umweltbundesamt 2010). Ferner muss bei diesen Kindern und Jugendlichen deren wichtige Funktion als potentielle Multiplikatoren/innen im (gegebenenfalls bildungsfernen) Elternhaus beachtet werden, sie können den Transfer schulischer Maßnahmen in den familiären Kontext sicherstellen. Diese Funktion erscheint gerade auch vielversprechend vor dem Hintergrund, dass Umweltfragen in den Herkunftsfamilien durchaus ein hoher Stellenwert in Bezug zum zukünftigen Wohl der eigenen Kinder beigemessen wird (Kizilocak & Sauer 2003).

Als Fazit lässt sich dementsprechend festhalten: Vertrauen in konkrete Personen ebenso wie in abstrakte (Experten-)Systeme kann als bedeutsame Voraussetzung und Folge einer (reflexiven) Auseinandersetzung des Einzelnen mit dem Thema der Nachhaltigkeit fokussiert werden. Die dabei festzustellenden Auswirkungen erlebten Vertrauens auf die Schülerpersönlichkeit (u.a. Reduktion von Ängstlichkeit, Unterstützung von Motivation, Selbstkonzept und Proaktivität) stellen bereits an sich wünschenswerte Folgen von BNE auf individueller Ebene dar. Die Befundlage spricht zudem dafür, dass diese Folgen als Vermittlungsprozesse fungieren, welche die angesprochene Diskrepanz zwischen Umweltwissen und -handeln zu überwinden helfen. Es ist daher angebracht, Vertrauenserleben als *zentrale Gelingensbedingung für BNE* künftig im Rahmen der Konzeption, Umsetzung und Evaluation weiterer Strategien deutlich stärker und expliziter zu berücksichtigen.

Literatur:
Anderson, J. R. (1999). *Learning and Memory: An Integrated Approach* (2nd Ed.). New York, NY: Wiley.
Asendorpf, J. B. (2007). *Psychologie der Persönlichkeit* (4. Aufl.). Berlin: Springer.
Bachmann, R. & Zaheer, A. (Hrsg.). (2006). *Handbook of Trust Research*. Cheltenham: Edward Elgar.
Bamberg, S. & Möser, G. (2007). Twenty years after Hines, Hungerford, and Tomera: A new meta-analysis of psycho-social determinants of pro-environmental behaviour. *Journal of Environmental Psychology, 27*, 14 - 25.
BMU [Bundesministerium für Umwelt, Naturschutz und Reaktorsicherheit] (1992). *Agenda 21. Konferenz der Vereinten Nationen für Umwelt und Entwicklung*. Rio de Janeiro, Juni 1992. Deutsche Übersetzung. Online

unter http://www.bmu.de/files/pdfs/allgemein/application/pdf/agenda 21.pdf [23.11.2011].
Brand, M. & Markowitsch, H.J. (2006). Lernen und Gedächtnis aus neurowissenschaftlicher Perspektive – Konsequenzen für die Gestaltung des Schulunterrichts. In U. Herrmann (Hrsg.), *Neurodidaktik – Grundlagen und Vorschläge für gehirngerechtes Lehren und Lernen* (S. 60 - 76). Weinheim: Beltz.
Brundtland-Kommission (1987). *Unsere gemeinsame Zukunft.* Online unter http://www.bne-portal.de/coremedia/generator/unesco/de/Downloads/ Hintergrundmaterial__international/Brundtlandbericht.pdf [23.11.2011].
Butler, J. K. & Cantrell, S. R. (1984). A Behavioral Decision Theory Approach to Modelling Dyadic Trust in Superiors and Subordinates. *Psychological Reports, 55,* 19 - 28.
Coleman, J.S. (1990). *Foundations of Social Theory.* Belknap Press of Harvard University.
Deutsch, M. (1958). Trust and suspicion. *Journal of Conflict Resolution, 2*(4), 265 - 279.
Deutsch, M. (1973). *The resolution of conflict. Constructive and destructive processes.* New Haven: Yale University Press.
Deutsche UNESCO Kommission e.V. (2011). UN-Dekade „Bildung für nachhaltige Entwicklung" 2005 - 2014. *Nationaler Aktionsplan für Deutschland.*
Diekmann, A. & P. Preisendörfer (2001) *Umweltsoziologie. Eine Einführung.* Reinbek bei Hamburg: Rowohlt.
Eder, F. (1996). *Schul- und Klassenklima: Ausprägung, Determinanten und Wirkungen des Klimas an höheren Schulen.* Innsbruck u.a.: Studien-Verlag
Ernst, A. (2008). Zwischen Risikowahrnehmung und Komplexität. Über die Schwierigkeiten und Möglichkeiten kompetenten Handelns im Umweltbereich. In I. Bormann & G. de Haan (Hrsg.), *Kompetenzen der Bildung für nachhaltige Entwicklung. Operationalisierung, Messung, Rahmenbedingungen, Befunde* (S. 45 - 59). Wiesbaden: VS Verlag.
Eye, A. von (1999). Kognitive Komplexität - Messung und Validität. *Zeitschrift für Differentielle und Diagnostische Psychologie, 20* (2), 81 - 96.
Fiedler, K. & Bless, H. (2003). Soziale Kognition. In W. Stroebe, W. Jonas & M. Hewstone (Hrsg.), *Sozialpsychologie. Eine Einführung.* Heidelberg: Spektrum.
Forsyth, D.R. (2010). *Group Dynamics* (5. Aufl.). Wadsworth: Cengage.
Frick, J. (2003). *Umweltbezogenes Wissen: Struktur, Einstellungsrelevanz und Verhaltenswirksamkeit.* Dissertation, Universität Zürich.

Frick, J., Kaiser, F. G. & Wilson, M. (2004). Environmental knowledge and conservation behavior: exploring prevalence and structure in a representative sample. *Personality and Individual differences, 37*, 1597 - 1613.
Giddens, A. (1996). *Konsequenzen der Moderne*. Frankfurt: Suhrkamp.
Godemann, J., Michelsen, G. & Stoltenberg, U. (2008), Lehrerinnen – Umwelt – Bildungsprozesse. Ergebnisse einer Studie und Konsequenzen für Lehrerbildung. In Bildungsforschung. Sozialwissenschaftlicher Fachinformationsdienst (Hrsg.), *von GESIS-IZ Sozialwissenschaften*, S. 9 - 35. Bonn
Graumann, C.F. (2002). The phenomenological approach to people-environment studies. In R. B. Bechtel & A. Churchman (Hrsg.), *Handbook of Environmental Psychology* (S. 95 - 113). New York: Wiley.
Gruber, H. (2006). Situiertes Lernen. In K.H. Arnold, U. Sandfuchs & J. Wiechmann (Hrsg.), *Handbuch Unterricht* (S. 331 - 334). Bad Heilbrunn: Klinkhardt.
Gruber, T. (2011). *Gedächtnis*. Wiesbaden: VS.
Helmke, A. (2010). *Unterrichtsqualität und Lehrerprofessionalität: Diagnose, Evaluation und Verbesserung des Unterrichts*. Seelze-Velber: Klett/Kallmeyer
Homburg, A. & Matthies, E. (1998) *Umweltpsychologie: Umweltkrise, Gesellschaft und Individuum*. Weinheim: Juventa.
Hornik, J., Cherian, J., Madansky, M. & Narayana, C. (1995). Determinants of recycling behavior: A synthesis of research results. *Journal of Socio-Economics, 24*, 105 - 127.
Immordino-Yang, M. H. & Damasio, A. (2007). We feel, therefore we learn: The relevance of affective and social neuroscience to education. *Mind, Brain, and Education, 1*(1), 3 - 10.
Jahn, T., Grießhammer, R., Hirschl, B., Hosang, M., Keil, F., Schröder, W. & Walk, H. (2009). *Climate protection demands action. Contributions made by social-ecological research*. Bonn: Bundesministerium für Bildung und Forschung.
Kaiser, F. G. &Frick, J. (2002). Entwicklung eines Messinstrumentes zur Erfassung von Umweltwissen auf der Basis des MRCML-Modells. In: *Diagnostica, 48*, S. 181 - 189.
Kizilocak, G. & Sauer, M. (2003). *Umweltbewusstsein und Umweltverhalten der türkischen Migranten in Deutschland*. Herausgegeben von UNESCO-Verbindungsstelle für Umwelterziehung. Online verfügbar unter: http://www.umweltdaten.de/publikationen/fpdf-k/k2337.pdf, [04.12.2011].
Kollmus, A. & Agyeman, J. (2002). Mind the gap: why do people act environmentally and what are the barriers to pro-environmental behavior? *Environmental Education Research, 8*, 239 - 260.
Kuckartz, U. (1998). *Umweltbewusstsein und Umweltverhalten*. Berlin.

Lantermann, E.-D. & Linneweber, V. (Hrsg.). (2008). Grundlagen, Paradigmen und Methoden der Umweltpsychologie. *Enzyklopädie der Psychologie, Band 1.*
Linneweber, V. & Kals, E. (Hrsg.). (1999). *Umweltgerechtes Handeln. Barrieren und Brücken.* Berlin: Springer.
Lewicki, R.J. & Wiethoff, C. (2000). Trust, Trust Development, and Trust Repair. In M. Deutsch & P.T. Coleman (Eds.), *The handbook of conflict resolution: Theory and practice* (pp. 86 - 107). San Francisco, CA: Jossey-Bass.
Lewin, K. (1951). *Field theory in social science: selected theoretical papers (Edited by Dorwin Cartwright).* Oxford, England: Harpers.
Luhmann, N. (2009). *Vertrauen. Ein Mechanismus der Reduktion sozialer Komplexität* (4. Aufl.). Stuttgart: UTB.
Magnusson, D. (2001). Interactionism and personality. In N. J. Smelser & P. Baltes (Eds.), *International Encyclopedia of the Social & Behavioral Sciences, Vol. 11* (pp. 7691 - 7695). Amsterdam: Elsevier.
Malka, A., Krosnick, J.A. & Langer, G. (2009). The association of knowledge with concern about global warming: trusted information sources shape public thinking. *Risk analysis, 29*(5), 633 - 647.
Mischel, W. (2004). Toward an integrative science of the person. *Annual Review of Psychology, 55,* 1 - 2.
Myers, David G. (Hrsg.) (2008). *Psychologie.* Heidelberg: Springer
Nationalkomitee der UN-Dekade „Bildung für nachhaltige Entwicklung" (Hrsg.). (2011). UN-Dekade *„Bildung für nachhaltige Entwicklung" 2005–2014. Nationaler Aktionsplan für Deutschland 2011.* Online unter http://www.bne-portal.de/coremedia/generator/unesco/de/Downloads /Dekade__Publikationen__national/Der_20Nationale_20Aktionsplan_202 011.pdf [23.11.2011].
Naujok, N., Brand, B. & Krummheuer, G. (2008). Interaktion im Unterricht. In W. Helsper & J. Böhme (Hrsg.), *Handbuch der Schulforschung* (2. Aufl., S. 779 - 799). Wiesbaden: VS.
Pekrun, R. & Schiefele, U. (1996). Emotions- und motivationspsychologische Bedingungen der Lernleistung. In F. E. Weinert (Hrsg.), *Psychologie des Lernens und der Instruktion* (S. 153 - 180). Göttingen: Hogrefe.
Rogers, C. (1957). The necessary and sufficient conditions of therapeutic personality change. *Journal of Consulting Psychology, 21*(2), 95 - 103.
Roth, G. (2003). *Fühlen, Denken, Handeln. Wie das Gehirn unser Verhalten steuert* (2. Aufl.). Frankfurt a. M.: Suhrkamp.
Rotter, J.B. (1971). Generalized expectancies for interpersonal trust. *American Psychologist, 26* (5), 443 - 452.
Rotter, J.B. (1981). Vertrauen. Das kleinere Risiko. *Psychologie Heute, 3* (8), 23 - 29.

Schultz, P. Wesley (2002). Inclusion with Nature: The psychology of human-nature relations. In: P. Schmuck & P. Wesley Schultz, *Psychology of Sustainable Development* (S. 61 - 78). Heidelberg: Springer.
Schweer, M. (1996). *Vertrauen in der pädagogischen Beziehung*. Bern: Hans Huber.
Schweer, M. & Thies, B. (2003). *Vertrauen als Organisationsprinzip: Perspektiven für komplexe soziale Systeme*. Bern: Huber.
Schweer, M. (2008). Vertrauen im Klassenzimmer. In M. Schweer (Hrsg.), *Lehrer-Schüler-Interaktion. Pädagogisch-psychologische Aspekte des Lehrens und Lernens in der Schule* (2., völlig überarbeitete Aufl., S. 547 - 565). Wiesbaden: VS.
Schweer, M. (Hrsg.) (2010). *Vertrauensforschung 2010: a state of the art*. Frankfurt am Main: Lang.
Schweer, M. (2011). Vertrauen im Kontext sozialer Risikodynamiken. *Erwägen Wissen Ethik, 22*(2), 305 - 307.
Schweer, M. & Siebertz-Reckzeh, K. (2013). Transsystemic Trust – a Social Level of View from the Perspective of Differential Psychology. In G. Becke (Ed.). *Mindful Change in Times of Permanent Reorganization - Organizational and Institutional Perspectives*. Springer: Heidelberg et al.
Schweer, M., Siebertz-Reckzeh, K. & Wolking, M. (2011). Vertrauens-Managementsysteme – Expansion auf dem Boden von Vertrauen. *Praeview, 4*, 6 - 7.
Stoltenberg, U. (2008). *Bildungspläne im Elementarbereich: Ein Beitrag zur Bildung für nachhaltige Entwicklung? Eine Untersuchung im Rahmen der UN-Dekade"Bildung für nachhaltige Entwicklung"*. DUK.
Thies, B. (2002). *Vertrauen zwischen Lehrern und Schülern*. Münster: Waxmann.
Thies, B. (2010). Vertrauen und Psychotherapie. In Schweer, M. (Hrsg.), *Vertrauensforschung – a state of the art* (S. 207 - 229). Hamburg: Peter Lang.
Umweltbundesamt (2010). *Umweltbewusstsein und nachhaltiger Konsum. Umweltbewusstsein türkischstämmiger Migranten*. Online verfügbar unter http://www.umweltbundesamt.de/umweltbewusstsein/umweltbewusstsein.htm, [02.12.2011].
UNESCO (2004). United Nations Decade of Education for Sustainable Development. *Draft Implementation Scheme*, Online unter: http://portal.unesco.org/education/en/ [23.11.2011].
Yamagishi, T. (2011). *Trust. The Evolutionary Game of Mind and Society*. Tokyo: Springer.

Förderung systemischen Denkens als Aufgabe einer Bildung für nachhaltige Entwicklung (BNE)

Werner Rieß, Christian Hörsch & Teresa Jakob

Abstract

In the following chapter substantial reasons for the development and verbalization of the mission statement of a sustainable development and the education for sustainable development will be discussed. It will be argued that the demand for sustainable development is mainly rooted in the scientific evaluation of ecological developments. To a large degree, these problematic developments are anthropogenic. Today human behavior is interfering with complex natural systems in an unprecedented way. This has threatening consequences for the lives of human beings and other life-forms. Sustainable development aims to counteract this trend. An understanding of both causative systems (e.g. human beings and social systems) and affected systems (e.g. biological communities, ecological systems and the biosphere) and their interrelations will be essential for a success in this regard. This requires the ability to think in systems, "systemic thinking". This chapter addresses the question of how systemic thinking can be effectively promoted in school lessons. It also outlines the pedagogical content knowledge that teachers will need in order to promote systemic thinking.

Einleitung

Mitte der 80er-Jahre wurde von den Vereinten Nationen eine Weltkommission für Umwelt und Entwicklung (Brundtlandtkommission) eingesetzt. In deren 1987 erschienenem Abschlussbericht „Our Common Future" wurde die Leitidee „Nachhaltige Entwicklung" entfaltet und anschließend zunächst vor allem in Expertenkreisen diskutiert. In diesem Bericht definiert man nachhaltige Entwicklung als eine Entwicklung, „die die Bedürfnisse der Gegenwart befriedigt, ohne zu riskieren, dass künftige Generationen ihre eigenen Bedürfnisse nicht befriedigen können" (Hauff 1987, S. 46). Die United Nations Conference for Environment and Development in Rio de Janeiro (1992), kurz „Erdgipfel" genannt, war dann der eigentliche Startschuss für die weltweite Verbreitung der Leitidee nachhaltige Entwicklung. Das am häufigsten zitierte Dokument der Rio-Konferenz ist die Agenda 21. Mit ihm wurden den beteiligten Staaten detaillierte Handlungsaufträge gegeben um eine nachhaltige Entwicklung auf den Weg zu bringen. Die Verfasser der Agenda waren der Überzeugung, dass Menschen zunächst einmal für die Idee einer nachhaltigen Entwicklung aufzuschließen und zur Gestaltung einer nachhaltigen Entwicklung zu befähigen sind. In Kapitel 36 der Agenda ist deshalb zu lesen: "Bildung ist eine unerläßliche Voraussetzung für die Förderung einer nachhaltigen Entwicklung ... " (BMU, o.J.). Mit anderen Worten: Ohne Bildung ist die Idee einer nachhaltigen Entwicklung nicht oder nur schwer zu verwirklichen.

Man kann sich die Frage stellen, warum man die Idee einer nachhaltigen Entwicklung ins Spiel gebracht hat, wo es doch schon ein über Jahrzehnte bewährtes Programm „Umweltschutz - Umweltpolitik" gab? Weshalb nun eine BNE? Waren die bis dato entwickelten Konzepte einer Umweltbildung nicht mehr ausreichend?

Der zentrale Grund für diesen Fortschritt ist darin zu sehen, dass mehr und mehr Wissenschaftler/-innen auf Entwicklungen und Bedrohungen aufmerksam machten, die eine völlig neue Qualität haben und denen man nicht angemessen mit den „alten Antworten" begegnen kann. Als zentrale bedrohliche Entwicklungen wurden und werden zumeist die explosive Bevölkerungsentwicklung, die Gefährdung globaler Stoffkreisläufe, die Biodiversitätskrise und die Übernutzung der Umwelt angeführt. Von großer Bedeutung bei der Diskussion dieser bedrohlichen Entwicklungen ist die Einsicht, dass bei der Bearbeitung dieser und anderer globaler Umweltprobleme, eine alleinige Betrachtung ökologischer Gesichtspunkte unzureichend und eine Einbeziehung von ökonomischen und soziokulturellen Aspekten für die Lösung von Umweltproblemen zwingend notwendig ist. Diese zusätzlichen Dimensionen waren bis dahin sowohl im Umweltschutz als auch in der Umweltbildung eher weniger beachtet worden. Ein weiterer wichtiger Gesichtspunkt in der Diskussion und Bearbeitung der genannten problematischen Entwicklungen ist die Feststellung, dass sie alle vor allem durch den Menschen verursacht sind und zwar durch Eingriffe in hochkomplexe natürliche Systeme. Häufig erfolgt dabei das Handeln der Menschen in den Systemen ohne Kenntnis und Berücksichtigung der zumeist langfristigen Folgen und Nebenfolgen, die aus diesem Handeln erwachsen. Nun ist es aber so, dass die Forderung einer nachhaltigen Entwicklung nicht unumstritten ist. Von Kritikern wird unter anderem vorgebracht, dass

a) es seit der industriellen Revolution augenscheinlich jeder Generation besser ging als der vorherigen. Zur Illustration kann auf die immer schnelleren und sicheren Fortbewegungsmittel, das immer reichhaltigere Essen, die zunehmend abwechslungsreicheren und vielfältigeren Freizeitangebote und die sich ständig verbessernde medizinische Versorgung hingewiesen werden.
b) sich die Prognose eines drohenden Zusammenbruchs der Natur und damit die existentielle Gefährdung des Lebens auf der Erde insgesamt nicht wissenschaftlich nachweisen lässt. Im wissenschaftlichen Kontext gilt eine Hypothese oder Prognose als bewiesen oder bewährt, wenn ein Experiment eine Hypothese/Prognose bestätigt (zumindest nicht falsifiziert) ist. Da uns nicht mehrere Erden zur Verfügung stehen und wir keine Experimente durchführen können (beispielsweise bei einer Erde den CO_2-Gehalt erhöhen, bei einer

zweiten Erde den Gehalt konstant halten und schauen wie sich das Klima auf beiden Planeten entwickelt) muss unser Wissen als unsicher gelten (vgl. Hsü 2000)
c) die sich seit Jahrzehnten gebetsmühlenartig wiederholenden Untergangsprophezeiungen sich bisher als nicht richtig erwiesen haben. Schon als Kind in den 70er Jahren bekamen die Autoren der Autor immer wieder die Behauptung zu hören, das Erdöl ginge bis zum Jahre 2000 zu Ende und die Umwelt wäre dann so verschmutzt, dass man sich kaum mehr draußen bewegen könnte. Beide „Prophezeiungen" haben sich offensichtlich nicht erfüllt.
d) trotz des Bevölkerungswachstums die individuelle Lebenserwartung weltweit steigt; auch in den Entwicklungsländern.

Und nun zu Einschätzungen der Mehrheit der heute lebenden Wissenschaftlern/-innen. Sie sehen die Menschen mit vier neuartigen Bedrohungen konfrontiert, die das Überleben vieler Menschen gefährden, zumindest aber das Leben vieler Menschen stark beeinträchtigen können:

1. Die explosive Bevölkerungsentwicklung mit daraus resultiere der hoher Siedlungsdichte

Die menschliche Bevölkerung hat heute schon die 7-Milliardengrenze überschritten. Die Vereinten Nationen rechnen mit über 9 Milliarden Menschen im Jahre 2050. Das Wachstum der menschlichen Population gleicht dem exponentiellen Wachstumsmodell. Viele Menschen können sich jedoch ein exponentielles Wachstum und die daraus resultierenden Folgen in natürlichen Systemen ohne eine entsprechende Veranschaulichung nur schwer vorstellen. In Abbildung 1 wird das enorme Populationswachstum „sichtbar gemacht" und die Frage nach möglichen Folgen drängt sich geradezu auf.

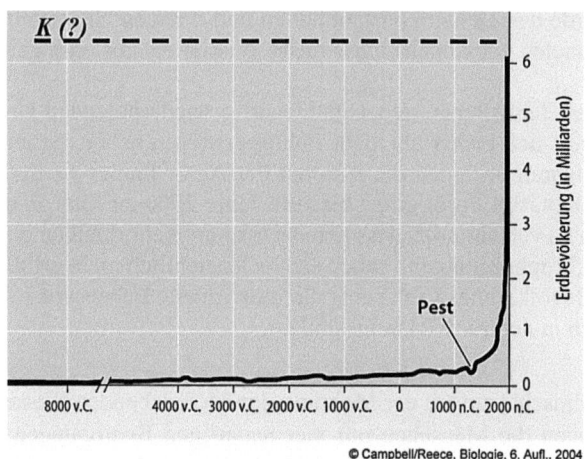

Abb. 1: Die Entwicklung der menschlichen Population (aus: Campbell & Reece 2004; verändert)

Das exponentielle Wachstum geht allerdings von unbeschränkten Ressourcen aus. Solche Bedingungen finden sich aber in der realen Welt nicht. Daher kann keine Population unbegrenzt exponentiell wachsen. Mit steigender Populationsgröße verringern sich nämlich beispielsweise die Möglichkeiten für die Einzelorganismen Nährstoffe für Stoffwechsel, Wachstum und Reproduktion in ausreichenden Mengen zu erhalten. Damit ist die Anzahl der Individuen einer Art begrenzt, die ein bestimmtes Habitat (Lebensraum) bewohnen können. Das trifft auch für die menschliche Population zu. Ökologen haben zur Beschreibung dieser Grenze ein Maß eingeführt: Die Umweltkapazität K. Mit ihr wird die maximale Populationsgröße bezeichnet, die ein gegebener Lebensraum unterhalten kann. Warum hat aber die menschliche Population diese Grenze noch nicht erreicht, wann werden wir sie erreichen? Das Geheimnis ist: die Menschen haben sie immer wieder erreicht, dann aber aktiv erweitert. Das veranschaulicht die folgende Tabelle: (Renn 1996, S. 86; leicht verändert)

Tab. 1: Maximale Umweltkapazität für den Menschen bei unterschiedlicher Produktionsweise (Quelle: Renn 1996, S. 86; leicht verändert.):

Produktionsbedingungen	Umweltkapazität pro Quadratkilometer
Jäger und Sammler	0,0007 bis 0,6
Hirtenvölker	0,9 – 1,6
Frühe Agrikultur	2,0 – 100
Technisch verbesserte Agrikultur	8,0 – 120
Frühindustrialisierung	90 – 145
Moderne Industriegesellschaft	140 – 300
Postindustrielle Gesellschaft	?

Der Beginn der Viehzucht, vor allem aber der Anbau von Kulturpflanzen hat die Umweltkapazität enorm erweitert. Heute stellt sich die Frage, ob wir die Grenzen der Umweltkapazität nun definitiv erreicht oder gar überschritten haben, oder ob sie sich noch einmal erweitern lässt? Vielleicht mit der Gentechnik und anderen biotechnologischen Verfahren? Gesicherte Erkenntnisse liegen uns in diesen Bereichen noch nicht vor, entsprechende Prognosen sind sehr widersprüchlich und noch mit großer Unsicherheit behaftet. Als gesichert gilt die Erkenntnis, dass eine Steigerung der Nahrungsproduktion mit einem erhöhten Wasserverbrauch einhergeht. Wasser aber ist inzwischen zu einem äußerst knappen Gut geworden (Hsü 2000).

2. Erstmalige Gefährdung globaler Stoffkreisläufe

Zum ersten Mal in der Menschheitsgeschichte beeinflussen wir die globalen biogeochemischen Kreisläufe der Erde, greifen also aktiv in hochkomplexe Systeme ein, die wir nur in Teilen verstanden haben und deren Wirkungsweise die Wissenschaftler/-innen unter anderem mit Hilfe aufwändiger Computersimulationen nach und nach zu entschlüsseln versuchen. Fest steht, dass wir durch die Freisetzung von klimawirksamen Gasen (u.a. CO_2, Methan, Distickstoffoxid (N_2O), die chemische Zusammensetzung der Atmosphäre und damit auch das Klima (IPCC 2007) verändern. Als unmittelbare Folgen der Beeinflussung der globalen Stoffkreisläufe werden unter anderem erwartet (vgl. IPCC 2007):

- eine Steigerung der durchschnittlichen globalen Oberflächentemperatur
- ein Anstieg der durchschnittlichen Höhe des Meeresspiegels weltweit
- schrumpfende Gletscher in den Alpen, Auftauen von Permafrostböden.

Die sich daraus ergebenden mittelbaren Folgen werden sein:

- ein Rückgang möglicher Ernteerträge (v.a. Tropen und Subtropen) und Viehzuchtverluste, zunehmender Wassermangel in wasserarmen Regionen
- eine steigende Anzahl von Krankheiten, die durch Vektoren (z.B. Malaria) und von Wasser (z.B. Cholera) übertragen werden
- Hitzeperioden und daraus resultierender Hitzestress
- eine Zunahme von Waldbränden
- in bestimmten Gebieten ansteigende Schäden durch Überflutungen, Erd- und Schlammrutschen und Lawinen
- ansteigender Druck auf Regierungen, private Versicherungssysteme und Katastrophenhilfe.

Alle diese Folgen vergrößern menschliches Elend und führen auch zu einer steigenden Häufigkeit von Todesfällen (vor allem bei älteren Menschen und ärmeren Bevölkerungsschichten). Auch pflanzliches und tierisches Leben wird leiden und gefährdet sein. Um diesen negativen Entwicklungen wirkungsvoll begegnen zu können bedarf es, neben der grundsätzlichen Bereitschaft zu einem umweltverträglichen Verhalten, auch eines Verständnisses der Funktion und Wirkungsweise der betroffenen Systeme.

3. Dramatischer Verlust der Biodiversität (biologische Vielfalt)

In vorsichtigen Schätzungen geht man davon aus, dass augenblicklich etwa 130 Arten pro Tag aussterben (WBGU 2000 ; CBD 2008, 2010). Der gegenwärtig zu erlebende Zusammenbruch der biologischen Vielfalt könnte den letzten Zusammenbruch, bei welchem die Saurier vor 65 Mio. Jahren ausstarben, noch übertreffen.

Die möglichen Folgen sind:

- der Verlust der Tier- und Pflanzenarten
- der Verlust ihrer genetischen und physiologischen Baupläne
- der Verlust an Ökosystemvielfalt. Dabei ist zu bedenken, dass Ökosysteme Leistungen erbringen, die auch für den Menschen von enormer Bedeutung sind, zum Beispiel die Reinigung von Wasser und Luft, die Schaffung und Erhaltung fruchtbarer Böden, die Abschwächung von Dürren und Überflutungen und der Schutz vor Erosion

Mit dem Verlust an biologischer Vielfalt riskieren wir letztendlich auch

a) eine Schwächung der ökologischen Leistungsfähigkeit des „Systems Erde" und
b) eine Gefährdung der Welternährung.

Zudem verspielen wir wichtige Chancen für die Weiterentwicklung von Forschung und Technologie.

4. Übernutzung der Umwelt als Rohstofflager und Senke

Der Mensch gebraucht Bestandteile der Natur (Rohstoffe) als Material für Herstellungsprozesse von Gütern und Dienstleistungen. In diesem Zusammenhang spricht man von der Quellenfunktion der Natur. Berechnungen legen nahe, dass die menschliche Population bereits bis zu 40 % der verfügbaren Nettoprimärproduktion (NPP) der Erde beansprucht (vgl. Vitousek et al. 1986, S. 368 ff). Was versteht man unter diesem Begriff? Unter Nettoprimärproduktion rechnet man die Gesamtmenge der von den Pflanzen gebildeten organischen Verbindungen (das was nachwächst), die von den Pflanzen selbst nicht verbraucht wird und den heterotrophen Organismen zur Verfügung steht. Man kann sich nun die Frage stellen, ob diese hohe Beanspruchung der Nettoprimärproduktion durch den Menschen noch gesteigert werden kann und darf und welche Folgen daraus vor allem für das tierische Leben auf der Erde erwachsen. Eine Verschärfung der Biodiversitätskrise gilt als sehr wahrscheinlich. Des Weiteren ist in Folge der wachsenden Weltbevölkerung und der fortschreitenden Industrialisierung eine dramatische Verknappung des trinkbaren Süßwassers zu verzeichnen. Nach Angaben des UN-Umweltprogramms hat sich der weltweite Wasserverbrauch im Verlauf des 20. Jahrhunderts versechsfacht (UNEP 2008, 2009). Die hieraus

resultierenden Probleme und Konflikte wurden zwar erkannt, übergreifende Lösungen konnten aber (noch?) nicht gefunden werden.
Als zweite Funktion der Natur für den Menschen wird zumeist die Senkenfunktion genannt. Wir Menschen nutzen die natürliche Umwelt als Auffangbecken für die unterschiedlichsten Abfälle (z.b. Abwässer, Abgase, Haus- und Sondermüll). Hierzu gehören auch eine zunehmende Zahl an neuartigen chemischen Verbindungen, die in die Luft, den Boden oder das Wasser entlassen werden sowie eine wachsende Menge toxischer Abfallstoffe. Welche Folgen daraus für die betroffenen natürlichen Systeme und dadurch auch für den Menschen erwachsen, ist in vielen Fällen nicht geklärt.

Was ist zu tun? Förderung einer nachhaltigen Entwicklung und Ziele einer Bildung für nachhaltigen Entwicklung (BNE)

Folgende fünf Strategien wurden schon sehr bald zur Förderung einer nachhaltigen Entwicklung empfohlen und gelten auch heute als weitgehend unumstritten:

- Die Effizienzstrategie: Hierzu rechnet man Bemühungen, die auf eine Steigerung des Input-Output-Verhältnisses beim Ressourceneinsatz abzielen. Beispiel Auto: Konnte man bisher mit einem Liter Benzin 10 Kilometer fahren gilt es nun Autos zu konstruieren, mit denen man mit einem Liter Benzin 20 oder gar 50 Kilometer fahren kann.
- Die Konsistenzstrategie: Die Schließung von Stoffkreisläufen (z. B. durch Nutzung nachwachsender Rohstoffe, Recycling) wird als Konsistenz bezeichnet.
- Die Permanenzstrategie: Der Begriff Permanenz meint eine Erhöhung der Dauerhaftigkeit von Produkten und Materialien (z.B. Kleidung, Möbel).
- Die Resilienzstrategie: Nur solche menschliche Aktivitäten können als nachhaltig bezeichnet werden, welche die Resilienz (Fähigkeit von Ökosystemen, sich rasch von Störungen zu erholen) lebensbedeutsamer Ökosysteme nicht gefährden.
- Die Suffizienzstrategie: Mit dem Begriff Suffizienz zielt man auf einen Wandel der Einstellungen, der Konsum- und Verhaltensmuster in Richtung ressourcensparendes, umweltschonendes, umfassender: nachhaltiges Handeln.

Gleichzeitig hat man aber auch relativ schnell erkannt, dass diese und vergleichbare Strategien von Menschen tatsächlich realisiert werden müssen, wenn eine nachhaltige Entwicklung Wirklichkeit werden soll. Im Vorfeld hierzu gilt es daher Menschen über Bildung zu befähigen, eine nachhaltige Entwicklung zu realisieren. Was aber sind konkrete Ziele einer entsprechenden Bildung für nachhaltige Entwicklung? Zurückgegriffen werden kann hier auf eine aktuelle Zielformulierung, die im Rahmen der von der UNESCO 2004 ausgerufenen Dekade „Bildung für nachhaltige Entwicklung" formuliert wurde und auch auf internationaler Ebene als anerkannt gilt. Die globale Vision der Weltdekade „BNE" und damit aller BNE ist es, „allen Menschen Bildungschancen zu eröffnen, die es ermöglichen, sich Wissen und Werte anzueignen sowie Verhaltensweisen und Lebensstile zu erlernen, die für eine lebenswerte Zukunft und eine positive gesellschaftliche Veränderung erforderlich sind" (DUK 2008).

Es liegt in der Natur entsprechender übergeordneter Zielformulierungen, dass sie weitere Fragen aufwerfen. So ist beispielsweise zu klären, welches Wissen, welche Werte anzueignen und deshalb von den in der Bildung Tätigen (z. B. den Lehrkräften) zu vermitteln sind und welche Verhaltensweisen und Lebensstile beispielsweise den Schüler/-innen nahegebracht werden sollen? Die von Praktikern und Wissenschaftlern vorgeschlagenen und als notwendig erachteten Wissenselemente, Fähigkeiten und Kompetenzen sind Legion (Riess 2010). In unserer Forscher- und Arbeitsgruppe empfehlen wir unter anderem die Förderung der Fähigkeit zum systemischen Denken. Hinter dieser Empfehlung steht letztendlich die Annahme, dass Personen sich nur dann an einer umweltgerechten beziehungsweise nachhaltigen Entwicklung beteiligen können, wenn sie komplexe und globale Zusammenhänge erkennen und verstehen können. So erst werden sie in die Lage versetzt, in die Entwicklung komplexer Systeme einzugreifen, um sie im Sinne einer nachhaltigen Entwicklung beeinflussen zu können. Die Empfehlung systemisches Denken zu fördern ist nicht ganz neu; schon in der Umweltbildung kann man vergleichbare Zielformulierungen finden (Bolscho & Seybold 1996 ; Kyburz-Graber 1976, 1997). Nun wird dieses Ziel aber mit noch mehr Nachdruck empfohlen (z.B. Rost et al. 2003; Frischknecht-Tobler et al. 2008).

Die systemtheoretische Betrachtungsweise

Grundsätzlich kann man sagen, dass in der Biologie eine systemtheoretische Betrachtung des Gegenstandsbereichs als bewährt und allgemein anerkannt gilt (Townsend et al. 2008; zu den Anfängen der systemtheoretischen Betrachtung vgl. Bertalanffy 1968). Lebewesen können als äußerst komplizierte Systeme verstanden werden; und auch Lebewesen sind selbst wieder nur Teile noch größerer und noch komplexerer Systeme, von Populationen, Ökosystemen, letztendlich der gesamten Biosphäre. Dabei wird mit dem Begriff System ganz grundsätzlich ein Komplex bezeichnet, dessen Komponenten (= Elemente) miteinander kommunizieren, das heißt in steter Wechselwirkung stehen. Ein System hat durch die Beziehung seiner Einzelteile eine besondere Ordnung oder

Struktur und besondere Eigenschaften. Beispielsweise sind lebende Systeme autopoetisch, besitzen dissipative Strukturen und zeigen emergente Eigenschaften (vgl. Schaeffer 2003). Die Komplexität von Systemen beruht dabei nicht nur auf der großen Zahl der Bausteine, sondern auf den starken und vielgestaltigen Wechselwirkungen zwischen den verschiedenen Bausteinen und ihrer strukturellen und funktionellen Integration in immer größere Gesamtsysteme. Aufgrund der vielen Einflussgrößen und Wechselwirkungen, der meist hohen Nichtlinearität sowie der meist vorhandenen sehr starken Abhängigkeit von Anfangs- oder Randbedingungen sind komplexe Systeme zumeist nicht exakt berechenbar und zeigen oft stochastische Züge (vgl. Schurz 2006). Hieraus resultieren eine zunehmende Einzigartigkeit von Systemen und die Beobachtung, dass komplexe Systeme sich trotz gleicher äußerer Bedingungen unterschiedlich verhalten können. Folglich führt die Untersuchung komplexer Systeme meist zu einer großen Zahl von Regeln, selten jedoch zur Bestimmung strenger Gesetzmäßigkeiten. Die Erforschung entsprechender Phänomene und Eigenschaften komplexer lebender Systeme wird mittlerweile in vielen Teildisziplinen der Biologie geleistet. In den anderen Naturwissenschaften und den Ingenieurwissenschaften untersucht man nichtlebende komplexe Systeme, in den Sozialwissenschaften soziale beziehungsweise gesellschaftliche Systeme. Grundlegend für die sich durchaus deutlich unterscheidenden Systemtheorien aus den verschiedenen Domänen ist die Annahme genereller Prinzipien, die es gestatten, verschiedene komplexe Wirklichkeitsbereiche als Systeme begreifen und modellieren zu können (zu den generellen Prinzipien vgl. u.a. Bertalanffy 1968; Bossel 1992, 2004; zur Verwendung von Systemtheorien in den Ingenieurwissenschaften vgl. Ropohl 1975 und in den Sozialwissenschaften vgl. Egner et al. 2008).

Welche Folgerungen können aus diesen Überlegungen und Erkenntnissen für das konkrete persönliche, politische, wirtschaftsbezogene usw. Handeln im Alltag von Personen erwachsen? Im alltäglichen Umgang mit komplexen und lebenden Systemen sieht sich der Mensch mit ganz unterschiedlichen Herausforderungen konfrontiert. Mit der Tabelle 2 sollen die aus einer zunehmenden Komplexität resultierenden Konsequenzen für menschliches Denken über, und menschliches Handeln in Systemen verdeutlicht werden. In Nicht-Systemen finden sich einfache Wirkungszusammenhänge, die grundsätzlich mit dem Alltagsverstand erfassbar sind und für die einfache Technologien entwickelt worden sind (wenn ich einen Baum hochklettern möchte, hole ich mir eine Leiter). Auf der Ebene einfacher Systeme ist ein Alltagsverständnis oft nicht mehr ausreichend. Die Anzahl der Systemelemente und Wechselwirkungen kann zwar grundsätzlich bestimmt werden, ist aber so hoch, dass Eigenschaften und Reaktionsweisen des Systems nicht mehr intuitiv erfasst werden können. Eine erfolgreiche Steuerung gelingt nur, wenn das System zuvor analysiert und verstanden wurde (ein Computer ist ein solch einfaches System, das sich dem Alltagsverstand nicht ohne weiteres völlig erschließt). Hochkomplexe Systeme, wie zum

Beispiel Ökosysteme, das Finanzsystem, globale Stoffkreisläufe oder das Klima haben einen Komplexitätsgrad erreicht, der von uns Menschen im Detail nicht mehr erfassbar, analysierbar und berechenbar ist. Wir können solche hochkomplexen Systeme zwar beeinflussen und nutzen, und dies geschieht ja gegenwärtig in starkem Maße, wir können sie aber nicht nach unseren Wünschen beliebig steuern.

Tab. 2: Folgen zunehmender Komplexität für das menschliche Denken

hochkomplexe Systeme; nicht steuer- aber beeinflussbar	unüberschaubar viele Systemelemente und Wechselbeziehungen (Komplexität, Vernetztheit, Intransparenz); stochastische Züge, Emergenz	Systemdenken orientiert sich an Regeln statt an Gesetzmäßigkeiten, "weiche" Technologien
einfache Systeme; steuerbar	Anzahl der Systemelemente und der Wechselwirkungen noch erfassbar	einfaches Systemdenken; komplexe Technologien
Nicht-System; steuerbar	monokausale Beziehungen, einfache Ursache-Wirkungszusammenhänge	alltägliches Denken ausreichend, einfache Technologien

(zunehmende Komplexität)

Mit der eingangs dargestellten Idee einer nachhaltigen Entwicklung hat sich nun die Weltgemeinschaft einer Leitidee verpflichtet, für deren Verwirklichung das Verständnis einer enorm hohen Komplexität grundlegend ist. Zur Förderung einer nachhaltigen Entwicklung bedarf es mehr als der Erforschung und des Verständnisses der Wechselwirkungen in ökologischen Systemen. Auch die soziokulturelle und die ökonomische Dimension einer nachhaltigen Entwicklung müssen als zwei weitere, in sich hochkomplexe Wirklichkeitsbereiche bei individuellen und gesellschaftlichen Entscheidungsprozessen mitberücksichtigt werden (vgl. Riess 2002, 2010). Dass es zwischen diesen drei Dimensionen selbst noch einmal vielfältige und für den Einzelnen kaum mehr durchschaubaren Wechselbeziehungen gibt, ist offensichtlich (vgl. Manderson 2006) und wird im folgenden Schaubild gezeigt (Abb. 2).

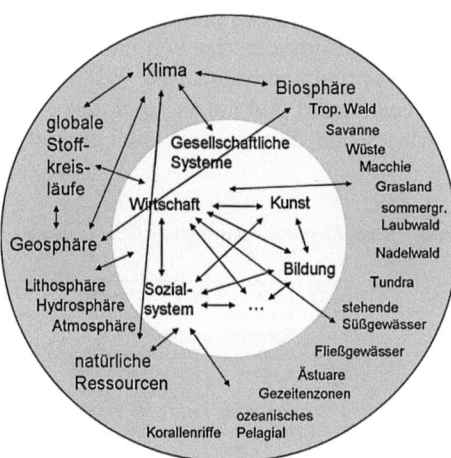

Abb. 2: Vom Menschen geschaffene Systeme sind eingebettet in natürliche Systeme

Eine Gesellschaft besteht als System aus vielen Subsystemen (Wirtschaft, …). Diese Subsysteme stehen untereinander in vielfältigen Wechselbeziehungen. Alle diese Systeme sind vom Menschen geschaffen. Die menschliche Gesellschaft ist eingebettet in die natürliche Umwelt, welche selbst eine systemische Verfasstheit aufweist, also als ein hochkomplexes System betrachtet werden kann. Viele Elemente der Umwelt und der zwischen ihnen existierenden Wechselwirkungen sind noch unerforscht. Aufgeführt sind: Die Geosphäre oder Erdhülle mit Erde, Wasser und Luft bilden den Lebensraum für alles Leben. Der gesamte von Organismen bewohnte Teil der Erde wird als Biosphäre bezeichnet. Sie setzt sich aus vielen verschiedenen Ökosystemen zusammen. Die großen Ökosysteme werden als Biome bezeichnet (zum Beispiel Wüste, Macchie, Grasland, sommergrüner Laubwald). Zwischen den Elementen der Umwelt bestehen vielfältige Wechselbeziehungen. Gleichzeitig gilt, dass die Gesellschaft auf Vor- und Nachleistungen der natürlichen Umwelt angewiesen ist. Schon immer hat der Mensch der Umwelt Ressourcen entnommen und die natürliche Umwelt als Senke genutzt. Neu ist, und darauf sollen die roten Pfeile aufmerksam machen, dass dies in jüngster Zeit auf eine, in quantitativer und qualitativer Hinsicht, neue Art und Weise geschieht. Daraus erwachsen die eingangs geschilderten Bedrohungen, die Gefährdung der Biodiversität, die Beeinflussung globaler Stoffkreisläufe (bspw. des Klimas) und so weiter. Es ist offensichtlich, dass die

Folgen menschlichen Handelns in vom Menschen geschaffene Systemen (= Humansysteme) auf natürliche Systeme und deren Rückwirkungen auf die Humansysteme ohne grundlegende systemtheoretische Kenntnisse nicht ausreichend erfasst und die Suche nach geeigneten Antworten und Technologien zur Reduktion der geschilderten Bedrohungen ohne systemisches Denken kaum zielführend sein kann. Ohne die Fähigkeit in Systemen denken zu können wird eine Realisierung einer nachhaltigen Entwicklung kaum gelingen.

Was ist systemisches Denken?

Systemisches Denken unterscheidet sich grundsätzlich von nichtsystemischem Denken darin, dass die oben genannten generellen Prinzipien von Systemen (z. B. hohe Nichtlinearität, emergente Eigenschaften, Intransparenz, chaotisches Verhalten, Unberechenbarkeit, große Zahl an Neben- und Fernwirkungen, Vernetztheit, …) bei der kognitiven Analyse und Repräsentation einbezogen und angewandt werden. In der Literatur findet man eine größere Zahl von Begriffen, die teilweise synonym für systemisches Denken gebraucht werden oder doch zumindest eine mehr oder weniger starke Übereinstimmung in ihrer Bedeutung aufweisen. Genannt werden können beispielsweise „systemorientiertes Denken", „ökologisches Denken", „komplexes Problemlösen", „vernetztes Denken". In unserer Arbeitsgruppe verstehen wir unter systemischem Denken die Fähigkeit, Wirklichkeitsbereiche als Systeme erkennen, beschreiben und möglichst auch modellieren zu können (Mischo & Riess 2008). Dazu gehören unter anderem die 3 Teilfähigkeiten:

- Systemelemente und Wechselbeziehungen bestimmen zu können
- zeitliche Dimensionen (Dynamiken) erfassen zu können und
- die Fähigkeit auf der Basis der Modellierung Erklärungen geben, Prognosen treffen und weiche Technologien entwerfen zu können. Kennzeichnend für weiche Technologien ist eine herantastende Vorgehensweise beim Eingreifen in Systeme, um diese nicht irreversibel zu schädigen oder zu zerstören.

Lässt sich das systemische Denken von Schüler/-innen fördern?

Im schulischen Umfeld hat man sich dem systemischen Denken erstmals in der Physikdidaktik (Schecker 1993), der Geographiedidaktik (Leutner & Schrettenbrunner 1989) und der Pädagogischen Psychologie (Klieme & Maichle 1991, 1994) angenommen. In ihrer Hauptstudie (1994) untersuchten beispielsweise

Klieme und Maichle bei 238 Schülern der Jahrgangsstufen 9 und 10 verschiedene Teilaspekte des systemischen Denkens (definiert als „Fähigkeit zur Erfassung komplexer Zusammenhänge") und Möglichkeiten einer unterrichtlichen Förderung. Ergebnisse der Untersuchung waren unter anderen, dass mit Hilfe eines Unterrichts Schüler dieser Altersstufe in den zentralen Indikatoren des Systemdenkens gefördert werden können, und dass „systemisches Denken kein isolierbarer und mit einem einzigen Wert zu kennzeichnender Kompetenzbereich ist, sondern viel eher ein Fähigkeitsbündel..." (Klieme & Maichle 1994, 62). Ossimitz (2000) entwickelte im Rahmen der Mathematikdidaktik zunächst ein Messinstrument, mit Hilfe dessen die Entwicklung systemischen Denkens erfasst werden sollte. In einer Studie mit 122 Schülern der Sekundarstufe II wurden dann die Effekte einer ca. 20-stündigen Unterrichtseinheit zur Systemdynamik erfasst. Allerdings blieb die konkrete Gestaltung des Unterrichts den jeweiligen Lehrkräften überlassen. Die Ergebnisse waren in Folge dessen eher ernüchternd. Zwar konnte „generell eine erfreuliche Entwicklung der Leistungsparameter festgestellt werden", gleichwohl stellte sich einzig für die Variable der Lehrperson ein hochsignifikanter erklärender Effekt für die Leistungsentwicklung heraus (Ossimitz 2000, S. 238f). In Anlehnung an die Arbeiten von Ossimitz konnte Maierhofer (2001) zeigen, dass der Einsatz von Computersimulationen in der 12. Jahrgangsstufe das systemische Denken von Schülern- innen fördern kann. Bei Schülern/-innen der achten Klassenstufe ergab sich in einer Studie von Bollmann-Zuberbühler (2005) ein Effekt eines speziell auf das systemische Denken ausgerichteten Unterrichts (mit den Inhalten Wirkungsdiagramme, Rückkoppelungen, Kreisläufe, lineares und nichtlineares Wachstum usw.). Positive Effekte eines Lernprogramms zum Thema Umwelt hinsichtlich des systemischen Denkens zeigten sich in einer Studie von Assaraf und Orion (2005) bei israelischen Schülern der gleichen Klassenstufe. Eine Wirkungsstudie von Sommer (2005) untersuchte den Effekt einer circa 10-stündigen Unterrichtseinheit zum Thema Weißstorch mit einem dazugehörigen Computerlernspiel (keine Simulation!) bei Schülern der dritten und vierten Jahrgangsstufe. Durch den Unterricht konnte die Fähigkeit der Schüler/-innen im Bereich Systemorganisation (Fähigkeit zur Modellbildung, die es Schüler/-innen erlaubt, Systemelemente zu identifizieren und Beziehungen zwischen denselben zu knüpfen) deutlich beeinflusst werden, nicht dagegen die Fähigkeit, Systemeigenschaften (beispielsweise die Fähigkeit Ursache-Wirkungsbeziehungen zu knüpfen) zu erfassen. Im Rahmen des Forschungsprojektes SYSDENE wurden in einem Teilprojekt unter anderem Unterrichtseinheiten zur Förderung des systemischen Denkens entwickelt und überprüft (Riess & Mischo 2008, 2010; zum Forschungsprojekt als Ganzes vgl. Frischknecht-Tobler et al. 2008). Die Unterrichtseinheiten wurden für Schüler/-innen der 6. Klassenstufe konzipiert, da für diese Altersgruppe bislang noch keine soliden Forschungsbefunde vorlagen. Da sich bei ähnlichen Fragestellungen die Verwendung von computersimulierten Szenarien als fruchtbar erwiesen hat, wurde in Zusammenarbeit mit der Forstwissenschaftlichen Versuchs- und Forschungsanstalt (FVA) in Freiburg auch eine realitätsnahe Computersimulation zum Thema „Waldwirtschaft" entwickelt (www.zukunftswald.de). Insgesamt wurden die folgenden vier Unterrichtsformen untersucht:

(1) nur computersimuliertes Waldspiel; Dauer 2 Unterrichtsstunden.
(2) Unterrichtseinheit zum systemischen Denken; Dauer 11 Unterrichtsstunden.
(3) Kombination aus computersimuliertem Waldspiel und Unterrichtseinheit zum systemischem Denken; Dauer: 11 Unterrichtsstunden inklusive Simulationsspiel.
(4) Kontrollgruppe mit „herkömmlichem" Unterricht nach Bildungsplan. Dauer: 11 Unterrichtsstunden.

Das systemische Denken wurde mit einem eigens entwickelten Fragebogen erfasst, bei dem die Schüler/-innen teilweise in Form von Multiple-Choice-Antworten, teilweise in offenen Antworten und teilweise in Form von zu zeichnenden Wirkdiagrammen die wichtigsten Elemente und ihre Wechselbeziehungen in biologischen Ökosystemen angeben sollten. An der Untersuchung nahmen 124 Schüler/-innen aus 15 sechsten Klassen teil. Als zentrales Ergebnis zeigte sich, dass sich die Schüler/-innen in der Gruppe „Simulation und spezieller auf systemisches Denken zielender Unterricht" höchst signifikant in ihrem systemischen Denken verbessern (s. Abb. 3).

Nur ein geringer Anstieg fand sich dagegen in der Gruppe des lediglich auf systemisches Denken zielenden Unterrichts. Die Schüler der anderen Gruppen verbesserten sich kaum. Offensichtlich ist es nicht effektiv, die Schüler das computersimulierte Waldszenario eigenständig und ohne didaktische Aufarbeitung und Ergänzung erproben zu lassen. Weshalb jedoch der speziell auf das systemische Denken zielende Unterricht ohne Computersimulation nicht signifikant wirksam wurde, ist eine offene Frage und muss noch genauer untersucht werden.

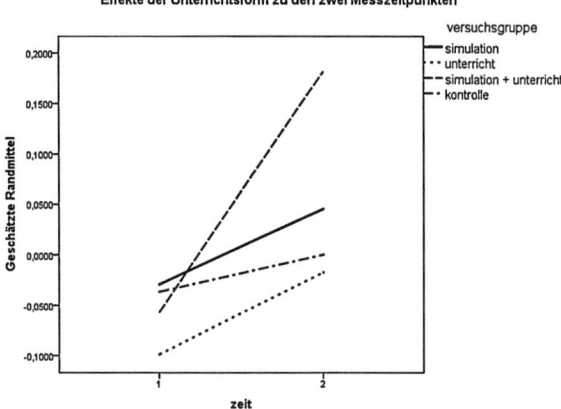

Abb. 3: Plot der Effekte der verschiedenen Experimentalbedingungen auf das systemische Denken

Was müssen Lehrer/-innen wissen und können um systemisches Denken bei Schüler/-innen fördern zu können?

In dem gerade gestarteten BMBF-Projekt SysThema (system thinking in ecological and multidimensional areas) sollen Seminar- und Fortbildungseinheiten entwickelt werden, die Lehramtsstudierende bzw. Biologielehrerinnen und -lehrer in ihrer systemischen Kompetenz fördern und sie befähigen, Lernprozesse zum Erwerb von Systemkompetenz im Rahmen der schulischen BNE in der Sekundarstufe I erfolgreich zu gestalten. Es wird geprüft werden, ob die Kompetenzentwicklung im Rahmen der Förderung gelingt und im Falle der Lehrpersonen schließlich sogar bei den später unterrichteten Schülerinnen und Schülern signifikante Effekte zeitigt.

Welche Aspekte des Professionswissens eine Lehrperson letztlich ausmachen und erfolgreich unterrichten lassen, hat Lee Shulman schon in den 80er Jahren untersucht. In seiner Veröffentlichung „Knowledge and teaching: foundations of the new reform" (1987) nennt er sieben Domänen: (1) fachliches Wissen, (2) allgemein pädagogisches Wissen, (3) curriculares Wissen, (4) fachspezifisch-pädagogisches Wissen, (5) Wissen über die Lerner, ihre Dispositionen und Vorstellungen, (6) Wissen über den schulischen Kontext und (7) Wissen über die Philosophie des Faches. Diese Domänen des Expertenwissens sind stark miteinander vernetzt und das Professionswissen mehr als die Summe dieser Domänen. Gerade diese Emergenz widerspricht eigentlich einer Unterteilung und Abgrenzung in einzelne Wissensdomänen, wird aber trotzdem gemacht, um die Konzeption des Professionswissens handhabbarer zu machen (vgl. Lange, 2010).

Die Domäne des fachspezifisch-pädagogischen Wissens (im Folgenden: PCK für pedagogical content knowledge) beschreibt der Autor als „blending of content and pedagogy into an understanding of how particular topics, problems, or issues are organized, represented, and adapted to the diverse interests and abilities of learners, and presented for instruction" (Shulman 1987, S. 8). Dazu zählt Shulman (1986, S. 9 - 10) das Wissen um die effektivsten Repräsentationen („powerful analogies, illustrations, examples, explanations, and demonstrations"), die typischen Verständnisschwierigkeiten sowie Schülervorstellungen zu einem Thema und die fruchtbarsten Unterrichtsmethoden („strategies most likely to be fruitful in reorganizing the understanding of learners"). Besonders beim PCK wird die Vernetzung der Domänen deutlich, denn jede andere Domäne scheint in das PCK „hineinzustrahlen". Das führte zuweilen dazu, dass einige oder gar alle anderen Domänen dem PCK zugeordnet wurden, wodurch im Extremfall das PCK keine Domäne mehr wäre, sondern das Professionswissen insgesamt (Park & Oliver 2008; van Driel et al. 1998; Lange 2010; Schmelzing 2010). Oft wird die Gliederung nach Grossmann (1990) als gangbarer Weg akzeptiert: Er unterscheidet als Domänen des Professionswissens das allgemein pädagogische Wissen, das fachliche Wissen, das Kontextwissen (beinhaltet z. B. das Wissen über die Schule, ihre Schulkultur und ihr Einzugsgebiet) und das PCK, wobei er Shulmans Konzept von PCK noch um curriculares Wissen und das Wissen über die Philosophie des Faches erweitert bzw. diese Domänen in das PCK einordnet.

Um die Frage zu konkretisieren, was Lehrpersonen wissen und können müssen, um systemisches Denken bei Schülerinnen und Schülern fördern zu können, werden im Folgenden zu verschiedenen Facetten des PCK erste Ansatzpunkte und mögliche Inhalte formuliert:

- Das Wissen um Schülervorstellungen ist für Lehrer essentiell, um die Lehr- und Lernprozesse nachhaltig und fruchtbar gestalten zu können. Auch zum Thema Systeme und systemisches Denken können Präkonzepte lernhinderlich oder -förderlich sein. Im alltagssprachlichen Gebrauch wird unter System oft ein planvolles Vorgehen, eine Strategie oder Taktik verstanden (vgl. Vogel 2011). In der Vorstellung vieler Lerner sind Systeme sehr konstant und wenig dynamisch (Sommer & Lücken 2010; Sander, Jelemenská & Kattmann, 2006). Innerhalb eines Systems werden von sieben- bis neunjährigen Kindern nur die unmittelbaren Auswirkungen einer Veränderung gesehen, nicht aber die indirekten und längerfristigen Konsequenzen bedacht (Grotzer 2003). Am Beispiel des Wasserkreislaufs als komplexes System fanden Assaraf und Orion (2005) heraus, dass Lerner

der siebten bis neunten Jahrgangsstufe Schwierigkeiten mit dynamischen, zyklischen und systemischen Eigenschaften des Kreislaufes haben.
- Lehrer/-innen müssen über geeignete Methoden zur Vermittlung von systemischem Denken Bescheid wissen und diese Methoden anwenden können. Als wichtige Methoden haben sich beispielsweise, wie oben bereits beschrieben, der Einsatz von Computersimulationen in Kombination mit speziellem Unterricht und das gestalten eigener Systemmodelle erwiesen (vgl. Rieß & Mischo 2010). Weitere in der Literatur empfohlene Methoden sind beispielsweise die Szenariotechnik sowie verschiedene Spiele, die erfahrungsbasierte Zugänge zur Erfassung des Verhaltens komplexer Systeme ermöglichen sollen (vgl. Bollmann-Zuberbühler 2010).
- Entscheidend ist darüber hinaus, dass Lehrer/-innen Kenntnisse über geeignete Repräsentationen und Medien zur Darstellung von Systemen haben. Eine große Rolle spielen hierbei Darstellungsformen wie Wirkungsdiagramme, der Vernetzungskreis und Flussdiagramme (vgl. Ossimitz 2000, 2002).
- Eine weitere Facette, die zum Wissen und Können der Lehrer/-innen gehört ist das Wissen darüber, wie das Thema „systemisches Denken" in den Bildungsplänen verankert ist und wie die dortigen Forderungen konkretisiert werden können. Insbesondere aufgrund des hohen Abstraktionsgrades von systemischem Denken und der zentralen Rolle in Bildungsstandards (vgl. Beschluss der Kultusministerkonferenz 2004) ist diese Facette ein wichtiger Bestandteil des PCK von Lehrpersonen.
- Bei allen diesen Facetten sollten die Lehrer/-innen immer in der Lage sein, Ziele des Unterrichtens von systemischem Denken miteinzubeziehen. Dabei ist einerseits als unmittelbares Ziel der Erwerb der Kompetenz „systemisches Denken" zu nennen, die in Teilkompetenzen (vgl. dazu Riess & Mischo 2008) untergliedert werden kann. Andererseits sind auch langfristige, übergeordnete Ziele von Bedeutung; hier steht eher die Frage nach dem „Sinn und Zweck" der Vermittlung von systemischem Denken im Vordergrund. Durch systemisches Denken sollen die Schüler/-innen befähigt werden, nachhaltige Entwicklung aktiv zu gestalten.

Aus dem bisher Gesagten wird deutlich, dass Lehrpersonen auf ein ganzes Bündel von Wissensformen (Fachwissen inklusive systemtheoretische Aspekte, allgemein-pädagogisches Wissen, PCK mit seinen Facetten) und Kompetenzen zurückgreifen müssen, wenn sie bei Schüler/-innen erfolgreich systemisches Denken in nachhaltigkeitsrelevanten Kontexten fördern wollen. Die Forschung hierzu steht noch weit am Anfang.

Literatur

Assaraf, O. & Orion, N. (2005). Development of system thinking skills in the context of Earth system education. *Journal of Research in Science Teaching, 42*(5), S. 518 - 560.

Assaraf, O. & Orion, N. (2005). A Study of Junior High Students' Perceptions of the Water Cycle. *Journal of Geoscience Education, 53*(4), S. 366 - 373. Retrieved from http://www.nagt.org/nagt/jge/abstracts/sep05.html#v53p366

Beer, W. & De Haan, G. (Hrsg.). (1984). *Ökopädagogik. Aufstehen gegen den Untergang der Natur*. Weinheim: Beltz.

Bertalanffy, L. von (1968). *General System Theory: Foundations, Development, Applications*. New York: Braziller.

Bildungsstandards im Fach Biologie für den mittleren Schulabschluss (Jahrgangsstufe 10): [Beschluss vom 16.12.2004]. (2005). München; Neuwied: Luchterhand.

BIODIVERSITY: Decision IX/5. Montreal: Secretariat of the Convention on Biological Diversity.

Bollmann-Zuberbühler, B. (2005). *Lernwirksamkeitsstudie zum systemischen Denken an der Sekundarstufe I*. Unveröffentlichte Lizentiatsarbeit an der Universität Zürich.

Bollmann-Zuberbühler, B. (2010). *Systemisches Denken an der Sekundarstufe I*. Univ., Philosophische Fakultät, Zürich.

Bollmann-Zuberbühler, B., Frischknecht-Tobler, U., Kunz, P., Nagel, U. & Wilhelm-Hamati, S. (2010). *Systemdenken fördern – Systemtraining und Unterrichtsreihen zum vernetzten Denken. 1. – 9. Schuljahr*. Bern: Schulverlag plus.

Bolscho, D. & Seybold, H. (1996). *Umweltbildung und ökologisches Lernen. Ein Studien und Praxisbuch*. Berlin: Cornelsen Scriptor.

Bossel, H. (1992). *Simulation dynamischer Systeme. Grundwissen, Methoden, Programme*. Braunschweig: Vieweg.

Bossel, H. (2004). *Systeme, Dynamik, Simulation: Modellbildung, Analyse und Simulation komplexer Systeme*. Norderstedt : Books on Demand GmbH.

Bundesminister für Umwelt, Naturschutz und Reaktorsicherheit (Hrsg.). (o.J.). *Konferenz der Vereinten Nationen für Umwelt und Entwicklung im Juni 1992 in Rio de Janeiro - Dokumente - Klimakonvention. Konvention über die biologische Vielfalt. Rio-Deklaration. Walderklärung*. Bonn: Bundesumweltministerium.

Campbell, N. & Reece, J. (2004). *Biologie*. Dt. Übersetzung hrsg. von J. Markl. Heidelberg, Berlin: Spektrum, Akademischer Verlag.

CBD – Convention on Biological Diversity (2008). *Ecosystem Approach. Decision IX/7*. Montreal. Secretariat of the Convention on Biological Diversity.

CBD – Convention on Biological Diversity (2008a). *Forest.*
CBD – Convention on Biological Diversity (2008b). *Ecosystem Approach. Decision IX/7.* Montreal. Secretariat of the Convention on Biological Diversity.
CBD – Secretariat of the Convention on Biological Diversity (2010). *Year in Review 2009.* Montreal.
Deutsche UNESCO-Kommission/Nationalkomitee für die UN-Dekade (2008). *Nationaler Aktionsplan für die UN-Dekade „Bildung für nachhaltige Entwicklung".* Bonn.
Egner, H., Ratter, B., & Dikau, R. (Hrsg.). (2008). *Umwelt als System – System als Umwelt.* München: Oekom.
Frischknecht-Tobler, U., Nagel, U. & Seybold, H.J. (Hrsg.). (2008). *Systemdenken – Wie Kinder und Jugendliche komplexe Systeme verstehen lernen.* Zürich: Pestalozzianum.
Grossman, P. L. (1990). *The making of a teacher: Teacher knowledge and teacher education.* New York: Teachers College Press, Teachers College, Columbia University.
Grotzer, T. A. & Basca, B. B. (2003). How does grasping the underlying causal structures of ecosystems impact students' understanding? *Journal of Biological Education, 38*(1), 16 - 29. doi:10.1080/00219266.2003.9655891
Hauff, V. (1987*). Unsere gemeinsame Zukunft. Der Bericht der Weltkommission für Umwelt und Entwicklung (Brundtland-Bericht).* Greven: Eggenkamp.
Hsü, K. J. (2000). *Klima macht Geschichte - Menschheitsgeschichte als Abbild der Klimaentwicklung.* Zürich: Orell Füssli Verlag.
Intergovernmental Panel on Climate Change (IPCC). (2007). Fourth Assessment Report. Working Group I: Climate Change 2007: The Physical Science Basis. Summary for Policymakers. Paris.
Klieme, E. & Maichle, U. (1991*). Erprobung eines Modellbildungssystems im Unterricht.* Bonn: Institut für Tests- und Begabungsforschung.
Klieme, E. & Maichle, U. (1994). *Modellbildung und Simulation im Unterricht der Sekundarstufe I: Auswertung von Unterrichtsversuchen mit dem Modellbildungssystem MODUS.* Bonn: IBF.
Kyburz-Graber, R. (1976). *Das Verständnis für ökologische Zusammenhänge im Wald. Eine empirische Untersuchung über die Lehr- und Lernbedingungen im Ökologieunterricht.* Dissertation. ETH Zürich Diss. Nr. 5844.
Kyburz-Graber, R. (1997). *Sozio-ökologische Umweltbildung.* Hamburg: Krämer.
Lange, K. (2010). *Zusammenhänge zwischen naturwissenschaftsbezogenem fachspezifisch-pädagogischem Wissen von Grundschullehrkräften und Fortschritten im Verständnis naturwissenschaftlicher Konzepte bei Grundschülerinnen und -schülern* (Inaugural-Dissertation). Westfälische Wilhelms-Universität, Münster.

Leutner, D. & Schrettenbrunner, H. (1989). Entdeckendes Lernen in komplexen Realitätsbereichen: Evaluation des Computer-Simulationsspiels „Hunger in Nordafrika". *Unterrichtswissenschaft, 17*, S. 327 - 341.

Maierhofer, M. (2001). *Förderung des systemischen Denkens durch computerunterstützten Biologieunterricht.* Herdecke: GCA-Verlag.

Manderson, A. (2006). A systems based framework to examine the multicontextural application of the sustainability concept. *Environment, Development and Sustainability, 8*, S. 85 - 97.

Mischo, C. & Riess, W. (2008). Förderung systemischen Denkens im Bereich von Ökologie und Nachhaltigkeit. *Unterrichtswissenschaft, 36*, S. 346 – 364.

Ossimitz, G. (2000). *Entwicklung systemischen Denkens. Theoretische Konzepte und empirische Untersuchungen.* München: Profil-Verlag.

Ossimitz, G. (2000). *Entwicklung systemischen Denkens: [theoretische Konzepte und empirische Untersuchungen].* München [u.a.]: Profil-Verl. Retrieved from http://www.worldcat.org/oclc/247881519

Ossimitz, G. (2002). Systemisches Denken braucht systemische Darstellungsmittel. In P. Milling (Ed.), *Entscheiden in komplexen Systemen. Wissenschaftliche Jahrestagung der Gesellschaft für Wirtschafts- und Sozialkybernetik vom 29. und 30. Sptember 2000 in Mannheim* (pp. 161 - 174). Berlin: Duncker & Humblot.

Park, S. & Oliver, J. S. (2008). Revisiting the Conceptualisation of Pedagogical Content Knowledge (PCK): PCK as a Conceptual Tool to Understand Teachers as Professionals. *Research in Science Education, 38*(3), S. 261 - 284.

Renn, O. (1996). Ökologisch denken – sozial handeln: Die Realisierbarkeit einer nachhaltigen Entwicklung und die Rolle der Sozial- und Kulturwissenschaften. In H. G. Kastenholz, K.-H. Erdmann & M. Wolff (Hrsg.*), Nachhaltige Entwicklung – Zukunftschancen für Mensch und Umwelt* (S. 79 - 117). Berlin und Heidelberg: Springer.

Riess, W. (2002). Bildung für eine nachhaltige Entwicklung – kritisch konstruktive Anmerkungen zu einem „Nachkommen" der Umweltbildung. *Pädagogische Rundschau, 5*, S. 441 - 455.

Riess, W. (2010). *Bildung für nachhaltige Entwicklung – theoretische Analysen und empirische Studien.* Münster: Waxmann.

Riess, W. & Mischo, C. (2008). Wirkungen variierten Unterrichts auf systemisches Denken. In U. Frischknecht-Tobler, U. Nagel & H.-J. Seybold (Hrsg.), *Systemdenken – Wie Kinder und Jugendliche komplexe Systeme verstehen lernen.* (S. 135 - 147). Zürich: Pestalozzianum.

Riess, W. & Mischo, C. (2010). Promoting systems thinking through biology lessons. International *Journal of Science Education, 32* (6), S. 705 - 725.

Ropohl, G. (1975). *Systemtechnik.* München: Hanser

Rost, J., Lauströer, A. & Raack, N. (2003). Kompetenzmodelle einer Bildung für eine nachhaltige Entwicklung. *Praxis der Naturwissenschaften - Chemie in der Schule, 8* (52), S. 10 - 15.

Sander, E., Jelemenská, P. & Kattmann, U. (2006). Towards a better understanding of ecology. *Journal of Biological Education, 40*(3), S. 119 - 123.

Schecker, H. (1993). The didactic potential of computer aided modeling for physics education. In D.L. Ferguson (ed.), *Advanced Technologies for Mathematics and Science* (pp. 165 - 208). Berlin: Springer.

Schmelzing, S. (2010). *Das fachdidaktische Wissen von Biologielehrkräften: Konzeptionalisierung, Diagnostik, Struktur und Entwicklung im Rahmen der Biologielehrerbildung*. Berlin: Logos-Verlag.

Schurz, J. (2006). *Systemdenken in der Naturwissenschaft. Von der Thermodynamik zur Allgemeinen Systemtheorie*. Heidelberg: Carl-Auer-Verlag

Schäfer, M. (2003). *Wörterbuch der Ökologie*. Heidelberg, Berlin: Spektrum Akademischer Verlag GmbH.

Shulman, L. S. (1986). Those Who Understand: Knowledge Growth in Teaching. *Educational Researcher, 15*(2), S. 4 - 14. Retrieved from http://www.jstor.org/stable/1175860

Shulman, L. S. (1987). Knowledge and Teaching: Foundations of the New Reform. *Harvard Educational Review, 57*(1), S. 1 - 23.

Sommer, C. (2005). Untersuchung der Systemkompetenz von Grundschülern im Bereich Biologie. Universität Kiel, Kieler Dissertationen online: http://e-diss.uni-kiel.de/diss_1652/d1652.pdf

Sommer, C. & Lücken, M. (2010). System Competence - Are elementary students able to deal with a biological system? *NorDiNa, 6*(2), S. 125 - 143.

Townsend, C., Begon, M. & Harper, J. L. (2008). *Essentials of ecology*. Oxford: Blackwell.

UNEP (2008). *Water Quality for Ecosystem and Human Health. United Nations Environment Programme Global Environment Monitoring System/Water Programme*.

UNEP (2009). The UNEP 2008 *Annual Report. United Nations Environment Programme - Division of Communications and Public Information*.

van Driel, J. H., Verloop, N. & Vos, W. de. (1998). Developing science teachers' pedagogical content knowledge. *Journal of Research in Science Teaching, 35*(6),S. 673–695. doi:10.1002/(SICI)1098-2736(199808)35:6<673::AID-TEA5>3.0.CO;2-J

Wissenschaftlicher Beirat der Bundesregierung Globale Umweltveränderungen (WBGU) . (2000). *Welt im Wandel: Erhaltung und Nutzung der Biosphäre. Jahresgutachten 1999 – Kurzfassung*. Berlin, Heidelberg: Springer-Verlag.

www.zum.de/zukunftswald/ [23.07.2012]

Vitousek, P. Ehrlich, A., & Matson, P. (1986). Human appropriation of the products of photosynthesis. *Bio Science, 34*, S. 368 - 373.

Vogel, A., Rieß, W. & Nerb, J. (2011). Systemisches Denken im Umgang mit Natur. Welche subjektiven Theorien entwickeln SchülerInnen im Umgang mit komplexen Systemen? In *Didaktik der Biologie. Standortbestimmung und Perspektiven. Tagung der Fachsektion Didaktik der Biologie (FDdB) im VBiO* (pp. 66 - 67).

Sind ökologische Zusammenhänge im Sinne einer Bildung für nachhaltige Entwicklung begreifbar ohne Grundkenntnisse in Botanik?
Ein Plädoyer für „mehr Botanik" im Biologieunterricht

Norbert Pütz

Nachhaltigkeit ist inzwischen in aller Munde – und mancher ist derart genervt davon, dass es sogar zum Unwort des Jahres 2011 vorgeschlagen wurde. In der Tat wird überall, in Politik, Wirtschaft und Gesellschaft, mit diesem Begriff nahezu inflationär umgegangen.

Meine Sorge dabei ist, dass sich dieser Abnutzungseffekt beim Wort auch auf die Sache an sich auswirkt. Allzu oft wird der Begriff als Worthülse genutzt. Aber wer die modernen Aspekte der Lernpsychologie bzw. der Neurodidaktik (vgl. Herrmann 2009) berücksichtigt, der weiß beispielsweise, dass allgemeine Prinzipien oder Regeln nur begriffen werden, wenn diese an vielen Beispielen immer wieder erfahren und geübt werden. Besonders eindrucksvoll schildert dies Spitzer in seinem veröffentlichten Vortrag in Schwäbisch Gmünd (Spitzer 2006).

In einem seiner vielen Werke schreibt Spitzer im Vorwort:

> „Es ist meine Hoffnung, dass beim Lesen vor lauter Bäumen (sprich: interessanten Details) auch der Wald (der Grundgedanke) nicht untergeht, sondern im Gegenteil immer deutlicher hervortritt." (Spitzer 2002, S. VII).

Meine Befürchtung ist, dass in der Bildung für nachhaltige Entwicklung (BNE) gerade das Gegenteil geschieht: Vor lauter „Allgemeinplätzen" wird der Grundgedanke bis zum Erbrechen wiederholt, aber die vielen Beispiele bleiben aus. Nachhaltigkeit wird zu einer nebulösen Metaebene, in der die Beispiele bestenfalls schemenhaft in Erscheinung treten. Oder, um bei Spitzers Metapher zu bleiben, man erkennt den Baum vor lauter Wald nicht mehr...

Eine Behauptung? Gewiss! Aber die nachfolgenden Seiten werden versuchen, diese Behauptung an der ökologischen Komponente des Nachhaltigkeitsgedankens zu verdeutlichen. Diese ökologische Komponente, da wird hoffentlich niemand ernsthaft widersprechen, wird fachlich zunächst und vorzugsweise im Biologieunterricht besprochen werden. Und in diesem Kontext wage ich es, einen Bestandteil der Biologie, die Botanik, in den Fokus meiner Erörterungen zu rücken.

These 1: Kenntnisse in „klassischer Botanik" sind eine Basis für das Verständnis biologischer Zusammenhänge und sind Voraussetzung für ein sinnvolles Handeln im Sinne der Nachhaltigkeit.

Botanisches Grundwissen ist essentiell, da viele gesellschaftlich brisante Themen aus Ökologie und Naturschutz, aus Klimaschutz und nachhaltiger Entwicklung ohne die klassisch-botanischen Grundlagen nicht verständlich sind!

Das ist zunächst eine Behauptung, die es mit Beispielen zu belegen gilt. Daher stelle ich nachfolgend zwei Beispiele vor, die besonders schön verdeutlichen, wie wichtig botanische Grundlagen für das Verständnis aktueller Themen sind.

Stellt man doch mal eine vergleichsweise „harmlose" Frage: „Was hat ein Schulheft mit Klimaschutz zu tun?"

Bei den Antworten wird mir als Botaniker das Unwissen meiner Mitmenschen auf leidvolle Weise deutlich. Es macht ja manchem schon Schwierigkeiten, den Bezug zwischen Papier und Holz herzustellen. Aber Holz selbst ist dann nur noch als Gebrauchsstoff bekannt. Wenn man aber gelernt und „begriffen" hat,

- wie eine Pflanze bzw. ein Baum wächst
- wie ein Baum sich ernährt
- wie aus Kohlenstoffdioxid und Wasser Glucose hergestellt wird und dabei als Abfallprodukt Sauerstoff frei wird
- dass aus Traubenzucker Zellulose, also der Zellstoff hergestellt wird
- dass alle Zellen eine Zellwand aus Zellulose haben und dass von diesem Stoff besonders viel im Holz gebraucht wird
- dass aus dieser Zellulose Papier hergestellt wird
- dass Bäume 50, 100 oder gar 1000 Jahre alt werden können und dabei zeitlebens weiter wachsen (offene Systeme)

Und wenn man jetzt noch der Annahme folgt, dass Kohlenstoffdioxid verantwortlich für die Klimaerwärmung ist, dann versteht man den Baum plötzlich als lebenden Organismus *und* als Ökosystem *und* als Lebensraum *und* als Sauerstoffproduzent *und* als Kohlenstoffdioxidspeicher!

„Papier sparen" ist dann umweltbewusstes Handeln und ein aktiver Beitrag zum schonenden Umgang mit Natur.

An ein solches Thema könnte man die fossilen Brennstoffe direkt anschließen, die ja ebenfalls pflanzlichen Ursprungs sind. Ja, auf dieser Basis des fachliche Verständnisses wäre der Einzelne dann auch befähigt, Fragen zum Kohlenstoffdioxidverbrauch und –speicherung im Zusammenhang mit Klimaschutz angemessen zu bewerten und zielführend zu handeln: Indem er Holz, Papier und fossile Brennstoffe bewusst verbraucht und dafür sorgt, dass Wälder wachsen und erhalten bleiben. Stattdessen findet man Menschen, die leidenschaftlich darüber diskutieren, wie man Kohlenstoffdioxid verflüssigen und in riesige Lager in die Erde pumpen könnte...

In diesem Beispiel muss man erst eine Menge lernen und wissen, im zweiten Beispiel wird zudem die Notwendigkeit einer fachlich fundierten *Bewertung* offenkundig.

Die Frage: „Ist Skifahren ökologisch unbedenklich?" zusammen mit Abbildung 1 suggeriert eine bestimmte Antwort. Denn fast immer verbinden die Befragten das Bild mit einer Skipiste und sind aufgrund des offensichtlich schlechten Zustands der Fläche betroffen.

Abb. 1: Ruderalfeld in den Süd-Alpen

Wer aber richtig bewerten und sinnvoll handeln will, muss an diese Frage zunächst mit botanischem Sachverstand herangehen und Fragen stellen:

- Wie sind die Wachstumsbedingungen der gezeigten Fläche?
- Welche Pflanzen könnten dort wachsen?
- Wie verhält sich die Fläche im Jahresverlauf?

All diese ökologischen Fragen kann nur beantworten, wer über botanisches Grundwissen verfügt und entsprechend geschult an die Problemstellung herangeht. Das vorliegende Beispiel ist komplex, aber gerade deshalb könnte man das Bild und die Fragestellung „werbewirksam" in Szene setzen und plakativ im Sinne der Nachhaltigkeit vor den Folgen des Skifahrens warnen. Wirklich?

Wer ein umfassenderes Verständnis gerade von der Ökologie der Berge hat, dem ist allerdings auch bewusst, dass diese Schneise vielleicht als Skipiste genutzt wird, aber in erster Linie dient diese Schneise als naturbelassener Abfluss für Schmelzwasser. Diese besonderen Wachstumsbedingungen (starkes Hochwasser im Frühjahr) lassen eine typische Sukzession nicht zu und es bleibt bei einer lückigen Pflanzenbestückung.

Das soll nun nicht heißen, dass Skifahren ökologisch unbedenklich ist. Ein solches Thema muss sehr viel differenzierter diskutiert werden, aber das Beispiel verdeutlicht, wie stark wir Manipulationen ausgesetzt sind, wenn wir nicht fachlich fundiert nachfragen – und dazu braucht es ein basales botanisches Verständnis.

Diese beiden Beispiele sollen zeigen, dass botanische Grundkenntnisse notwendig und hilfreich sind, um bei aktuellen Themen problemorientiert handeln zu können. Denn: Jede Baumaßnahme hat mit Botanik zu tun, jede Bepflanzung, jedes Naturschutzgebiet, jeder Anbau von Getreide oder Gemüse. Wer kann schon angemessen darüber diskutieren, ob Pollen gentechnisch veränderter Pflanzen „gefährlich" ist – hier bräuchte es viel botanischen Sachverstand!

Was hat das nun mit BNE zu tun? Nun, eine der Zieldimensionen der Bildung für nachhaltige Entwicklung beinhaltet den Erhalt der ökologischen Funktionsfähigkeit des Naturhaushaltes. Der Begriff nachhaltige Entwicklung mahnt dabei den bewussten Umgang von Natur mit allgemeinen Worten an.

> „Nachhaltige Entwicklung ist eine Entwicklung, die die Lebensqualität der gegenwärtigen Generation sichert und gleichzeitig zukünftigen Generationen die Wahlmöglichkeit zur Gestaltung ihres Lebens erhält." (Bericht der Brundtland-Kommission & Hauff 1987)

Inzwischen wird davon geredet, dass in allen Bereichen des täglichen Lebens, im gesellschaftlichen Miteinander und auch in globaler Dimension (Sic!) verantwortungsbewusst mit Natur und Umwelt umgegangen werden muss, damit auch nachfolgende Generationen in einer intakten Welt leben können.

Aber wie?

Zum Erreichen des Ziels Nachhaltigkeit wird von Bewusstsein einer nachhaltigen Entwicklung geredet, wozu eine entsprechende Bildung (vgl. Pressemitteilung vom 24.05.2007 „Weg zur Nachhaltigkeit über Bildung". www.bmbf.de/press/2055.php) benötigt wird. Im Internetportal „Bildung für nachhaltige Entwicklung" (www.bne-portal.de) ist dies treffend formuliert:

> „Das Ziel der Bildung für nachhaltige Entwicklung ist es, den Einzelnen Fähigkeiten mit auf den Weg zu geben, die es ihm ermöglichen, aktiv und eigenverantwortlich die Zukunft mit zu gestalten. In diesem Zusammenhang spielen ebenso emotionale wie auch handlungsbezogene Komponenten der Bildung eine entscheidende Rolle."

Es geht um den Einzelnen, und meine beiden Beispiele verdeutlichen hoffentlich, dass dieses Ziel nur realisierbar ist, wenn ein Verständnis der Biologie der Organismen und deren Zusammenspiel in ökologischen Systemen vorhanden ist. Denn erst dieses Verständnis lässt eine tiefe Einsicht zum Schutz und Erhalt unserer Umwelt möglich werden. Der *Einzelne* muss „begreifen", dass jeder Eingriff in ein funktionierendes System zu Veränderungen führt, die auch im kleinen Rahmen oft unterschätzt werden – dies weiß jeder, der gerne und öfters im Garten arbeitet. Umweltbildung bedeutet damit zu allererst, die Fragilität von Natur im Bewusstsein des Einzelnen zu verankern, erst daraus folgt der „bewusste Umgang" mit der Natur.

Ökologisches Bewusstsein und verantwortungsvolles Handeln muss also geschult werden. Neben dem Elternhaus wird umweltgerechtes Verhalten und nachhaltiges Handeln insbesondere in der Schule vermittelt werden müssen – und diese Schulung beginnt mit den grundlegenden Botanikkenntnissen.

These 2: Das grundlegende Wissen über Pflanzen ist gering

Wieviel erreicht denn von der aktuellen Schulbildung die Jugendlichen? Was ist denn bekannt über elementare Grundlagen biologischer Organismen?

Aktuell orientiert sich der naturwissenschaftliche Unterricht zunehmend an „Scientific Literacy" (vgl. Gräber, Nentwig, Koballa & Evans 2002). Mit dieser „Naturwissenschaftlichen Grundbildung" hat der Gedanke der naturwissenschaftlichen Handlungsfähigkeit Einzug in die Bildungspolitik gehalten. Zugleich wird dabei auf Kompetenzen fokussiert:

„Kompetenzen umfassen Kenntnisse, Fähigkeiten und Fertigkeiten, aber auch Bereitschaften, Haltungen und Einstellungen, über die Schüler verfügen müssen, um Anforderungssituationen gewachsen zu sein. Kompetenzerwerb zeigt sich darin, dass zunehmend komplexere Aufgaben gelöst werden können." (Niedersächsisches Kultusministerium 2007, S.5)

Innerhalb der Lehrpläne, beispielsweise der Kerncurricula für Biologie in der Hauptschule und Realschule in Niedersachsen, ist dann die Umweltbildung integrativer Bestandteil. Im Bildungsbeitrag zum Fach Biologie heißt es:

„Der Biologieunterricht ermöglicht den Schülerinnen und Schülern die originale Begegnung mit der Natur. Sie verstehen die wechselseitige Abhängigkeit von Mensch und Umwelt und werden für einen verantwortungsvollen Umgang mit der Natur sensibilisiert. Primäre Naturerfahrungen können einen wesentlichen Beitrag zur Wertschätzung und Erhaltung der biologischen Vielfalt leisten und die Bewertungskompetenz für ökologische, ökonomische und sozial tragfähige Entscheidungen anbahnen." (Niedersächsisches Kultusministerium 2007, S. 72)

Aus der Fülle der prozess- und inhaltsbezogenen Kompetenzen, welche die Schülerinnen und Schüler nach Schulabschluss (Sekundarstufe I) erreichen sol-

len, seien exemplarisch einige genannt, die sich auf Nachhaltigkeit bzw. bewusstem Umgang mit Natur beziehen:
Die Schülerinnen und Schüler

- beschreiben und bewerten die Beeinflussung globaler Kreisläufe und Stoffströme unter dem Aspekt der nachhaltigen Entwicklung.
- erläutern die Prinzipien der Nachhaltigkeit an einem Beispiel (Erdkunde).
- erörtern die Erhaltung von Arten und Lebensräumen als ethische und ökologische Aufgabe.
- beschreiben und beurteilen die Auswirkungen menschlicher Eingriffe in ein Ökosystem (Niedersächsisches Kultusministerium 2007, S. 77-79).

Schüler/innen sollen also nicht mehr „nur" biologische Fakten wissen, sondern Zusammenhänge verstehen und bereit sein, „bewusst mit der Natur" umzugehen. Immerhin sollen an einem Beispiel die Prinzipien der Nachhaltigkeit erklärt werden.

Mir stellen sich da ein paar Fragen: Kann man Schülerinnen und Schüler auf der Basis solcher Phrasen unterrichten? Und lernen Schülerinnen und Schüler damit das Basiswissen, das gebraucht wird, um biologische Organismen und Phänomene zu verstehen? Werden sie in die Lage versetzt, aktuelle Probleme zu lösen? Lernen sie, sich ökologisch verantwortungsbewusst zu verhalten?

Vielfach wird jetzt eingewendet, dass die Schülerinnen und Schüler selbstverständlich die Beispiele bearbeiten, und dass das allgemeingültige Prinzip dahinter (also das, was in den Kompetenzen beschrieben wird) allmählich deutlich wird. Wirklich? Solch eine Phrase ist nun leider schwerlich nachzuweisen – und auch schwerlich zu widerlegen.

Darum greife ich an dieser Stelle wieder die botanischen Grundlagen auf. Ein Blick in die Schulbücher impliziert, dass in der Tat die botanischen Grundlagen fester Bestandteil im Biologieunterricht der Sekundarstufe 1 zu sein scheinen. Man findet in den aktuellen Schulbüchern der Klassen 5 und 6 die klassischen, pflanzenkundlichen Themen (z. B. Sudeik & Vorwerk 2008) mit vielen Beispielen: Blütenpflanzen in der Umgebung, Bau einer Blütenpflanze, von der Blüte zur Frucht, Bestäubung, Befruchtung, Ausbreitung, Keimung und Wachstum, Nutzpflanzen, Pflanzen im Frühjahr, Fotosynthese, Bäume und Sträucher, usw.

Auch wenn sich jetzt der Botaniker zufrieden zurücklehnen könnte – der Lehrer in mir stellt zwei Fragen: Werden diese Inhalte behandelt? Und: *Können* unsere Schülerinnen und Schüler diese Inhalte?

Ob diese Inhalte behandelt werden, dazu erlaube ich mir später noch einige Anmerkungen, aber was das Können anbelangt: Untersuchungen zeigen immer wieder, dass die Kenntnis der biologischen Grundlagen mäßig ist (vgl. Berck 2005; Gebhard 1993). Eine relativ „alte" Studie (Eschenhagen & Schilke 1973) verdeutlicht, dass das biologische Wissen von Studienanfängern schon vor knapp 40 Jahren eher bescheiden war. Es wurde das Wissen von 279 Studienanfängern mit Fragen aus „den wichtigsten Sachgebieten der Oberstufenbiologie" abgebildet. Von den 286 Items des Fragebogens, um nur ein Ergebnis zu nennen, wurden zwei Drittel (!) von weniger als 15 % der Probanden gelöst.

Eine schöne Studie zur Botanik von Bebbington (2005) sei hier ebenfalls erwähnt. Die Autorin legte 800 „A-level students" Bilder von zehn weit verbreiteten Pflanzen vor: Gänseblümchen (*Common Daisy*), Fingerhut (*Foxglove*), Wiesenkerbel (*Cow Parsley*), Jakobskraut (*Ragwort*), Rote Lichtnelke (*Red Campion*), Primel (*Primrose*), Scharbockskraut (*Lesser Calendine*), Hundsveilchen (*Common Dog Violet*), Spitzwegerich (*Greater Plantain*) und Ehrenpreis (*Gamander Speedwell*). Obwohl die Autorin nach eigenen Aussagen sehr großzügig bei der Auswertung war (z.B. Lichtnelke und Veilchen waren richtige Antworten), kannten 41 % der Probanden maximal eine dieser Pflanzen mit Namen! Weitere 45 % kannten maximal 3 Pflanzen mit Namen. Insgesamt kannten also 86 % der Schülerinnen und Schüler nur ein bis drei dieser Allerweltspflanzen (der beste Schüler kannte übrigens sieben Arten). Zu Recht schreibt die Autorin:

„The ability of A level students to recognize and name common wild flowers was shown to be very poor."(Bebbington 2005, S. 63).

Nun ist ja das Benennen von Pflanzen vielleicht wirklich etwas für Spezialisten („*Naming organisms is viewed as a job for specialists.*" Bebbington 2005, S. 64), aber wie sieht es mit den allgemeinen Grundlagen in Botanik aus? Was wissen junge Erwachsene über die grundlegenden Dinge von Pflanzen, wie sie in der 5. und 6. Klasse unterrichtet werden?

Im Zusammenhang mit einer Interventionsstudie („Gartenlabor", siehe unten) hatten wir zusammen mit der pädagogischen Psychologie ein Testinstrument zur Evaluation entwickelt. Nähere Einzelheiten zum Fragebogen und zur Interventionsstudie „Gartenlabor" können bei Pütz & Geissler (2005) und Pütz, Schweer, Geissler, Thies & Gerwinat (2010) nachgelesen werden.

Dieser Fragebogen umfasst 24 Items. Die Fragen sind sehr kurz und präzise formuliert, denn es geht uns um das Fach und nicht um Textverständnis oder Lesekompetenz. Die botanischen Fragen beziehen sich auf die Kerncurricula/Lehrpläne im Themenfeld „Pflanzen" für die Klassenstufen 5/6. In Anlehnung an die Kompetenzen in den Bildungsstandards (KMK 2009) können dem Kompetenzbereich „Fachwissen" 15 Fragen zugeordnet werden („Faktenwissen"). Die Kompetenzbereiche „Erkenntnisgewinnung", „Bewertung" und „Kommunikation" werden mit 9 Fragen überprüft („Handlungswissen", in den Bildungsstandards als „Handlungsdimension" bezeichnet, KMK 2009).

Die Abbildung 2 zeigt zwei Beispielfragen, um einen Eindruck vom Schwierigkeitsgrad der Fragen zu erhalten.

13 **In der Skizze siehst Du zwei gleichaltrige Jungpflanzen. Was ist der Grund für das Aussehen der Pflanze in Zeichnung A?**

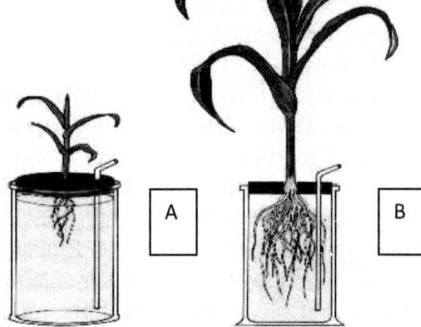

a) *Lichtmangel*
b) *Nährsalzmangel*
c) *Sauerstoffmangel*
d) *Wassermangel*
e) *zu hohe Temperatur*

16 **Welche Pflanzenfamilie wird durch die untenstehenden Abbildungen beschrieben?**

a) *Lippenblütengewächse*
b) *Schmetterlingsblütengewächse*
c) *Rosengewächse*
d) *Korbblütengewächse*
e) *Kreuzblütler*

Abb. 2: Zwei Fragen des Botanik-Fragebogens (die richtige Antwort lautet bei beiden Fragen b). (vgl. Pütz & Geißler 2005). Hinweis: Fragebogen mit farbigen Abbildungen.

Wir haben diesen Fragebogen jetzt Studienanfängern vorgelegt und wollten in Erfahrung bringen, was junge Erwachsene über die grundlegenden Dinge bei Pflanzen wissen. Wie steht es mit „botanischer Grundbildung"? Als Probandengruppe haben wir sogar eine Personengruppe mit hoher Affinität zur Biologie ausgewählt, denn der Fragebogen wurde an 139 Lehramtsstudierende des Fachs

Biologie bzw. Sachunterricht mit Schwerpunktbezugsfach Biologie *vor* Beginn ihres Studiums verteilt. Um genau zu sein: Die Studierenden mussten den Fragebogen zu Beginn ihres ersten Semesters in ihrer ersten Vorlesungsstunde im Modul „Bau und Funktion der Pflanzen" ausfüllen.

Insgesamt waren 48 Punkte zu erreichen und wir erwarteten schon eine durchschnittliche Punktezahl von über 30 bei diesen einfachen Fragen. Weit gefehlt! Durchschnittlich erreichten die Studienanfänger, die ja durchaus als ‚biologisch interessiert' zu bezeichnen sind (mehr als die Hälfte hatte einen Biologie-Leistungskurs belegt), 22,8 Punkte mit einer Standardabweichung von 4,1 Punkten (siehe Abb. 3). Nahezu die Hälfte aller Studienanfänger erreichte weniger als die Hälfte aller Punkte. Die einzelnen Items wurden z. T. äußerst schlecht beantwortet. Die beiden Fragen in der Abbildung 2 beispielsweise wurden jeweils von 12 % der Probanden richtig beantwortet, das ist bei 5 Antwortmöglichkeiten noch unterhalb der statistischen Zufallsverteilung.

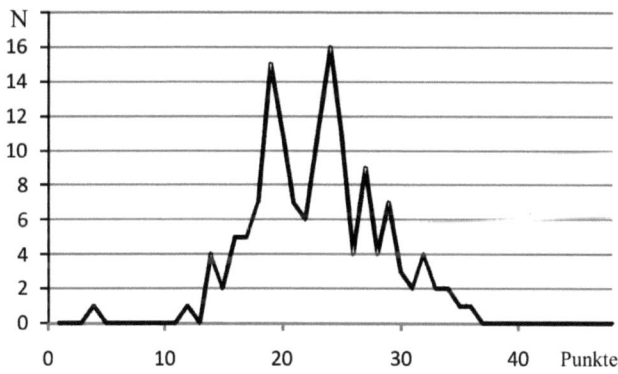

Abb. 3: Punkteverteilung der 139 Probanden (Hinweis: Davon 3 männlich). Es waren 48 Punkte zu erreichen bei 24 Items (nähere Einzelheiten im Text).

Zwar gab es durchaus auch Probanden mit knapp 40 Punkten, aber einige Abiturienten schafften gerade mal elf oder zwölf Punkte. Wenn aber schon diese biologisch affine Stichprobe nur sehr mäßige Kenntnisse von den grundlegenden Dingen der Pflanzen hat, wie steht es dann erst um das botanische Grundwissen bei allen anderen? Es ist offensichtlich, dass vom in der Schule vermittelten botanischen Grundwissen nicht besonders viel in den Köpfen verankert bleibt. Dieses Wissen bildet aber die Grundlage, um komplexe ökologische Themen analysieren und bewerten zu können, wie ich im vorigen Abschnitt exemplarisch dargestellt habe.

Warum ist das botanische Wissen relativ schlecht? Nun, wirklich interessant finden Schülerinnen und Schüler die Botanik nicht. Dies zeigen Untersuchungen. Das Interesse der Schülerinnen und Schüler an Botanik nimmt ab der 5. Klassenstufe kontinuierlich ab (Berck 2005). In der ROSE-Studie wird dies bestätigt, denn Jungen und Mädchen in Deutschland, Schweden und England interessieren sich am wenigsten für das Thema *‚wie Pflanzen wachsen und sich vermehren'* (vgl. Holstermann & Bögeholz 2007).

Wandersee & Schussler (2001) gehen in ihrer „theory of plant blindness" konsequent den Ursachen für das geringe Interesse und das relativ geringe Wissen über Pflanzen auf den Grund. Die Autoren definieren die "plant blindness" als:

(a) the inability to see or notice the plants in the biosphere, and in human affairs;
(b) the inability to appreciate the aesthetic and unique biological features of the life forms belonging to the plant kingdom; and
(c) the misguided, anthropocentric ranking of plants as inferior to animals, leading to the erroneous conclusion that they are unworthy of human consideration (Wandersee & Schussler 1998a)"

Die Autoren hinterfragen dabei:

„....why humans often overlook plants, as opposed to animals, and why they are often less interested in learning about and understanding plants than animals." (Wandersee & Schussler 2001, S. 5)

Ihre Literaturrecherche führt zu einigen diesbezüglichen Begründungen, die man folgendermaßen zusammenfassen kann:

1. *Pflanzen sind weitgehend unbekannt:* Nur wenige Menschen sind heutzutage in die Produktion der landwirtschaftlichen Pflanzengüter (farm crops) involviert. Menschen lernen heutzutage, zumindest in industrialisierten Ländern, wenig über Pflanzen, wodurch Pflanzen psychologisch gesehen eine geringe Signalwirkung auf Menschen ausüben. Pflanzen haben wenig Bedeutung für die meisten Menschen, und bleiben entsprechend unbeachtet.
2. *unbewegter, grüner Hintergrund:* Nicht-blühende Pflanzen haben eine farbliche Homogenität und sind statische Objekte. Sie verschmelzen zu einem grünen, eher uninteressanten Hintergrund, vor dem vor allem die bewegten, andersfarbigen Objekte in Erscheinung treten. Bei Betrachtung eines Fußball-

spiels denkt wohl kaum jemand (meist nicht einmal ein Botaniker) an die riesige Population von Süßgräsern zu Füßen der Spieler.
3. *ohne Bedrohung:* Für die meisten Menschen sind die Pflanzen in einem Ökosystem typischerweise nicht bedrohlich. Man kann Pflanzen i. d. R. berühren, ohne schlimme Konsequenzen befürchten zu müssen. Nur wenn dann eine einzelne Spezies doch bedrohlich ist, wie etwa der Neophyt Herkulesstaude (*Heracleum mantegazzianum*), dann nimmt sein Bekanntheitsgrad auch schnell zu. (Hinweis: Diese zwei Meter hohe Staude besitzt einen Saft, der die Haut photosensibel macht. Haut, die vom Saft benetzt wurde, ist sehr sonnenempfindlich. Es kommt zu unangenehmen Verbrennungen.)

Diese „plant blindness" ist also verantwortlich für das geringe Interesse der Schülerinnen und Schüler an Pflanzen? Klingt plausibel, aber es ist doch gerade die Aufgabe der Schule, den Schülerinnen und Schülern die Bedeutung der Pflanzen zu verdeutlichen. Warum tut sie es nicht?

Ich glaube, „Schule" kann kaum anders – und hierzu muss ich noch einen Argumentationsbogen öffnen:

Die Biologie wird oft als aktuelle Jahrhundertwissenschaft beschrieben (vgl. Sitte 1999). Man meint damit die Biologie als Leitwissenschaft, da Erkenntnisse der Biologie große Bedeutung für die Zukunft haben. Aber die Biologie hat viele Facetten, die aufgrund der großen methodischen und thematischen Unterschiede in den einzelnen Bereichen teilweise kaum noch etwas miteinander zu tun haben. Vielerorts neigt man dazu, statt von der Biologie von den Biowissenschaften zu sprechen. Die vom Organismus geprägten Bereiche („Naturkunde, Pflanzenkunde, Tierkunde") sind an den Universitäten oftmals nur noch rudimentär vorhanden, dafür sind insbesondere die Biowissenschaften auf der molekularen Ebene heutzutage allgegenwärtig. Sitte (1999) begründet dies damit, dass diese Bereiche unser Leben massiv verändern werden. Und natürlich meint man diese Disziplinen, wenn man von „Jahrhundertwissenschaft" spricht.

Die Kultusministerkonferenz nimmt diese Thematik grundsätzlich an. Sie erläutert im Rahmen der Bildungsstandards den Beitrag des Unterrichtsfachs Biologie (KMK 2009). Was dann – wie sollte es anders sein – wieder einmal in „Allgemeinplätzen" endet:

> Grundlage von Bildung ist der Erwerb von gesichertem Verfügungs- und Orientierungswissen, das die Schülerinnen und Schüler zu einem wirksamen und verantwortlichen Handeln auch über die Schule hinaus befähigt. (Niedersächsisches Kultusministerium 2007).

Hier wird von gesichertem Wissen gesprochen, das Schülerinnen und Schüler zum Ende ihrer Pflichtschulzeit haben sollen. Setzt man die aktuellen Entwicklungen der Biowissenschaften und die Anforderungen aus Bildungsstandards oder Kerncurriculum in Beziehung zueinander, muss man aber fragen, welche Bereiche der Biowissenschaften besonders geeignet sind, um wirksames und verantwortliches Handeln beim Schüler zu erreichen?

Das ist die entscheidende Frage, wenn man nach der Ursache für das geringe (botanische) Wissen der Schülerinnen und Schüler sucht! Was soll im Biologieunterricht gemacht werden? Studiert man die Vorgaben der Bundesländer zum naturwissenschaftlichen Unterricht in der Sekundarstufe 1, dann sind in den Klassen 5-10 maximal 300 Zeitstunden im Fach Biologie eingeplant. Rechnen Sie es nach: Ein Schuljahr hat 40 Wochen. Mit 2 Schulstunden wöchentlich sind dies maximal 8 Schulstunden im Monat und damit maximal 80 Schulstunden im Schuljahr (wenn nicht noch die ein oder andere Stunde ausfällt, Stichwort: „Nebenfachsyndrom", vgl. Pütz 2010a). Das sind maximal 60 Zeitstunden pro Jahr. Von den 6 Jahren der Sekundarstufe I haben Schülerinnen und Schüler vielleicht 5 Jahre Biologie (je nach Bundesland, manchmal auch weniger), das macht dann – maximal – 300 Zeitstunden im Fach Biologie!

Man muss kein Experte sein, um sofort zu erkennen, dass das viel zu wenig ist, um auch nur die wichtigsten Facetten der Tier- und Pflanzenkunde, der Menschenkunde, der Ökologie, der Genetik und der Evolution abzudecken. Und das ist ja nicht alles. Neben den vielen fachlichen Facetten in der Biologie müssen in 300 Stunden (innerhalb der Sekundarstufe I) auch noch Kompetenzen im Rahmen der Erkenntnisgewinnung, der Kommunikation und der Bewertung erworben sowie die „erzieherischen" Aufgaben der Umweltbildung, der Naturbildung, der Körperhygiene, der Sexualerziehung etc. erfüllt werden, dabei bitte nicht aktuelle Bezüge wie Vogelgrippe vergessen und Nachhaltigkeit wäre auch noch ganz schön... Wie soll das gehen? Offensichtlich nur so, dass für viele biologische Bereiche nur noch sehr wenig Zeit übrig bleibt.

Und wenn man die Voraussetzung bei der Auswahl der Bereiche bedenkt:

- kein hohes Ansehen von Botanik in unserer Gesellschaft
- sehr geringes Interesse der Schülerinnen und Schüler an Pflanzen
- viele Menschen sind „pflanzenblind".

Liegt es bei diesen Argumenten nicht nahe, vermutlich oftmals unbewusst, nur das Minimum an Botanik in der Schule zu machen? Wo doch die Jahrhundertthemen so viel bedeutender sind und für die Schülerinnen und Schüler auch viel spannender? Und ist es da nicht einleuchtend, dass der Wissensstand an klassischer Botanik selbst bei biologisch Interessierten eher mäßig ist?

Es wundert mich inzwischen nicht mehr, dass ich als Botaniker und Biologielehrer nahezu täglich über Anzeichen stolpere, wie jämmerlich der Stand botanischer Grundkenntnisse in der Gesellschaft ist. Als eines von vielen Beispielen diene die renommierte Wochenzeitung „Die Zeit". Die Serie „Grafik" brachte am 16.07.2009 das Thema Kohlenstoff. Hier wird u. a. die Reise des Kohlenstoffatoms „Caspar" beschrieben: *„Caspar schwebt in einem CO_2 Molekül über einem Gerstenfeld. Schlitze in den Blättern saugen das Gas ein."* Man möge einmal die Blätter einer Pflanze „schlitzen" und dann beobachten, wie die Pflanze relativ rasch verwelkt. Es sind natürlich Poren, deren Öffnungsweite vom Spaltöffnungsapparat aktiv reguliert wird (übrigens physiologisch sehr komplex und spannend) und natürlich wird Kohlenstoffdioxid nicht eingesaugt, sondern der Gasaustausch erfolgt passiv über einen Konzentrationsausgleich. Es ist diese Schlampigkeit und Naivität in der Wortwahl, die botanisches Unwissen verdeutlicht. Und natürlich ist dieses Beispiel marginal, vielleicht sogar amüsant – aber es ist ja nur eines von vielen, denen man tagtäglich begegnen kann. Was auch nicht weiter dramatisch wäre, wenn nicht derlei „botanisches" Nicht-Wissen in unserer Gesellschaft in der Summe unsere Handlungsfähigkeit gefährden würde – und hier verweise ich wieder auf die beiden Beispiele zu Beginn dieses Artikels.

Damit zumindest unsere Schülerinnen und Schüler im Sinne einer Bildung für nachhaltige Entwicklung handlungsfähig werden, müssen den Lippenbekenntnissen der Politiker in „Bildungsstandards und Kurricula" endlich richtige Taten folgen. Es geht nicht um „operationalisierte Regelstandards" – ich habe mich schon während meiner Referendarszeit gefragt, wer sich solche Phrasen nur ausdenkt – es geht um konkrete Maßnahmen, die unsere Schülerinnen und Schüler handlungsfähig machen für Dinge wie Ökologie oder Nachhaltigkeit!

Was könnte wirksam sein? Viel mehr Botanik, aber richtig!

Wenn man den Schülerinnen und Schülern ein botanisch-ökologisches Verständnis nahe bringen will, weil man versteht, dass diese botanischen Grundkenntnisse eine wesentliche Basis für ein solides Verständnis von Nachhaltigkeit sind– dann muss man den Biologieunterricht zu Beginn drastisch umkrempeln.

In der Schule müssen Pflanzen nicht mal eben schnell zwischendurch abgehandelt werden (weil ja keine Zeit ist und es ohnehin keinen interessiert), sondern: Pflanzen als Grundlage unseres Lebens muss in einem prägenden Prozess verarbeitet werden! Zumal Pflanzen biologische Organismen sind, mit denen ein eindringlicher handelnder Umgang möglich ist und an denen biologische Prozesse wie Wachstum und Entwicklung unmittelbar erfahrbar sind. Mit Pflanzen ist praktisches Arbeiten – ein „in Handlung kommen mit dem Objekt" unmittelbar möglich.

Hier sind Schulgärten und Freilandarbeit vielleicht eine wesentliche Komponente (vgl. Pütz, Wittkowske & Weusmann 2011). Aber Vorsicht! Hier geht es nicht darum, die Objekte vor Ort zu zeigen, wie das Grüne Schulen in kurzfristigen Events gerne machen. Das ist ohne Zweifel motivierend, aber ohne Zweifel ist auch, dass bei den meisten Kindern die Motivation nicht nur den

Pflanzen gilt. Schülerinnen und Schüler müssen vielmehr unter dem Aspekt interessanter Fragestellungen mit den Pflanzen „arbeiten".
Diese Art von Botanikunterricht haben wir im „Gartenlabor" (Pütz & Geissler 2005; Pütz et al. 2010) erprobt. Hier wurde mit Schülerinnen und Schüler botanisches Grundwissen in Kleingruppen erarbeitet, die Fragestellungen waren altbekannt:

- Welche Bedingungen braucht der Samen zur Keimung?
- Wie und wo wächst die Pflanze?
- Was braucht die Pflanze zum Wachstum?
- Warum blühen Pflanzen so unterschiedlich?
- Wie erfolgt die Fruchtausbreitung? (für Details vgl. Pütz & Geissler 2005).

Neu war, dass diese Fragen mit einem interessanten Phänomen eingeleitet wurden und dann nach einem typischen Muster von Schülergruppen bearbeitet wurden. Dieses Muster heißt Unterrichtskreislauf und folgt dem hypothetisch deduktiven Arbeiten (vgl. Abb. 4; Einzelheiten zum Unterrichtskreislauf mit Beispielen sind bei Pütz 2010 nachzulesen).

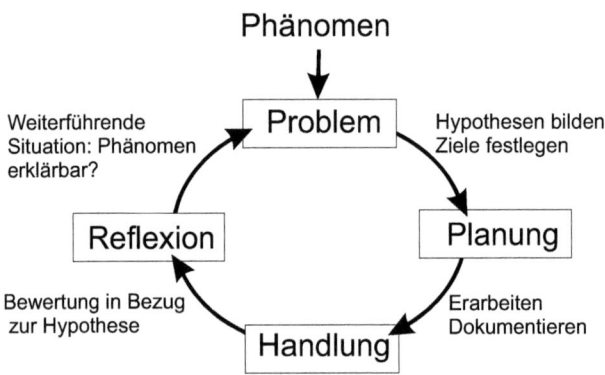

Abb. 3: Der geregelte Unterrichtskreislauf im Biologieunterricht (nach Pütz 2010).

Wir wollten dann aber auch wissen, ob sich diese Mühe lohnt. Wird das Verständnis der Schülerinnen und Schüler für Botanik größer? Wir haben dafür den oben erwähnten Fragebogen entwickelt und verwendet und in einem präpost Design den Wissenszuwachs von Gartenlaborklassen verglichen mit dem von Klassen, die im gleichen Zeitraum „traditionellen" Botanikunterricht erhielten. Das Gartenlabor dauerte nur 8 Doppelstunden. Aber schon diese kurze Intervention reichte aus, um das botanische Verständnis der Schülerinnen und Schüler signifikant zu verbessern (die exakten Ergebnisse sind bei Pütz et al. 2010 nachzulesen).

Jetzt stelle man sich vor, man würde auf der Basis des Gartenlabors einen Unterricht konzipieren, der – im Klassenraum (wie das Gartenlabor) und/oder im Schulgarten – in der 5. Klasse durchgeführt würde. Also praktisches „Arbeiten" mit Pflanzen, ein ganzes Schuljahr, jede Woche, 2 Schulstunden! Damit keine Missverständnisse aufkommen: Es geht nicht um gärtnern, sondern um das Erarbeiten von Phänomenen am Objekt Pflanze (vgl. Gebhard 1993). Die Schülerinnen und Schüler würden dabei Fragen zum Wachstum und zur Entwicklung eines biologischen Organismus handelnd erarbeiten. Sie würden begreifen, wie langsam derartige Prozesse sind, wie anfällig gegen äußere Einflüsse. Ihnen würde ein Stück Natur sehr bewusst werden. Zugleich könnte man dem Problem der „plant blindness" wirkungsvoll begegnen. Was hätten diese Schülerinnen und Schüler am Ende dieser Zeit für ein prächtiges botanischökologisches Verständnis!

Auf der Grundlage des Gartenlabors wäre ein botanisches Schuljahr schnell konzipiert, aber zur Umsetzung müssten von anderer Stelle die Weichen gestellt werden. Aber ich bin sicher: Schülerinnen und Schüler, die dieses botanische Schuljahr erleben würden, hätten ein botanisch – ökologisches Grundverständnis, das den Nachhaltigkeitsgedanken ein Leben lang tragen würde. Diese Schülerinnen und Schüler würden dann auch wissen, was ein Schulheft mit Klimawandel zu tun hat.

Literatur
Bebbington, A. (2005). The ability of A-level students to name plants. *Journal of Biological Education 39*(2), S. 63 - 67.
Berck, K.-H. (2005). *Biologiedidaktik. Grundlagen und Methoden.* Wiebelsheim: Quelle & Meyer.
Eschenhagen, D. & Schilke, K. (1973). Untersuchungen zum biologischen Wissen von Studienanfängern. *Praxis der Naturwissenschaften 10*, S. 253 - 263.
Gräber, W., Nentwig, P., Koballa, T. & Evans, R. (2002). *Scientific Literacy. Der Beitrag der Naturwissenschaften zur Allgemeinen Bildung.* Opladen: Leske und Budrich.
Gebhard, U. (1993). Die Lesbarkeit der Welt. Zur psychischen Funktion von Formenkenntnissen. In: Mayer, J., *Vielfalt begreifen – Wege zur Formenkunde* (S. 163 - 180). Kiel: IPN-Symposium.
Hauff, V. (Hrsg.) (1987). *Unsere gemeinsame Zukunft. Der Brundtland-Bericht der Weltkommission für Umwelt und Entwicklung.* Greven: Eggenkamp.

Herrmann, U. (2009). *Neurodidaktik. Grundlagen und Vorschläge für gehirngerechtes Lehren und Lernen*. Weinheim: Beltz.
Holstermann, N. & Bögeholz, S. (2007). Interesse von Jungen und Mädchen an naturwissenschaftlichen Themen am Ende der Sekundarstufe I. *Zeitschrift für Didaktik der Naturwissenschaften 13*, S. 69 - 84.
Kultusministerkonferenz (2009). *Bildungsstandards im Fach Biologie für den Mittleren Schulabschluss. Beschluss vom 16.12.2004*. Neuwied: LinkLuchterhand.
Niedersächsisches Kultusministerium (2007). *Kerncurriculum für die Hauptschule Schuljahrgänge 5 -10. Naturwissenschaften*. Unidruck: Hannover.
Pütz, N. & Geissler, F. (2005). Das Gartenlabor. Pilotstudie zur Effizienz von tutorialem, handelnden Unterricht in der Klassenstufe 7. *Oldenburger Vordrucke* 531. 112 S. DIZ: Oldenburg.
Pütz, N., Schweer, M., Geissler, F., Thies, B. & Gerwinat, A. (2010). Das Gartenlabor – Ergebnisse einer Pilotstudie zu den Effekten eines offeneren, situierten Botanikunterrichts in der Sekundarstufe I. *Unterrichtswissenschaft – Zeitschrift für Lernforschung 38*, S. 366 - 384.
Pütz, N. (2010). Der geregelte Unterrichtskreislauf im Biologieunterricht. In: C. Ensberg & S. Wittkowske. *Fachdidaktiken als praktische Wissenschaft* (S. 171 – 182). Bad Heilbrunn: Klinkhardt.
Pütz, N. (2010a). Naturwissenschaftliche Bildung in der Sekundarstufe I: Gibt es Konsequenzen aus PISA? In. vanLaer, H. *Was sollen unsere Kinder lernen. Zur Bildungspolitischen Diskussion nach den PISA Studien*. Berlin: Lit
Pütz, N., Wittkowske, S. & Weusmann, B. (2011). Freilandarbeit im Sachunterricht und in der Biologie in der Sekundarstufe I. In: S. Wittkowske & N. Pütz (Hrsg.), *Schulgarten- und Freilandarbeit: Lernen, studieren und forschen*. Bad Heilbrunn: Klinkhardt.
Spitzer, M. (2006). *Lernen - Die Entdeckung des Selbstverständlichen*. Ein Vortrag in deutscher Sprache (Laufzeit: 150 Min.) Beilage: Booklet, 80 S., Weinheim: Beltz.
Spitzer, M. (2002). *Musik im Kopf. Hören, Musizieren, Verstehen und Erleben im neuronalen Netzwerk*. Stuttgart: Schattauer.
Sitte, P. (1999). *Jahrhundertwissenschaft Biologie. Die großen Themen*. München: C.H. Beck.
Sudeik, T. & Vorwerk, B. (2008). *Natur bewusst 1. Biologie. Physik. Chemie*. Braunschweig: Bildungshaus Schulverlage Westermann.
Wandersee, J. H. & Schussler, E. E. (2001). Toward a Theory of Plant Blindness. *Plant Science Bulletin 47*, S. 2 - 11.

Bildung für eine nachhaltige Entwicklung im Elementarbereich

Thorsten Kosler & Barbara Benoist

Abstract

Education for sustainable development will be discussed in this article, adding to the general discussion around early childhood education.

The aim of this article is to elaborate how the concept of supporting children to enable them to live their lives individually through achieving skills, can be assimilated towards solidarity and sense of community. This will enable them not only to accept the challenges of present and future, but also to providing them with the chance to tailor and change society.

The authors build on recent investigations looking at children's willingness and ability to interact with others and to embrace changing social values. Adapting education for a sustainable development in a Kindergarten's educational concept has the potential to stimulate children's formation and professional development.

In der „Bonner Erklärung zur Bildung für nachhaltige Entwicklung", welche im Abschlussplenum der UNESCO-Weltkonferenz am 02. April 2009 in Bonn von 900 Teilnehmenden aus 150 Ländern im Konsens verabschiedet wurde, wird die gemeinsame Verpflichtung auf eine Bildung, die den Menschen zum Wandel befähigt, als notwendig deklariert. Weltweit sollen Menschen motiviert und unterstützt werden, aktiv an der Gestaltung einer nachhaltigen Entwicklung in lokalen und globalen Zusammenhängen mitzuwirken. Im Bereich frühkindlicher Bildung arbeiten rund um den Globus Menschen in Wissenschaft und Praxis zu der Fragestellung wie Bildung für eine nachhaltige Entwicklung gemeinsam mit den Kindern in den Institutionen implementiert werden kann und welche Ideen Kindergartenkinder von Nachhaltigkeit haben. Die Weltorganisation für Frühkindliche Bildung und Erziehung (OMEP[1]) hat „Education for Sustainable Development in the Early Years" zu ihrem wichtigsten Vorhaben in den nächsten Jahren erklärt.

Der Deutsche Bundestag (2000) fasste den Beschluss, Bildung für eine nachhaltige Entwicklung als übergreifende Aufgabe für alle Bildungsbereiche auszuweisen. Seitdem ist auch im Bereich frühkindlicher Bildung einiges passiert. In mehreren Bundesländern werden Fortbildungen und Qualifizierungsmöglichkeiten zu Bildung für eine nachhaltige Entwicklung für die pädagogi-

---

1   Organisation Mondiale Pour l'eEducation Prescolaire

schen Fachkräfte von unterschiedlichen Trägern angeboten. Zudem sind eine Reihe von Praxismaterialen entstanden und Umweltbildungseinrichtungen wie Bildungshäuser aus dem Bereich globales und interkulturelles Lernen haben Angebote für Kindertageseinrichtungen aufgenommen. Eine systematische Verankerung von Bildung für eine nachhaltige Entwicklung als Rahmenkonzept in den einzelnen Bildungsinstitutionen und die Aufnahme in die Bildungspläne der Länder ist jedoch noch nicht hinreichend gelungen.

Im Folgenden wird Bildung für eine nachhaltige Entwicklung als Beitrag zu der Diskussion um Bildung und Lernen im Elementarbereich verortet. Darauf aufbauend wird nachgezeichnet, wie mit Hilfe des Konzeptes, die Orientierung am Kompetenzerwerb zur individuellen Bewältigung des Lebens ergänzt werden kann, um eine Orientierung an Solidarität. Es wird der These nachgegangen, dass erst durch diese Kooperationsorientierung die Herausforderungen von Gegenwart und Zukunft nicht nur angenommen, sondern Kindern die Chance eröffnet wird, Gesellschaft mitzugestalten und zu verändern. Die Institution Kindergarten bringt dafür Potentiale mit; die Orientierung an Bildung für eine nachhaltige Entwicklung trägt zur Profilbildung bei.

1 Bildung für eine nachhaltige Entwicklung als Beitrag zur Diskussion um Bildung und Lernen im Elementarbereich

Frühkindliche Bildungsprozesse sowie die Institutionen und Bedingungen frühkindlicher Bildung haben in den vergangenen Jahren eine stark gestiegene Aufmerksamkeit erfahren. Neben der gestiegenen öffentlichen Wahrnehmung zählt dazu auch ein steigendes Interesse der Universitäten und Fachhochschulen, an denen sich eine zunehmende Zahl von Instituten mit frühkindlicher Bildung beschäftigen, darunter auch solche aus der Hirnforschung und den Wirtschaftswissenschaften. Frühkindliche Bildung ist auch angesichts einer demographischen Entwicklung, in der Kinder einen immer kleineren Teil unserer Gesellschaft ausmachen, zu einer gesellschaftlichen Ressource geworden. Unternehmen investieren zunehmend in Projekte zur Förderung frühkindlicher Bildung (Leuchtpol, Haus der kleinen Forscher, Natur-Wissen schaffen, Offensive Bildung, Junge Vor!Denker). Manche dieser Projekte zielen explizit darauf, bei Kindern ein Interesse für naturwissenschaftliche oder technische Berufe zu wecken.

Die Schwierigkeit, Bildung für eine nachhaltige Entwicklung als Bildungskonzept herauszustellen, besteht im Elementarbereich auch darin, dass hier die Begriffe ‚Bildung' und ‚Lernen' häufig unklar und von verschiedenen AutorInnen unterschiedlich, von vielen auch synonym, verwendet werden (so z.B. bei Gerspach 2006, S. 70ff.). Dies ist sicher auch in anderen Bildungsbereichen zu konstatieren, im Elementarbereich vollzieht sich jedoch eine besonders rasante

Veränderung, die es den Fachkräften schwer macht sich zu orientieren. Hinzu kommt, dass der Elementarbereich eine lange außeruniversitäre Tradition (Montessori, Reggio, Situationsansatz) hat und als „familienergänzende Einrichtung" (SGB VIII) der Kinder- und Jugendhilfe zugeordnet ist. Dies war und ist auf der einen Seite geeignet, um einer Verzweckung der Elementarpädagogik als bloßer Vorbereitung auf die Schule, die sich dann an den Bedürfnissen der Schule zu orientieren hätte, vorzubeugen. Auf der anderen Seite hat dadurch eine systematische Aufnahme der Ergebnisse und Problematisierungen in der allgemeinen Erziehungswissenschaft kaum stattgefunden. Dies trifft insbesondere auf die Bildungsphilosophie zu, die heute aus einer kritischen Analyse der gesellschaftlichen Verfasstheit, insbesondere im Rahmen der Bildungstheorie, versucht hat zu charakterisieren, worin Bildung besteht, wie sie sich von Lernen abgrenzen lässt, bzw. wie diese Begriffe fruchtbar gefasst werden können, um die Aufgaben und Ziele der Pädagogik in kritischer Auseinandersetzung mit den jeweiligen gesellschaftlichen Verhältnissen bestimmen zu können. So fließen nun vor allem diejenigen Diskurse in die Elementarpädagogik ein, die eine besonders hohe mediale Aufmerksamkeit besitzen. Das sind naturgemäß solche Diskurse, die sich medial gut transportieren lassen die leicht anschlussfähig sind an ein Alltagsverständnis von Pädagogik. Hervorzuheben ist hier insbesondere die Hirnforschung, die in ihrer Ausrichtung in der Tradition der behavioristischen Lernpsychologie steht (vgl. Meyer-Drawe 2008, S. 28). Lernen wird in dieser Tradition als kumulativer Prozess gefasst, den es effizient zu optimieren gilt. Wenn Bildung mit einem solchen Lernverständnis gleich gesetzt wird, führt das dazu, dass die Rolle der PädagogInnen auf die Gestaltung der Lernumgebung beschränkt wird (vgl. dazu Meyer-Drawe 2008, S. 29). Das Kind steuert nach dieser Vorstellung den eigenen Lernprozess selbst und es entsteht der Eindruck, die PädagogInnen müssten lediglich in der Gestaltung der Lernumgebung die Erkenntnisse der Hirnforschung berücksichtigen.

Ein geeignetes Gegenkonzept bietet die in der Debatte um den transformatorischen Bildungsbegriff gebräuchliche Unterscheidung zwischen Bildung und Lernen (Koller 2010, S. 290 und 2012, S. 15). Lernen wird dabei als ein Prozess verstanden, an dessen Ende der Lernende einen Wissensbaustein – das Wissen um eine Tatsache – oder eine Fertigkeit additiv dem bisherigen Bestand hinzugefügt hat. Bildung wird dagegen als Prozess der Transformation von Figuren des Welt- und Selbstverhältnisses verstanden, der „zustande kommen kann, wenn Menschen mit Problemen konfrontiert werden, für deren Bearbeitung keine etablierten Routinen zur Verfügung stehen" (Koller 2010, S. 290f.). Was hier transformiert wird ist die „Art und Weise, in der Menschen sich zur Welt, zu anderen Menschen und zu sich selbst verhalten" (ebd., S. 290). Menschen bringen dabei „neue Dispositionen der Wahrnehmung, Deutung und Bearbeitung von Problemen hervor" (Koller 2012, S. 16). Ein so gefasster Bildungsbegriff soll es ermöglichen, gegenwärtige gesellschaftliche Bedingungen von Bildung und Lernen explizit zu berücksichtigen. Insbesondere der beschleunigte soziale und globale Wandel bringt es mit sich, dass die Welt sich heute im Laufe des eigenen Lebens so stark verändert, dass Bildung nicht mehr ohne weiteres als Wechselwirkung zwischen Ich und Welt im Sinne Humboldts (vgl. Humboldt 1980, S. 235f.) verstanden werden kann[2], zumal auch die Ausbildung einer kohärenten Ich-Identität unter gegenwärtigen Bedingungen kaum möglich scheint.

Während sich für die Schule die Frage stellt, ob die Begleitung von Kindern und Jugendlichen in diesem Sinne Auftrag sein kann und sollte, lässt sich Kita-Alltag heute kaum anders denken als im Sinne einer Begleitung kindlicher Welterschließung die sich in einer Wechselwirkung zwischen Kind und Welt ereignet. Wenn Bildung im hier ausgeführten Sinne in der Kita stattfinden soll, muss es Aufgabe von ErzieherInnen sein, sich mit für Kinder relevanten gesellschaftlichen Problemlagen zu befassen und zu klären, wie Kinder pädagogisch so begleitet werden können, dass sie Probleme, die sie mit ihren vorhandenen Vorgehensweisen nicht lösen können, zum Anlass nehmen, um „neue Figuren der Problembearbeitung" (Koller 2010, S. 291) zu entwickeln.

Die Kita ist traditionell ein Ort an dem Kinder Dinge (darunter auch Artefakte) und Vorgehensweisen (darunter auch solche im Umgang mit anderen Menschen) kennen lernen. Ganz im Sinne Humboldts wurde dabei die Entfaltung aller individuellen Kräfte (Humboldt 1980, S. 64) angestrebt. Beide Aspekte – die Kenntnis der Dinge und Vorgehensweisen sowie die Entfaltung der eigenen Kräfte – konnten in der Vergangenheit als geeignete Basis dafür, um mit sich, der Welt und den anderen zurechtzukommen betrachtet werden. In den letzten Jahrzehnten ist nun immer deutlicher geworden, dass es zwei Problemfelder gibt, die nicht nur mit den bisherigen kulturellen Errungenschaften – an die Kinder herangeführt werden – nicht zu lösen sind, sondern die gerade durch diese Errungenschaften hervorgebracht werden: Zum einen das Problem der zunehmenden Ungerechtigkeit. Das gilt sowohl lokal, auch innerhalb der wohlhabenden Länder des Nordens – hier insbesondere die Zunahme der ungleichen Vermögensverteilung, die Chancenungleichheit aufgrund zugeschriebener Herkunft und in Deutschland insbesondere die Ungleichheit in den Chancen im Bildungssystem –, sowie global zwischen den Ländern des Nordens und des Südens – mit nie dagewesenem Wohlstand einerseits und Hunger und menschenunwürdigen Lebensbedingungen andererseits. Zum anderen das Problem des Erhalts der natürlichen Lebensgrundlagen für alle Menschen. angesichts einer Lebens- und Wirtschaftsweise die das Ökosystem Erde über die Grenzen seiner Regenerationsfähigkeit zu beanspruchen droht.

---

2 Das bringt Ahrens (2011) dazu, als Alternative zum hier vorgestellten Begriff transformatorischer Bildung, vom Begriff der Welterschließung auszugehen und ihn als „Arbeit an der geteilten Welt" zu fassen.

Das Konzept einer nachhaltigen Entwicklung zielt auf die Suche nach Lösungen für diese beiden Kernprobleme. Bildung für eine nachhaltige Entwicklung geht daher vom Prinzip der Gerechtigkeit und vom Erhalt natürlicher Lebensgrundlagen aus. Die Probleme einer nicht nachhaltigen Entwicklung sind dabei so komplex, dass bisherige Lösungsstrategien scheitern. Bildung für eine nachhaltige Entwicklung soll Kindern den Erwerb von Kompetenzen ermöglichen, die es ihnen erlauben, sich an Lösungsmöglichkeiten solch komplexer Probleme zu beteiligen. Ein Bildungsverständnis, das die individuelle Entwicklung neuer Weisen der Problembearbeitung in den Mittelpunkt stellt, ist daher besonders anschlussfähig. Das Konzept Bildung für eine nachhaltige Entwicklung bietet andersherum einen Begründungszusammenhang in dem die Auseinandersetzung mit den Dingen und Vorgehensweisen sowie die Entfaltung der individuellen Kräfte explizit in den Kontext von gegenwärtigen individuellen und gesellschaftlichen Problemen gestellt werden, insbesondere vor solche für die Lösungen noch nicht vorhanden sind. Damit findet in der Bildungsarbeit im Elementarbereich eine zweifache Verschiebung statt: Zum einen ist in der Auswahl der Dinge und Vorgehensweisen die an Kinder herangetragen werden, die Frage leitend, was für die Lösung von gegenwärtigen Problemen relevant ist. Zum anderen wird die Frage, was diese Dinge und Vorgehensweisen zur Lösung von Problemen beitragen können und inwiefern sie zur Entstehung der Probleme beitragen immer mit beachtet.

2 Bildung für eine nachhaltige Entwicklung als Beitrag zur Diskussion um die Kompetenzorientierung im Elementarbereich

Aus Sicht des Kindes stellt sich nun die Frage, ob andersherum, das Konzept Bildung für eine nachhaltige Entwicklung geeignet ist, um als Basis für die Gestaltung und Begleitung solcher Bildungsprozesse zu dienen.

Angesichts der Diagnosen gesellschaftlicher Gegenwart als einer flüssigen oder flüchtigen Moderne (Baumann 2003), einer zweiten Moderne (Beck 1986) oder eines beschleunigten sozialen Wandels (Rosa 2005) scheint die Idee, dass Menschen als autonome Subjekte, welche eine gewisse Kontinuität und Kohärenz (vgl. Koller 2012, S. 35) aufweisen, gesellschaftlichen Entwicklungen kritisch und handlungsfähig gegenüber stehen, kaum noch haltbar zu sein. Identität als „Verhältnis des Menschen zu sich selbst, soweit es ein bestimmtes Maß an Einheit aufweist" (Koller 2012, S. 35), scheint zunehmend problematisch zu werden. Mit der bedrohten Handlungsfähigkeit stellt sich die Frage, ob Menschen den gesellschaftlichen Verhältnissen heute wehrlos ausgeliefert sind. Dafür hat Rosa (2005) die Figur des Drifters, der „in einem Meer an Optionen und Kontingenzen" (ebd., S. 380) treibt und nur versuchen kann, das was ihm die

Strömung bietet zu nutzen, eingeführt. Wenn die perfekte Welle kommt, muss er in der Lage sein, seine Planungen zu verwerfen und die Gelegenheit nutzen, die sich ihm bietet.

Welche Fähigkeiten brauchen Kinder, um Gelegenheiten zu erkennen und sich selber so aufzustellen, dass sie solche auch plötzlich nutzen können? Kann eine solche Förderung überhaupt Ziel von Pädagogik sein, wenn klar ist, dass die persönlichen Ressourcen der Kinder, in solchen Situationen klar zu kommen, von vorne herein ungleich verteilt sind? Unterstützen wir mit einer solchen Sicht nicht auch immer ein Verständnis vom Kind als unternehmerischem Selbst, das die eigenen Potentiale im Hinblick auf einen Arbeitsmarkt, auf dem es sich einmal als dem Markt angepasstes Produkt durchsetzen muss, entwickelt? Für den Elementarbereich kann konstatiert werden, dass es kaum eine Auseinandersetzung mit solchen Fragen gibt. Wenn spätmoderne Lebensumstände explizit aufgegriffen werden, wie bei Fthenakis (2003), sind die angebotenen Lösungen in einem Denkraster formuliert, das am autonomen Subjekt festhält, das es nun eben unter widrigen Umständen zu stärken gilt. So wird im Bildungsplan Hessens unter „Stärkung kindlicher Autonomie und sozialer Verantwortung" ausgeführt, Bildung solle „dazu beitragen, dem Kind zu helfen, sich selbst zu organisieren, ein Bild über seine Stärken und Schwächen zu gewinnen und dadurch ein gesundes Selbstwertgefühl zu entwickeln" (Hessisches Sozialministerium & Hessisches Kultusministerium 2007, S. 25). Unter „Stärkung des kompetenten Umgangs mit Veränderungen und Belastungen" wird entsprechend aufgeführt, es gehe darum „jene Kompetenzen zu stärken, die das Kind befähigen, mit Belastungen und Veränderungen konstruktiv umzugehen. Es lernt, darin Herausforderungen zu sehen und seine eigenen Kräfte zu mobilisieren bzw. seine sozialen Ressourcen zu nutzen, die ihm eine erfolgreiche Bewältigung ermöglichen" (ebd., S. 26).

Die Begleitung von Kindern in der Kita kann sich nicht in einer bloßen Anpassung des Kindes an die gesellschaftlichen Gegebenheiten oder einer Stärkung von Kompetenzen, um unter widrigen Bedingungen als Individuum klar zu kommen, erschöpfen. Vielmehr muss der kollektive Moment, wie er über solidarische Anerkennung im Anschluss an den transformatorischen Bildungsbegriff zu fassen ist, Berücksichtigung finden, um die Gestaltungsmöglichkeiten von Gegenwart und Zukunft auzuzeigen. Bei Habermas ist Solidarität notwendig, um eine Lebensform, in der Gerechtigkeit unter den Angehörigen einer Gemeinschaft realisiert werden kann, überhaupt zu ermöglichen (vgl. Habermas 1991, S. 232).

In der Pädagogik findet sich die Idee einer Sozialität insbesondere in der Aufnahme des Anerkennungsdiskurses (Honneth 1992). Honneth interessiert sich weniger für die Identität der Gruppe, als dafür, worin gegenseitige Anerkennung besteht, die zunächst einmal die Identität des Individuums erzeugt. Im Anschluss an Hegel unterscheidet er drei Formen wechselseitiger Anerkennung.

Er geht dabei vom Begriff der Selbstbeziehung aus, die er als „das Bewusstsein oder das Gefühl [...], das eine Person von sich selber in Hinblick darauf besitzt, welche Fähigkeiten und Rechte ihr zukommen" (Honneth 2000, S. 66) fasst. Aufgrund philosophischer Ansätze einer Theorie der Person und von Ergebnissen aus der Entwicklungspsychologie unterschiedet er drei Formen: Selbstvertrauen, Selbstachtung und Selbstwertgefühl (ebd., S. 66f). Selbstvertrauen erlangt ein Kind Honneth zu folge über die „erfolgreiche Internalisierung des stabilen Fürsorgeverhaltens der primären Bezugspersonen" (Honneth 2003, S. 266). Im Anschluss an Mead und Piaget sieht er Selbstachtung durch „Internalisierung des mit anderen Kindern praktizierten Spielverhaltens" sich vollziehen, indem das Kind sich „im Spiel als ein Interaktionspartner erfährt, dessen Urteilsbildung als wertvoll oder zuverlässig empfunden wird" (ebd.). Selbstwertgefühl baut das Kind dabei parallel zur Selbstachtung auf.

Entsprechend differenziert er drei Weisen der Anerkennung: Durch Liebe und Fürsorge werden wir „als ein Individuum anerkannt, dessen Bedürfnisse und Wünsche für eine andere Person von einzigartigem Wert sind" (ebd., S. 71). Durch „moralischen Respekt" werden wir „als eine Person anerkannt, der dieselbe moralische Zurechnungsfähigkeit wie allen anderen Menschen zukommt" (ebd.). Durch Solidarität werden wir „als eine Person anerkannt, deren Fähigkeiten von konstitutivem Wert für eine konkrete Gemeinschaft sind" (ebd.). Solidarität ist als „wertgebundene Sorge um das Wohlergehen des anderen um unserer gemeinsamen Ziele willen" gedacht. Honneth bezieht sich dabei explizit auf eine Gruppenzugehörigkeit und spricht von „reziproken Pflichten zur solidarischen Anteilnahme, die sich auf alle Mitglieder der entsprechenden Wertgemeinschaft erstrecken" (Honneth 2000, S. 73), wie sie z.B. bei der gemeinsamen Lösung von Aufgaben oder in der Realisierung von Projekten besteht.

Legt man Honneths Konzept der Anerkennung einem Verständnis von Bildungsprozessen zugrunde, so sind ein paar Fallstricke zu berücksichtigen (vgl. Balzer 2007; Ricken 2009). Zum einen berücksichtigt Honneth nicht systematisch, dass „das was anerkannt wird [...] durch Anerkennung selbst gestiftet wird" (Ricken 2009, S. 85). Da Anerkennung immer Anerkennung in bestimmten Eigenschaften ist, wird die anerkannte Person immer auf etwas festgelegt und als solches hervorgebracht, ohne sich selber unter dieser Beschreibung wiedererkennen zu müssen (vgl. ebd., S. 86).[3] Darüber hinaus weist Ricken (ebd.) darauf hin, dass Anerkennung sich nicht bloß in affirmativen Akten vollzieht, sondern sich auch in Indifferenz oder Ablehnung vollziehen kann. Im Anschluss an Benjamin (1990) betont er, „dass es in Prozessen der Anerkennung gerade

---

3 Dieses Auseinanderliegen von Selbstwahrnehmung und Fremdwahrnehmung hat Balzer (2007) im Anschluss an Hannah Ahrendt weiter ausgeführt. Ricken bezieht sich auf Düttmann (1997).

nicht darum geht, von jemandem anerkannt zu werden, der – wie ein Trabant – um das Zentrum des Selbst kreist, sondern darum, für jemanden von Bedeutung zu sein, der sich als von mir auch unabhängig erweist und erweisen soll, indem er sich auch entzieht und mir versagt" (ebd., S. 86). Hinzu kommt nach Benjamin das Bedürfnis „zum Anderen vorzudringen" und damit den „Kerker des isolierten Selbst zu sprengen" (Benjamin 1990, S. 83). Wenn dies im Begehren und Lieben zur Selbstverausgabung führt, entziehen wir uns selbst und können uns selbst fremd werden. Ricken folgert, dass „Momente der Entzogenheit und Fremdheit" im Anderen als „Bedingung der Möglichkeit von Selbstsein" erscheinen und auch in uns selbst „als Dimensionen des eigenen, aber durch andere bedingten Selbstseins" (ebd. S. 87) angelegt sind.

Schließlich ist zu berücksichtigen, dass Anerkennung sich in der Aufnahme gesellschaftlicher Normen, die den Raum möglicher Identitäten aufspannen, aber auch begrenzen, ereignet. Damit ist Anerkennung ein Prozess in dem sich zugleich Subjektbildung und Unterwerfung unter diese Normen vollzieht (vgl. Butler 2001 und insbesondere 2003). Da Normen nur insofern bestehen, als sie sich in der Subjektbildung auch als bestehend erweisen und die Unterwerfung unter Normen nicht als mechanische Reproduktion (vgl. Butler 2001, S. 25) zu verstehen ist, eröffnet sich ein Spielraum „für psychischen wie geschichtlichen Wandel" (ebd., S. 26).

Wie kann nun das Konzept einer Bildung für eine nachhaltige Entwicklung dazu beitragen, eine Pädagogik zu eröffnen die über eine Orientierung an individuellen Kompetenzen hinausgeht? Honneths Begriff der Solidarität und Butlers Ansatzpunkt für eine normverändernde Praxis der Subjektbildung sollen hier als Ausgangspunkt dienen.

Unsere alltäglichen Konsumgüter – seien es nun Kleider, Nahrungsmittel, Spielzeug oder Computertechnik – werden heute unter Nutzung von Rohstoffen sowie von Arbeitskraft aus allen Teilen der Erde produziert. Das Konsumverhalten hat somit Auswirkungen auf die Lebensbedingungen von Menschen, sowie auf den Umgang mit den natürlichen Lebensgrundlagen rund um den Globus. Die reziproken Pflichten zur Anteilnahme müssen sich also auf die Menschheit insgesamt beziehen. Da wir heute auch die Ressourcen künftiger Generationen aufzubrauchen drohen, müssen künftige Generationen dabei einbezogen werden. Vor diesem Hintergrund bietet das Konzept einer nachhaltigen Entwicklung eine Zielorientierung. Die Werteorientierung gegenwärtiger Pädagogik wird neben Demokratie und Menschenwürde um inter- wie intragenerationelle Gerechtigkeit, sowie den Erhalt der natürlichen Lebensgrundlagen erweitert (vgl. Stoltenberg 2009, S. 32). Die Anerkennung individueller Fähigkeiten der Kinder im Rahmen kommunikativer Akte kann sich nicht im Rahmen einer Weltgesellschaft, aber als Anerkennung innerhalb der Gemeinschaft aller im Kindergarten zusammenkommenden Personen vollziehen. Im Rahmen des Konzeptes Bildung für eine nachhaltige Entwicklung wird die Gestaltung dieser Gemeinschaft –

auch als Teil des umgebenden Gemeinwesens – im Hinblick auf eine nachhaltige Entwicklung zum Ausgangspunkt der Pädagogik gemacht.

Die Kita ist ein Ort an dem sich Subjektbildung im Miteinander vieler Menschen vollzieht und meist der erste Ort an dem sich aus der Perspektive des Kindes tatsächlich eine normenverschiebende Subjektbildung – die das Potential hat Neues hervorzubringen – vollziehen kann, wenn Kinder den von Butler aufgezeigten Spielraum gemeinsam nutzen können. Da die bisher entwickelten kulturellen Praktiken der Menschheit nicht nur wesentliche Errungenschaften gebracht, sondern sie auch vor massive Zukunftsprobleme gestellt haben, muss die Aneignung dieser Praktiken heute immer im Hinblick auf die Möglichkeiten zur Lösung solcher Probleme, aber eben auch im Hinblick darauf, inwiefern die jeweiligen Praktiken zur Entstehung der Probleme beigetragen haben, geschehen.

Die hiermit formulierten Ansprüche mögen auf den ersten Blick wie eine Überforderung von Kindern wirken. Die jüngeren Ergebnisse einer evolutionären Anthropologie (Tomasello 2010 und 2011) zeigen dagegen, dass sich Kinder bereits ab ihrem ersten Geburtstag zum einen in erstaunlichem Maße kooperativ zeigen, dass sie darüber hinaus in bisher ungeahntem Maße soziale Normen verstehen und diese sogar selber herstellen.

Kinder zwischen dem 14. und 18. Lebensmonat zeigen Mitgefühl und sind bereit anderen Menschen – Erwachsenen wie Kindern – zu helfen. Eine spezifische Form des menschlichen Helfens ist die Weitergabe von Informationen (vgl. Tomasello 2010, S. 26). Durch Zeigegesten informieren Kinder andere bereits ab dem 12. Lebensmonat. Beachtenswert erscheint die Tatsache, dass diese Hilfsbereitschaft und Fähigkeit zu kooperieren unabhängig ist von der Intervention Erwachsener oder einem Belohnungssystem. Damit ist sie nicht auf kulturelle oder sozialisierende Prozesse zurückzuführen, sondern „Ausdruck der natürlichen Neigung von Kindern, Mitgefühl zu zeigen" (ebd.).

Ab einem Alter von drei Jahren lernen Kinder, dass Kooperation dazu führen kann, dass andere kooperativ sind, aber auch, dass man ausgenutzt werden kann, wenn man immer kooperativ ist (ebd., S. 36). Daher beginnen sie, ihre Kooperationsbereitschaft einzuschränken. In einer Kita die sich an einer Bildung für eine nachhaltige Entwicklung orientiert, bieten sich viele Möglichkeiten die Sinnhaftigkeit von kooperativem Verhalten täglich neu zu erfahren, sich auszuprobieren und kennenzulernen, welches Spektrum an Verhaltensweisen andere Kinder und Erwachsene mitbringen.

Tomasello stellt auch heraus, dass Kinder schon in einem Alter von drei Jahren sozialen Normen aktiv folgen und sich an ihrer Durchsetzung beteiligen (vgl. ebd., S. 41ff.). Sie tun dies, nicht wie Piaget meinte nur aufgrund von Autorität und Gegenseitigkeit, sondern auch dann, wenn sie „weder gezwungen noch dazu ermuntert" werden „gegenüber anderen auf der Einhaltung von Normen zu bestehen" (ebd., S. 43). Er schlussfolgert, dass Kinder über eine „soziale Rationalität" (ebd., S. 44) verfügen, die in der Einsicht besteht, dass die Verfolgung eines gemeinsamen Ziels auf dem Wege der Kooperation eine gegenseitige Abhängigkeit schafft. Er stellt heraus, dass Kinder diese soziale Rationalität auch außerhalb kooperativer Handlungen zeigen (ebd., S. 44). Darin zeigt sich also sehr früh ein Sinn der Kinder für notwendige Grundlagen für eine funktionierende Gemeinschaft, die sich gerade nicht auf individuelle Interessen zurückführen lassen.

Die Einigung auf Normen ist ein wesentlicher Bestandteil funktionierender Gemeinschaften. Bestehende Normen tragen aber auch zu nicht nachhaltiger Entwicklung bei. Daher muss die Reflexion dieser Normen in dem Moment einsetzen, in dem Kinder beginnen sich an dem Verstehen und der Durchsetzung der Normen zu beteiligen und einen Sinn für die Sozialität des menschlichen Daseins zu entwickeln. Vor dem Hintergrund der Einsicht Butlers, dass in der Unterwerfung unter Normen zugleich ein gesellschaftsveränderndes Potential liegt, können Warum-Fragen von Kindern Ausgangspunkt für eine Transformation gesellschaftlicher Normen sein.

3 Bildung für eine nachhaltige Entwicklung als Beitrag zur Professionalisierung und Profilbildung von Kitas

Die Orientierung an einem ethischen Leitbild und sich daraus ableitende Prinzipien wie Partizipation oder Gemeinwesenorientierung können helfen das Profil einer Einrichtung zu schärfen. Die erhöhte Reflexionsfähigkeit des pädagogischen Personals, die Ausrichtung an zukunftsrelevanten Themenstellungen, die Auswahl entsprechender Arbeitsweisen und Methoden tragen zur Qualitätsentwicklung und Professionalisierung bei.

Wie genau die Orientierung an Menschenwürde und Gerechtigkeit oder die Auseinandersetzung mit dem Erhalt der natürlichen Lebensgrundlagen in der Kita ermöglicht wird, liegt in der Verantwortung derer die in der Kita mitwirken – dem Personal, aber auch dem Träger und muss in Abhängigkeit der Analyse der Mikrostruktur der Einrichtung stehen.

Der inter- und intragenerationale Aspekt der Gerechtigkeit im Leitbild nachhaltiger Entwicklung fordert ErzieherInnen im Elementarbereich doppelt: der an sie gerichtete Anspruch lautet, globale Fragen und Zusammenhänge für sich selbst zu klären und in ihrer Bildungsarbeit zugänglich zu machen. Materialien, Erfahrungen und Wissen aus dem Globalen Lernen können hier hilfreich sein. Notwendig ist jedoch die Bereitschaft des pädagogischen Personals sich selbst seiner Sichtweisen und Einstellungen klar zu werden, um gut gemeinte Empathieübungen und Projekte so sensibel anzugehen, dass daraus keine rassistischen Zuschreibungen und kulturellen Verallgemeinerungen werden.

Herkunft, soziale Lage oder Religionszugehörigkeit der Familien sind damit Strukturkategorien und Einflussgrößen an denen sich die Kita bei der Ausgestaltung der Bildungsgelegenheiten, der Strukturierung des Tagesablaufs und bei Entscheidungen bezüglich der Betriebsführung und damit verbundenen Erwartungen an die Familien orientieren muss.

Die Arbeit mit dem Konzept Bildung für eine nachhaltige Entwicklung ermöglicht auch eine Auseinandersetzung mit dem Mensch-Natur-Verhältnis. Die oben angedeuteten gesellschaftliche Wandlungsprozesse, die analysiert wurden als Veränderungen der raum-dinglichen und sozio-emotionalen Bedingungen des Aufwachsens, einhergehend mit einem Verlust von unmittelbaren Naturerfahrungen von Kindern (vgl. Häfner 2002, S. 32), waren Anfang der 1990er Jahre Anlass für die Gründung der ersten Waldkindergärten. Durch die mediale Aufmerksamkeit und den fachlichen Austausch geben sie seit Mitte der 90er Jahre des 20. Jahrhunderts den Regelkindergärten Impulse für veränderte und vermehrte Aufenthalte im Freien sowie die Einführung von Wald- und Naturtagen. Die 1992 in Rio verabschiedete Agenda21, mit ihrer Programmatik der Beteiligung und Bildung aller, beförderte den Ausbau der Angebote der Umweltbildung und eine Erweiterung des Angebotsspektrums für Kinder die noch nicht die Schule besuchen müssen und ihrer Familien. In den letzten Jahren ist zudem eine Fülle an Literatur für die pädagogische Praxis, sowie Materialien wie Becherlupen und robuste Kleidung verfügbar geworden, die es Kindergärten erleichtern Naturerfahrung und Umweltbildung selbst anzubieten oder sich Partner dafür in der Region zu suchen. Mit diesen positiven Entwicklungen verbunden ist die Gefahr, dass in der Kita ein Naturbild entworfen wird, das Natur als Lebensraum, als Erholungs- und als Schutzraum stilisiert, aber außer Acht lässt, dass Nachhaltige Entwicklung auf dem Prinzip der Retinität[4] basiert. Bildung für eine nachhaltige Entwicklung reflektiert und erweitert das Mensch-Natur-Verhältnis um die Komponente, dass Natur auch Ressource ist (vgl. Stoltenberg 2009, S. 35). Das verändert die Perspektive auf den Leitgedanken „Erhalt der natürlichen Lebensgrundlagen" und ermöglicht in Bildungs- und Lernprozessen die Auseinandersetzung mit Fragen der Naturnutzung, mit Verteilungsgerechtigkeit und Aspekten der unbelebten Natur.

Der Kita als Institution kommt bei der Verankerung von Bildung für eine nachhaltige Entwicklung eine bedeutende Rolle zu: Architektur und Raumgestaltung können mit einer bewussten Ausrichtung an den Dimensionen nachhaltiger Entwicklung und den Entwicklungspräferenzen der Kinder, als „dritter Erzieher"[5] und als heimlicher Lehrplan wirken. Es ist bedeutsam, welche Materia-

---

4 Der Rat von Sachverständigen für Umweltfragen (SRU) definiert Retinität in seinem Umweltgutachten 1994 als „Gesamtvernetzung aller menschlichen Tätigen und Erzeugnisse mit der sie tragenden Natur".

5 Der Begriff geht auf Loris Malaguzzi (vgl. Malaguzzi 1987, S. 30) den Begründer der Reggio Pädagogik zurück. In dieser ist der Raum Teil des pädagogischen Konzeptes. Bei

lien die Kinder umgeben, wie die Bildungsgelegenheiten präsentiert werden und unter welchen Bedingungen sie gefertigt wurden. Es ist im Sinne nachhaltiger Entwicklung selbst und für die Wirksamkeit informeller Lernprozesse im Gemeinwesen ebenso bedeutsam, dass sich die Verantwortlichen einer Kita Fragen stellen danach, woher Energie oder Nahrungsmittel bezogen werden, welche Farbe an den Wänden verwendet wurde oder mit welchen Reinigungsmitteln saubergemacht wird und wie die Gestaltung des Außengeländes zu Artenvielfalt und Stadtentwicklung beitragen kann.

4 Potenziale des Elementarbereichs für Bildung für eine nachhaltige Entwicklung

Bildung für eine nachhaltige Entwicklung ist kein zusätzliches neues Thema für die Kindertagesstätten, sondern eine neue Orientierung, die es ermöglicht, mit einem neuen Blick das Verhältnis der Menschen zueinander und zu der den Menschen tragenden Natur zu betrachten. Bildung für eine nachhaltige Entwicklung ist also ein Rahmenkonzept für die Kita, das einen Perspektivwechsel vollzieht: die Bildungsgelegenheiten die angeboten werden, aber auch die ErzieherInnenpersönlichkeit, die Zusammenarbeit mit den Eltern oder die Betriebsführung werden in einen bedeutungsvollen Zusammenhang für die Gegenwarts- und Zukunftsgestaltung gestellt und ermöglichen die Entwicklung von Gestaltungskompetenzen, die uns befähigen, die Herausforderungen dieser Gegenwart und Zukunft anzunehmen. Dabei ist Bildung für eine nachhaltige Entwicklung ein positives, ein motivierendes Konzept, weil es gemeinsam und in der Auseinandersetzung mit anderen neue Einsichten und Ansichten ermöglicht.

Bildung für eine nachhaltige Entwicklung passt zum Selbstverständnis der pädagogischen MitarbeiterInnen und dem Auftrag des Elementarbereichs.

Der Rolle der ErzieherIn als Lern- und BildungsbegleiterIn kommt eine besondere Bedeutung zu: in der Art ihrer Interaktion zum und mit dem Kind, als Person mit einer bestimmten Werthaltung und einem bestimmten Menschenbild gestaltet sie – gemeinsam mit KollegInnen und im Austausch mit Träger und Eltern – Raum und Zeit für und mit den Kindern. Die Ermöglichung von Partizipation, die Art der Herangehensweise an Themenfindung und -bearbeitung, die Methoden und Arbeitsweisen, Zugangsmöglichkeiten und Bildungsgelegenheiten sowie der Austausch der Kinder miteinander und mit den Erwachsenen liegt zum großen Teil in ihrer Verantwortung.

Malaguzzi umfasst der Raum jedoch nicht nur die Kita-Räumlichkeiten und ihre Ausstattung sondern ebenso das räumliche Umfeld in das die Kita eingebettet ist, als Lern- und Erfahrungsort.

Im Juni 2012 jährt sich nicht nur die UN Conference on Environment and Development in Rio de Janeiro, aus der als ein bedeutsames Dokument die Agenda21 hervorging, zum zwanzigsten Mal[6], auch die UN-Konvention über die Rechte des Kindes in Deutschland sind im April 2012 seit 20 Jahren in Kraft[7]. Die Vertragsstaaten sichern darin jedem Kind in ihrem Land die Gewährleistung der vereinbarten Rechte „ohne jede Diskriminierung unabhängig von der Rasse, der Hautfarbe, dem Geschlecht, der Sprache, der Religion, der politischen oder sonstigen Herkunft, des Vermögens, einer Behinderung, der Geburt oder des sonstigen Status des Kindes, seiner Eltern oder seines Vormunds" in Artikel 2 (1) zu und verpflichten sich in Artikel 2(2) dazu, sicherzustellen, das Kind auch vor jeglichen Formen der Diskriminierung „wegen des Status, der Tätigkeiten, der Meinungsäußerungen oder der Weltanschauung seiner Eltern, seines Vormunds oder seiner Familienangehörigen" zu schützen. Daraus erwächst für die Institutionen die Kinder besuchen der Auftrag, das Recht von Kindern auf Respekt und Gleichwürdigkeit nicht nur anzuerkennen sondern in der Bildungsarbeit, im täglichen Umgang miteinander und in der Ausgestaltung der Räume und Materialien auch aktiv zu ermöglichen.

Nach der Familie ist meist die Kindertagesstätte die erste Bildungsinstitution, in der sich die Kinder systematisch ihre Welt erschließen können: Menschen verschiedener Generationen, unterschiedlichen Geschlechts, Herkunft und Konfession, Menschen mit unterschiedlicher geistiger, emotionaler und körperlicher Individualität gestalten ihren Tag miteinander. Sie können voneinander und miteinander lernen. Sie müssen sich, in einem Rahmen aus Räumlichkeiten und vereinbarten Regeln, miteinander arrangieren und ihr Zusammensein gestalten. Hier lernen Kinder andere Werte und Ansichten kennen und haben die Gelegenheit, Verschiedenheit bewusst wahrzunehmen, mit ihr zu leben und sie als etwas positives zu erfahren. Die Kita ist also ein wichtiger Raum, um Vielfalt und Heterogenität erleben zu können und Handlungskompetenz zu erlangen. Prengel (2006) weist darauf hin, dass durch pädagogische Intervention bzw. in Bildungseinrichtungen generell aber auch die Gefahr besteht, dass die Verschiedenheit, das „Anders" durch Assimilationsprozesse und Hierarchiebildung gerade konstruiert wird und die Anerkennung von Verschiedenheit eine besondere

---

6 Der Weltgipfel der vom 03. – 14.06.1992 in Rio de Janeiro stattfand und an dem etwa 10 000 Delegierte aus 178 Staaten teilnahmen, brachte neben der Agenda 21 die Deklaration von Rio über Umwelt und Entwicklung sowie Konventionen zu Klimaschutz, Biodiversität und zur Bekämpfung der Wüstenbildung sowie die Walddeklaration hervor.

7 Die Konvention über die Rechte des Kindes wurden am 20.November 1989 in der Generalversammlung der Vereinten Nationen verabschiedet. Am 26.01.1990 wurde die Konvention von der Bundesrepublik Deutschland unterzeichnet und trat am 05. April 1992 schließlich in Kraft.

Dynamik birgt: „Die heterogenen Impulse aus anderen Lebensweisen sind weder wahr noch gut, sie selbst sind begrenzt, partikular, konfliktreich. Kulturelle Begegnung produziert immer neue, selbst nur partikulare, veränderliche Möglichkeiten" (Prengel 2006, S. 180). Wenn die Individualität des Einzelnen verstanden wird als Ausdruck von Reichtum und Gemeinschaft förderndes Potential einer Gesellschaft, und im Sinne Mecherils (2004) Bedingungen geschaffen werden, dass „es Einzelnen möglich ist, sich als diejenigen darzustellen und einzubringen, als die sie sich verstehen" (Mecheril 2004, S. 217), verdeutlicht das ein wichtiges Prinzip, das im ethischen Leitbild von Bildung für eine nachhaltige Entwicklung seine Entsprechung findet: die Anerkennung von Vielfalt und die Fähigkeit zu Solidarität.

Ganz anders als die Schule ist der Kita-Bereich durch seine Zuordnung zur Kinder- und Jugendhilfe nicht an ein verbindliches Curriculum gebunden. Durch die föderale Struktur und das Subsidiaritätsprinzip ergibt sich zudem eine breite Vielfalt von Trägern, die unterschiedliche Akzentuierungen mitbringen und ermöglichen. Gemäß ihrer eigenen Leitbilder und pädagogischer Grundsätze können Träger und Kita den Gedanken einer nachhaltigen Entwicklung entsprechend aufnehmen, integrieren und sich verantwortlich zeigen für die Mitgestaltung einer entsprechenden Gegenwart und Zukunft. Das fehlende Curriculum eröffnet zudem Spielräume, um entsprechende Schwerpunkte zu setzen und das Profil der Einrichtung weiter zu schärfen.

Literatur
Ahrens, S. (2011). *Experiment und Exploration – Bildung als experimentelle Form der Welterschließung.* Bielefeld: transcript.
Balzer, N. (2007). Die Doppelte Bedeutung der Anerkennung. Anmerkungen zum Zusammenhang von Anerkennung, Macht und Gerechtigkeit. In: M. Wimmer, R. Reichenbach & L. Pongratz (Hrsg.), *Bildung und Gerechtigkeit* (S. 49 - 76). Paderborn u.a.: Schöningh.
Baumann, Z. (2003). *Flüchtige Moderne.* Frankfurt am Main: Suhrkamp.
Beck, U. (1986). *Risikogesellschaft.* Frankfurt am Main: Suhrkamp.
Benjamin, J. (1990). *Die Fesseln der Liebe. Psychoanalyse, Feminismus und das Problem der Macht.* Basel: Stroemfeld/Roter Stern.
Butler, J. (2003). Noch einmal: Körper und Macht. In: A. Honneth & M. Saar (Hrsg.), *Michel Foucault. Zwischenbilanz einer Rezeption. Frankfurter Foucault-Konferenz 2001 (S. 52-67).* Frankfurt am Main: Suhrkamp.
Butler, J. (2001). *Psyche der Macht. Das Subjekt der Unterwerfung.* Frankfurt am Main: Suhrkamp.
Deutscher Bundestag (2000). Beschlussempfehlung und Bericht: Bildung für eine nachhaltige Entwicklung. Berlin, Bundestagsdrucksache 14/3319.

Düttmann, A. G. (1997). *Zwischen den Kulturen. Spannungen im Kampf um Anerkennung*. Frankfurt am Main: Suhrkamp.
Fthenakis, W. E. (2003). Zur Neukonzeptualisierung von Bildung in der frühen Kindheit. In: ders. (Hrsg.), *Elementarpädagogik nach PISA* (S. 18 - 37). Freiburg im Breisgau.
Gerspach, M. (2006). *Elementarpädagogik – Eine Einführung*. Stuttgart: Kohlhammer.
Habermas, J. (1991). Gerechtigkeit und Solidarität. In: G. Nunner-Winkler (Hrsg.), *Weibliche Moral: Die Kontroverse um eine geschlechtsspezifische Ethik* (S. 225-236). Frankfurt am Main: Campus.
Häfner, P. (2002). *Natur- und Waldkindergärten in Deutschland – eine Alternative zum Regelkindergarten in der vorschulischen Erziehung*. Heidelberg.
Hessisches Sozialministerium & Hessisches Kultusministerium (2007). *Bildung von Anfang an. Bildungs- und Erziehungsplan für Kinder von 0 bis 10 Jahren in Hessen*. URL: http://www.bep.hesse.de (Download vom 1.2.2012)
Honneth, A. (2003). Das Ich im Wir. Anerkennung als Treibkraft von Gruppen, In: ders. (2010). *Das Ich im Wir. Studien zur Anerkennungstheorie* (S. 261 - 279). Frankfurt am Main: Suhrkamp.
Honneth, A. (2000). Zwischen Aristoteles und Kant. Skizze einer Moral der Anerkennung. In: W. Edelstein & G. Nunner-Winkler (Hrsg.), *Moral im Kontext* (S. 55 - 76). Frankfurt am Main: Suhrkamp.
Honneth, A. (1992). *Kampf um Anerkennung. Zur moralischen Grammatik sozialer Konflikte*. Frankfurt am Main: Suhrkamp.
Humboldt, W. v. (1980). *Werke in fünf Bänden*. Band 1. hrsg. von A. Flitner & K. Giel. Darmstadt: Wissenschaftliche Buchgesellschaft.
Koller, H.-C. (2012). *Bildung anders denken – Einführung in die Theorie transformatorischer Bildungsprozesse*. Stuttgart: Kohlhammer.
Koller, H.-C. (2010). Grundzüge einer Theorie transformatorischer Bildungsprozesse, In: A. Liesner & I. Lohmann (Hrsg.), *Gesellschaftliche Bedingungen von Bildung und Erziehung* (S. 288 - 300). Stuttgart: Kohlhammer.
Malaguzzi, L. (1987). Environment – surroundings. The right to environment. In: Regione Emilia Romagna / Comune, di Reggio Emilia-Assesorato all'istruzione (Hrsg.), *I cento linguaggi die bambini – the hundred languages of children* (S. 30 - 32). Regione Emilia Romagna – Comune di Reggio Emilia.
Mecheril, P. (2004). *Einführung in die Migrationspädagogik*. Weinheim: Beltz.
Meyer-Drawe, K. (2008). *Diskurse des Lernens*. München: Fink.
Prengel, A. (2006). *Pädagogik der Vielfalt. Verschiedenheit und Gleichberechtigung in Interkultureller, Feministischer und Integrativer Pädagogik*. Wiesbaden: VS-Verlag.

Ricken, N. (2009). Über Anerkennung – oder: Spuren einer anderen Subjektivität. In: ders. , H. Röhr , J. Ruhloff, & K. Schaller (Hrsg.), *Umlernen. Festschrift für Käte Meyer-Drawe* (S. 77 - 94). Paderborn: Wilhelm Fink.

Rosa, H. (2005). *Beschleunigung – Die Veränderung der Zeitstrukturen in der Moderne.* Frankfurt am Main: Suhrkamp.

SRU – Der Rat von Sachverständigen für Umweltfragen (1994). *Umweltgutachten 1994. Für eine dauerhaft-umweltgerechte Entwicklung.* Stuttgart.

Stoltenberg, U. (2009). *Mensch und Wald. Theorie und Praxis einer Bildung für eine nachhaltige Entwicklung am Beispiel des Themenfeldes Wald.* München: oekom.

Stoltenberg, U. & Thielebein-Pohl, R. (Hrsg.) (2011). *KITA21 – Die Zukunftsgestalter. Mit Bildung für eine nachhaltige Entwicklung Gegenwart und Zukunft gestalten.* München: oekom.

Tomasello, M. (2011). *Die Ursprünge der menschlichen Kommunikation.* Frankfurt am Main: Suhrkamp.

Tomasello, M. (2010). *Warum wir kooperieren.* Berlin: Suhrkamp.

UNESCO, BMBF (2009). *Bonner Erklärung zur Bildung für nachhaltige Entwicklung. UNESCO Weltkonferenz 31.03. – 02.04.2009.* Bonn, UNESCO, S.6

Hochschulbildung für nachhaltige Entwicklung – eine Bestandsaufnahme

Maik Adomßent & Christa Henze

Abstract

Higher education plays a crucial role in the context of sustainable development in as much as it has a significant influence on the way in which future generations will deal with the responsible societal switch points with the complex requirements, which during the course of globalisation, worldwide trade, dealing with poverty as well as environment and development, have been brought upon them. Thus, universities' central tasks of teaching, research and continuing education programs have to be taken as much into consideration as their societal outreach and the implementation of sustainability principles into the university management.

In this paper the current state of affairs is presented by unfolding efforts of implementation in the areas of teaching and learning, and sustainability research against the backdrop of international and national political framework conditions. Furthermore, the debate on education for sustainable development in higher education is characterized by substantial initiatives of non-governmental organizations and informal groups of actors. The paper concludes with a series of proposals for the future development of higher education for sustainability.

1 Die Bedeutung von Hochschulen für Bildung für nachhaltige Entwicklung

Hochschulen als Kern des Wissenschaftssystems mit den Aufgabenfeldern Forschung, Lehre und Dienstleistung sind ein wichtiger Bildungsbereich für die Ziele einer Bildung für nachhaltige Entwicklung (BNE), kommt ihnen doch die zentrale Aufgabe zu, die komplexen Probleme einer zunehmend globalisierten Weltgesellschaft zu erkennen und substanzielle Beiträge für eine globale Zukunftsgestaltung zu erarbeiten. Dies impliziert, dass sie sich einer nachhaltig orientierten Weltentwicklung verpflichtet fühlen und dies verantwortungsvoll in all ihren Aufgaben- und Handlungsfeldern umsetzen:

Hochschulen leisten die Grundausbildung für sämtliche Berufe, die eine wissenschaftliche Ausbildung benötigen, darunter zukünftige Führungspersönlichkeiten und Lehrpersonen mit Multiplikatorfunktion. Gleichzeitig obliegt Hochschulen die Qualifizierung des wissenschaftlichen Nachwuchses. Um all dies auf der Basis neuester Erkenntnisse leisten zu können, ist eine hochqualifizierte Forschung in Grundlagen- und Anwendungsfeldern unverzichtbar.

Über die wissenschaftliche Forschung sind Hochschulen Werkstätten des Erkenntniszuwachses. Im Kontext von BNE kommt ihnen eine besondere gesellschaftliche Aufgabe als Denkfabrik zu, die ein wissenschaftsbasiertes Planen und Erproben möglicher nachhaltiger Zukünfte einschließt.

Zu den Kernaufgaben von Hochschulen gehört auch der Transfer von Wissensbeständen und Forschungsergebnissen in die Gesellschaft. Außerdem sind Hochschulen aufgefordert, sich als Akteure gesellschaftlichen Engagements zu verstehen, indem sie nachhaltige Entwicklungsprozesse aktiv unterstützen und begleiten.

Darüber hinaus gilt es, Ansätze zu einem nachhaltigen Lebens- und Konsumstil im Universitätsbetrieb umzusetzen (Administration, Management, Beschaffung etc.). Dies bietet insbesondere für Studierende – z. B. im Rahmen eines Freiwilligen-Engagements – zugleich Chancen für wertvolle informelle Lernprozesse, die nicht institutionell und/oder didaktisch organisiert sind.

In der Konsequenz sind Hochschulen gefordert, nicht nur in der Forschung, sondern auch in der Lehre einschließlich weiterführender akademischer Ausbildungsgänge (Promotion) spezialisierte Fachkompetenz in problemorientierte, systemische und integrierte Bearbeitungs- und Betrachtungsweisen einzubeziehen und die dafür notwendigen fächerübergreifenden Forschungs- und Lehrstrukturen zu schaffen. Ein solches inter- und transdisziplinäres Denken und Arbeiten, das auf die Befähigung der Studierenden zu erfolgreichem selbstständigen Handeln und globaler Verantwortung abzielt, ist bisher im universitären Bereich die Ausnahme und wird auch in der Scientific Community noch nicht honoriert. Zudem handelt es sich auch wissenschaftspolitisch um einen marginalen und wenig gewürdigten Bereich.

1.1 Internationale Rahmenbedingungen

Die Hochschulen sehen sich seit geraumer Zeit stetig wachsenden Herausforderungen gegenüber. Spätestens seit sich die europäischen Bildungsminister 1999 in der Bologna-Erklärung auf die Einführung eines Systems vergleichbarer Abschlüsse verständigt haben, ist deutliche Bewegung in die Hochschulentwicklung gekommen. So werden an Universitäten und Fachhochschulen – begleitet von Evaluations- und Akkreditierungsagenturen – die traditionellen Diplom- und Magisterstudiengänge auf Bachelor- und Masterprogramme umgestellt.

Wie im Bergen Kommuniqué (Mai 2005) der europäischen Bildungsminister festgehalten, soll nachhaltige Entwicklung im Bologna-Reformprozess, der bis zum Jahr 2010 umgesetzt werden sollte, eine besondere Rolle spielen. Diese Bestrebungen werden auch durch die Weltdekade der Vereinten Nationen „Bildung für nachhaltige Entwicklung 2005 – 2014" unterstützt, welche die Bedeutung von Bildungsprozessen – auch für die Hochschulbildung – zur Umsetzung des Leitbilds einer nachhaltigen Entwicklung unterstreicht (Adomßent & Henze 2006). Den internationalen Auftakt der UN-Dekade für den Hochschulbereich leistete die Konferenz „Committing Universities to Sustainable Development" (Graz, April 2005), den nationalen eine Veranstaltung zum Thema „Nachhaltige Hochschulbildung im Bologna-Prozess" (Oldenburg, Februar 2005).

Vom 31. März – 2. April 2009 fand in Bonn die UNESCO-Weltkonferenz „Bildung für nachhaltige Entwicklung – Startschuss für die zweite Halbzeit der UN-Dekade" mit über 900 Teilnehmerinnen und Teilnehmern aus aller Welt statt. In der Bonner Erklärung, die in einem transparenten, inklusiven und partizipativen Prozess erarbeitet wurde, heißt es u. a.: „Bildung für nachhaltige Entwicklung gibt eine neue Richtung für das Lernen und die Bildung aller Menschen vor. (...) Sie basiert auf Werten, Prinzipien und Praktiken, die erforderlich sind, um gegenwärtigen und zukünftigen Herausforderungen wirkungsvoll zu begegnen" (Deutsche UNESCO-Kommission 2009, S. 3). Damit sind auch Hochschulen aufgefordert, ihre Studiengänge und Forschungsdesigns im Sinne einer nachhaltigen Entwicklung zu erneuern und über Innovationen in der Lehre nachzudenken.

Auf europäischer Ebene werden die Relevanz der BNE und die besonderen Aufgaben von Hochschulen im Kontext der Herausforderungen einer globalisierten Welt untermauert durch die von den Umwelt- und Bildungsministern der Wirtschaftskommission für Europa angenommenen „UNECE-Strategie über die Bildung für nachhaltige Entwicklung" (Vilnius, März 2005) sowie ihre Erklärung zur Bildung für nachhaltige Entwicklung bei der 6. Ministerkonferenz im Rahmen des „Environment for Europe"-Prozesses (Belgrad, Oktober 2007). Auch die während der deutschen Ratspräsidentschaft durchgeführte internationale Konferenz „UN-Dekade ‚Bildung für nachhaltige Entwicklung' – Der Beitrag Europas" (Berlin, Mai 2007) betonte u. a. die zentrale Rolle der Hochschulbildung für nachhaltige Entwicklung im Bologna-Prozess sowie notwendige Schwerpunktsetzungen im Forschungsbereich (vgl. Adomßent & Henze 2007).

1.2 Politischer Rahmen auf nationaler Ebene

Auf nationaler Ebene erschweren die durch die Föderalismusreform erfolgte weitgehende Übertragung der Verantwortlichkeit für die Bildungspolitik auf die Länder und der Rückzug des Bundes aus bildungspolitischen Grundsatzfragen bundeseinheitliche Innovationsprozesse. Auch dürften besondere Anstrengungen notwendig sein, um vermeintlich nicht-prioritäre Themen wie nachhaltige Entwicklung auf die Agenda der gemeinsamen Wissenschaftskonferenz von Bund und Ländern zu setzen. Derzeit wird die Wissenschaftspolitik stark durch den Wettbewerb „Exzellenzinitiative" geprägt: Während die Förderung international orientierter Spitzenforschung im Fokus steht, wird gleichzeitig versäumt, notwendige nachhaltige Entwicklungsprozesse wissenschaftlich zu untermauern.

Ob und wie politische Willensbekundungen zur Bildung für nachhaltige Entwicklung ihren umsetzungsrelevanten Niederschlag in der politischen Agenda finden, spiegeln Strategien und Aktionspläne vor allem auf Landesebene wider. Deren Etablierung gibt Auskunft über die formale Verankerung von Bildung für nachhaltige Entwicklung und veranschaulicht zugleich, welches Gewicht dem Bildungsbereich im Vergleich zu anderen gesellschaftlichen Sektoren beigemessen wird. Dabei sind Nachhaltigkeitsstrategien und Aktionspläne der Bundesländer zur Bildung für nachhaltige Entwicklung gekoppelt zu betrachten. So geben die Nachhaltigkeitsstrategien der Bundesländer Auskunft darüber, welches Gewicht dem Bildungsbereich im Vergleich zu anderen gesellschaftlichen Sektoren gegeben wird. Im positiven Fall wird Bildung für nachhaltige Entwicklung als wichtiges Aktionsfeld gesehen. Die Aktionspläne erlauben dann einen Blick auf Detailaspekte, indem sie trotz ihres unterschiedlichen Aufbaus qualitative Vergleiche im Hinblick auf einzelne Bildungsbereiche ermöglichen.

Bislang haben sieben Bundesländer Nachhaltigkeitsstrategien erarbeitet, in fünf weiteren befindet sich diese gegenwärtig in Vorbereitung. Grundsätzlich lässt sich festhalten, dass die wichtige Rolle von Bildung für nachhaltige Entwicklung in allen Nachhaltigkeitsstrategien betont wird (Tabelle 1).

Tab. 1: Verbreitung von Nachhaltigkeitsstrategien und Aktionsplänen zur Bildung für nachhaltige Entwicklung in den Bundesländern (Stand: Dezember 2011)

Land	Nachhaltigkeitsstrategien		Aktionspläne	
	N-Strategie vorhanden?	**Wird BNE betont?**	**Aktionsplan vorhanden?**	**Ziele für Hochschulen?**
Baden-Württemberg	ja	ja (2008 separates Gutachten)	ja	ja
Bayern	in Vorbereitung	Ja	ja	ja
Berlin	nein		nein	
Brandenburg	ja	Ja	ja	ja
Bremen	nein		nein	
Hamburg	in Vorbereitung		ja	ja
Hessen	Ja	ja (eingeschränkt)	nein	
Mecklenburg-Vorpommern	nein		ja	nein
Niedersachsen	Ja	Ja	nein	
Nordrhein-Westfalen	in Vorbereitung	Ja	ja	ja
Rheinland-Pfalz	Ja	Ja	ja	nein
Saarland	im Koalitionsvertrag erwähnt		ja	nein
Sachsen	in Vorbereitung		nein	

Sachsen-Anhalt	Ja	Ja	ja	ja
Schleswig-Holstein	Ja	Ja	ja	ja
Thüringen	in Vorbereitung	Ja	ja	ja

Annähernd drei Viertel aller Bundesländer haben Aktionspläne zur Bildung für nachhaltige Entwicklung erarbeitet (vgl. Tab. 1). Diese werden in einigen Fällen jährlich oder wiederholt fortgeschrieben, wie beispielsweise in Hamburg. Einerseits finden sich in den Aktionsplänen recht allgemeine Aussagen zur Bedeutung von Hochschulen für BNE, indem diese beispielsweise als Impulsgeber für eine nachhaltige Entwicklung – auch im internationalen Kontext – charakterisiert werden oder ein Aufforderungskatalog zu finden ist, der sich an den institutionellen Kernaufgaben von Hochschulen (Forschung, Lehre und Vernetzung – auch über die Landesgrenzen hinaus) orientiert. Eine besondere Prägnanz zeigen hingegen jene Landesaktionspläne, die konkrete Maßnahmen und Zielformulierungen für den Hochschulbereich formulieren. Zur Konkretisierung seien drei Bundesländer erwähnt: So benennt der Aktionsplan des Landes Sachsen-Anhalt als Maßnahme den Abschluss von Zielvereinbarungen mit den Hochschulen zum Thema BNE/Nachhaltigkeit (Zielvereinbarungsperiode 2011-2015). Demgegenüber wurden im stetig überarbeiteten Aktionsplan der Hansestadt Hamburg seit Beginn der UN-Dekade für den Hochschulbereich bereits mehrere Maßnahmen formuliert, umgesetzt und bereits abgeschlossen. Die neuen oder aktuell noch laufenden Maßnahmen (Hamburger Aktionsplan 2010/2011) fokussieren zum einen auf die Entwicklung von Hochschulcurricula im Projekt KLIMZUG-Nord; hier sollen bis zum Jahr 2014 Ansätze gefunden werden, um den Folgen des Klimawandels in der Metropolregion Hamburg zu begegnen. Zum anderen handelt es sich um die Maßnahmen „Lehramt an beruflichen Schulen – Nachhaltigkeit im BA/MA-Studium für Lehrende in der Berufsbildung" sowie „Public Management – Nachhaltigkeit in der Ausbildung für den gehobenen Verwaltungsdienst". Im aktuellen Thüringer Aktionsplan 2011/2012 findet sich als Maßnahme der inter- und transdisziplinäre Forschungsantrag „Lebenswelten vor Ort gemeinsam nachhaltig gestalten" (voraussichtlich 2012-2015).
Wenngleich die Landesaktionspläne dokumentieren, inwiefern sich die Länder an der Umsetzung der UN-Dekade „Bildung für nachhaltige Entwicklung" beteiligen, so muss einschränkend festgehalten werden, dass eine Vergleichbarkeit zwischen den Landesaktionsplänen nur bedingt gegeben ist.
Auf Bundesebene ist der nationale Aktionsplan das zentrale Referenzdokument für die Umsetzung der UN-Dekade in Deutschland. In dem in der ersten und zweiten Fassung (2005 und 2008) ausgewiesenen Maßnahmenkatalog finden sich keine Aktivitäten für den Hochschulbereich, die dort längerfristig deutliche Entwicklungsfortschritte haben befördern können – mit Ausnahme einer Maßnahme des BMZ zu Studienprogrammen der Weiterqualifizierung von Wis-

senschaftlern und akademisch ausgebildeten Fach- und Führungskräften aus Entwicklungsländern durch Hochschul- und Wissenschaftskooperationen. In der dritten und letzten Fassung des Nationalen Aktionsplans (September 2011) (Nationalkomitee der UN-Dekade „Bildung für nachhaltige Entwicklung" 2011) findet sich kein Maßnahmenkatalog mehr. Dies ist deutlich zu kritisieren, da auf diese Weise die politische Wirksamkeit des Nationalen Aktionsplans, seine Zielorientierung, Verbindlichkeit und Schärfe im Konkretisierungsgrad deutlich geschwächt werden.

2 Stand der Entwicklungen

2.1 Studium und Lehre

Relevante Themenfelder einer nachhaltigen Entwicklung sind Bestandteil verschiedener Studienangebote an deutschen Hochschulen. Kritisch ist jedoch anzumerken, dass dies nicht grundsätzlich mit einer *Bildung* für nachhaltige Entwicklung gleichzusetzen ist. In einer auf Selbstberichten der Hochschuleinrichtungen basierenden Studie von de Haan (2007) werden drei Gruppen von Studienangeboten differenziert (n: 325):

Der prozentual größte Anteil – 54,6 % – fällt auf Studiengänge mit nachhaltigkeitsrelevanten Studienschwerpunkten. Hier werden im Verlauf des Studiums entsprechende Vertiefungsmöglichkeiten, spezielle Module mit Nachhaltigkeitsbezug oder Wahlpflichtbereiche angeboten (z. B. Vertiefung „Ressourcenmanagement" im Studiengang „Betriebswirtschaftslehre").

Knapp ein Drittel der Studiengänge (30,8 %) lässt sich als ausdrückliche Nachhaltigkeitsstudiengänge identifizieren. Dabei handelt es sich sowohl um grundständige als auch konsekutive Studiengänge (z. B. Bachelor of Science (BSc) „International Forest Ecosystem Management"; BSc und Master of Science „Abfallwirtschaft und Altlasten"; Master of Science „Nachhaltiges Tourismusmanagement"; Master of Science Sustainable Energy Competence (SENCE)).

Als dritte Gruppe sind Studiengänge zu nennen, in denen einzelne Veranstaltungen Bezüge zu Themen einer nachhaltigen Entwicklung aufweisen (14,2 %).

Analysiert man die Studienangebote nach Wissenschaftsbereichen, so fällt die deutliche Dominanz der Ingenieurwissenschaften auf (47,7 %). Als sehr positiv zu würdigen ist der Befund, dass jeder vierte Studiengang (26,8 %) interdisziplinär ausgerichtet ist, d. h. mindestens zwei Wissenschaftsbereiche wirken im Studienangebot zusammen. Die nähere Analyse zeigt, dass bei dieser interdisziplinären Zusammenarbeit insbesondere die Naturwissenschaften repräsentiert sind (94,3 %), gefolgt von den Ingenieurwissenschaften (58,6 %), den Geis-

tes-, Sozial- und Verhaltenswissenschaften (37,9 %) sowie den Lebenswissenschaften (31,0 %).
Über Hochschulnetzwerke werden zudem hochschulübergreifende Studiengänge sowie Lehrangebote realisiert. Hier ist insbesondere die Initiative Hochschulen für nachhaltige Entwicklung (HNE) des Landes Baden-Württemberg zu nennen. Die HNE-Initiative ist als ein Netzwerk konzipiert, das an jeder der 21 staatlichen Fachhochschulen des Landes Baden-Württemberg einen Senatsbeauftragten für nachhaltige Entwicklung als Koordinierungsstelle hat und mittlerweile ca. 180 Kolleginnen und Kollegen umfasst. Ziel dieser Initiative ist es, Angebote zu einer "Bildung für nachhaltige Entwicklung" einzurichten und auszubauen. Seit Anfang 2008 ist ein bundesweites Netzwerk zur „Steigerung der Beiträge der staatlichen Fachhochschulen der BRD zu einer nachhaltigen Entwicklung" im Aufbau begriffen; es umfasst bislang 40 Fachhochschulen aus 14 Bundesländern.

Trotz der skizzierten positiven Entwicklungsansätze ist kritisch festzustellen, dass sich die Hochschulen bisher nicht systematisch mit der Frage beschäftigen, wie Aspekte einer nachhaltigen Entwicklung dauerhaft in die Lehre integriert werden können. Die bundesweite Ausnahme stellt hier das für alle Erstsemester an der Leuphana Universität Lüneburg verpflichtende Modul „Wissenschaft trägt Verantwortung" dar, dessen Kern das Nachhaltigkeitskonzept bildet.

Auch wenn es Studienangebote gibt, in denen Fragestellungen einer nachhaltigen Entwicklung explizit oder integrativ behandelt werden, so nehmen diese auf Bundesebene insgesamt nach wie vor nur eine marginale Rolle ein. So existiert bislang kein grundständiger Studiengang zur *Bildung* für nachhaltige Entwicklung. Wohl aber gibt es mittlerweile an einigen deutschen Hochschulen Möglichkeiten, sich vertiefend mit Zielsetzungen und Methoden einer Bildung für eine nachhaltige Entwicklung zu beschäftigen:

- An der Leuphana Universität Lüneburg wird der Master of Sustainability Sciences angeboten, der im Bereich der Humanwissenschaften eine Vertiefung in Richtung Bildung für eine nachhaltige Entwicklung ermöglicht.
- Die Fernuniversität in Hagen bietet ein vergleichbares Weiterbildungsangebot mit Masterabschluss (Interdisziplinäres Fernstudium Umweltwissenschaften) an.
- Die Universität Rostock hat ein postgraduales Masterstudium „Umwelt & Bildung" als Fernstudium entwickelt, das in einzelnen Modulen einen Bezug zur Bildung für nachhaltige Entwicklung aufweist.
- Die Kath. Universität Eichstätt-Ingolstadt hat seit dem WS 2010/2011 den interdisziplinären Masterstudiengang „Geographie: Bildung für nachhaltige Entwicklung" eingerichtet. Zu Pflichtmodulen gehören u. a. „Grundlagen einer Bildung für eine nachhaltige Entwicklung" sowie „Ethische Aspekte einer Bildung für nachhaltige Entwicklung".

- Ebenfalls seit dem WS 2010/2011 offeriert die Fachhochschule Erfurt einen Master „Soziale Arbeit"; dieser ist stark praxisorientiert und legt die Schwerpunkte auf eine Vermittlung methodischer und handlungsbezogener Kompetenzen. Von vier Vertiefungsgebieten, die als Wahlpflicht angeboten werden, fokussiert eines auf Bildung für eine nachhaltige Entwicklung. Die Studierenden entscheiden sich bereits mit der Immatrikulation verbindlich für ein Vertiefungsgebiet.
- Schließlich sei der Masterstudiengang Zukunftsforschung erwähnt, der seit dem WS 2010/2011 an der Freien Universität Berlin studiert werden kann. Vor dem Hintergrund der zunehmend schwer zu überschauenden Nebenfolgen von komplexen Entscheidungen in hochgradig funktional differenzierten Gesellschaften werden den Studierenden die Techniken wissenschaftlichen Arbeitens und die Methoden der Zukunftsforschung – bei gleichzeitigem Praxisbezug – vermittelt.

Neben den soeben genannten neuen Masterstudiengängen, die Vertiefungsoptionen für eine Bildung für nachhaltige Entwicklung verpflichtend oder optional vorhalten, gibt es weitere neu eingerichtete BA- und MA-Studiengänge, die zentrale Aspekte einer nachhaltigen Entwicklung unter spezifischen Perspektiven einzelner Fächer und Disziplinen aufgreifen; exemplarisch seien benannt:

- Technische Universität München: MA Sustainable Resource Management;
- Fachhochschule Münster: MA Nachhaltige Dienstleistungs- und Ernährungswirtschaft;
- Fachhochschule Eberswalde: MA Global Change Management;
- Hochschulen Biberach und Ulm: Kooperations-Studiengang Energiesysteme – Regenerative Energien und Energieeffizienz;
- Hochschule Bremen: MA Zukunftsfähige Energiesysteme;
- Hochschule für Wirtschaft und Recht Berlin: MA Nachhaltigkeits- und Qualitätsmanagement.
- Genannt sei nicht zuletzt ein Angebot der Universität des Saarlandes: Seit dem WS 2009/10 kann dort – auch berufsbegleitend – ein interdisziplinäres Zertifikatsstudium zum Thema Nachhaltigkeitswissenschaft absolviert werden (Ein ähnliches Zertifikatsprogramm befindet sich auch an der Hochschule Bochum im Aufbau).

Unter Nutzung Neuer Medien werden auch virtuelle Studiengänge realisiert, die durch das modulare Design von Bachelor- und Masterstudiengängen begünstigt werden. Auf bundesdeutscher Ebene wird neben der Lernplattform der Internationalen virtuellen Akademie für nachhaltige Entwicklung (IVANE) Anfang

2012 die Virtuelle Akademie Nachhaltigkeit unter Federführung der Universität Bremen ihre Arbeit aufnehmen. Ziel dieser von der Deutschen Bundesstiftung Umwelt geförderten Einrichtung ist es, deutschlandweit möglichst vielen Studierenden die Gelegenheit zu eröffnen, Wissen und Kompetenzen für die Gestaltung einer nachhaltigeren Entwicklung in verschiedenen Themengebieten zu erwerben. Auf europäischer Ebene ist das stetig wachsende Netzwerk „Virtual Campus for a Sustainable Europe" (www.vcse.eu) aktiv, das sich zum Ziel gesetzt hat, zentrale Anlaufstelle für den Austausch von E-Learning-Einheiten zu BNE zu werden; beteiligt ist die Universität Lüneburg.

2.2 Nachhaltigkeitsforschung

Die Online-Datenbank www.leitfaden-nachhaltigkeit.de führt insgesamt 210 Forschungsinstitutionen, die ihre Arbeit am Leitbild nachhaltiger Entwicklung orientieren, darunter 64 außeruniversitäre und 144 universitäre (Stand: 04.05.2009; letzter Aufruf 10.01.2012). Darüber hinaus existieren noch mehrere hundert weitere Institutionen, die im Bereich der Nachhaltigkeitsforschung arbeiten. Einige Universitäten haben interdisziplinäre Zentren der Umwelt- bzw. Nachhaltigkeitsforschung eingerichtet (z. B. Bremen, Oldenburg, Kassel, RWTH Aachen, Göttingen, Bayreuth), an der Leuphana Universität Lüneburg nahm im Oktober 2010 die neugegründete Fakultät Nachhaltigkeit ihre Arbeit auf.

In Deutschland wurde 1999 vom Bundesministerium für Bildung und Forschung (BMBF) der Förderschwerpunkt „Sozial-ökologische Forschung" eingerichtet und mit jährlich ca. 10 Mio. Euro finanziert. Hier wird der traditionell naturwissenschaftliche Ansatz der Umweltforschung um sozial- und kulturwissenschaftliche Dimensionen erweitert, um disziplinübergreifend zur Lösung konkreter gesellschaftlicher Nachhaltigkeitsprobleme beizutragen (u. a. Ernährung und nachhaltiger Konsum, Strategien für eine nachhaltige kommunale Ver- und Entsorgung, nachhaltige Stadt- und Regionalentwicklung). Derzeit befinden sich Forschungsverbünde zu folgenden Themenschwerpunkten in der thematischen Förderung: Vom Wissen zum Handeln - Neue Wege zum nachhaltigen Konsum (n=10); Soziale Dimensionen von Klimaschutz und Klimawandel (n=12). Hinzu kommen Mittel, die im Rahmen der zweiten Phase (2008-2013) in die Förderung von zwölf Verbundprojekten des wissenschaftlichen Nachwuchses fließen. Schließlich spielt das Instrument der Infrastrukturförderung (mit 9 geförderten Projekten) eine wichtige Rolle; auf diese Weise konnten die entstehenden strategischen Netzwerke bis 2010 ihre Erfahrungen mit inter- und transdisziplinärer Forschung aufbereiten und weiterentwickeln.

Im Jahr 2004 hat das BMBF ein neues Rahmenprogramm „Forschung für Nachhaltigkeit" (FONA) aufgelegt. Das Programm – Teil der nationalen Nachhaltigkeitsstrategie – zielt auf die Erforschung, Umsetzung und Vermittlung von

Innovationen für eine nachhaltige Entwicklung in einzelnen Aktionsfeldern ab (Nachhaltigkeit in Industrie und Wirtschaft, nachhaltige Konzepte für Regionen, nachhaltige Nutzung von Ressourcen, Strategien für gesellschaftliches Handeln) und koppelt technologischen Fortschritt an gesellschaftliche Prozesse und den zielgerichteten Transfer in die Bildungssysteme.

Das Bundesforschungsministerium (BMBF) hat das Jahr 2012 zum Wissenschaftsjahr „Zukunftsprojekt Erde" ausgerufen. Die Initiative „Transformatives Wissen schaffen" nimmt dies zum Anlass, mit einer Reihe von Veranstaltungen zu diskutieren, vor welchen Herausforderungen das Wissenschaftssystem selber steht, um seine Motorfunktion für die notwendigen Transformationsprozesse auf dem Weg zu einer nachhaltigen Gesellschaft auszufüllen. Getragen wird die Initiative zum Wissenschaftsjahr von wissenschaftlichen Vorreiter-Einrichtungen einer transdisziplinären Nachhaltigkeitswissenschaft. Dazu gehören neben dem NaWis-Verbund (www.nawis-runde.de) das Ecological Research Network (EcoRNet) der freien Umwelt-/Nachhaltigkeitsforschungsinstitute in Deutschland (ÖkoInstitut, IÖW, IFEU, ISOE, Ecologic, Wuppertal Institut), die seit über 20 Jahren eine transformative Nachhaltigkeitsforschung als Pioniere betreiben. Das Netzwerk wird von vielen weiteren Hochschulen und Wissenschaftseinrichtungen unterstützt, u. a. der Vereinigung für ökologische Wirtschaftsforschung (VÖW) oder der AG Hochschule des Runden Tisches der UN-Dekade „Bildung für nachhaltige Entwicklung". Für 2012 ist ein breites Spektrum an Veranstaltungen geplant (Auftaktveranstaltung am 6. Februar 2012 zum Thema „Transformatives Wissen schaffen").

2.3 Ausgezeichnete Hochschulaktivitäten im Rahmen der UN-Dekade

Deutliche Anzeichen für ein Engagement deutscher Hochschulen zur Umsetzung der UN-Dekade „Bildung für nachhaltige Entwicklung" in verschiedenen Handlungsfeldern lassen sich durch prämierte Dekade-Projekte erkennen. Aktuell sind in der Datenbank (www.dekade.org/datenbank/) in der Kategorie „Hochschulbildung" 140 Projekte gelistet (Stand: 06. Januar 2012). Wie ein Vergleich der einzelnen Auszeichnungszeiträume seit 2005 zeigt, lässt sich keine sukzessive Steigerung prämierter Aktivitäten im Bereich Hochschulbildung erkennen:

Tab. 2: Prämierte Projekte der UN-Dekade „Bildung für nachhaltige Entwicklung

2005/2006:	12
2006/2007:	33
2007/2008:	17

2008/2009:	38
2009/2010:	26
2010/2011:	28
2011/2012:	26
2012/2013 (bisher):	2

Besonders betont sei, dass 29 Aktivitäten im Bereich Hochschulbildung bereits zum zweiten Mal ausgezeichnet wurden, sechs Projekte wurden bereits dreimal honoriert. In der Kategorie „Nachhaltigkeitsforschung" finden sich aktuell sieben Dekade-Projekte; davon wurde eines zum zweiten Mal ausgezeichnet. Um die Verschiedenartigkeit und Vielfalt ausgezeichneter Dekade-Projekte der Kategorien „Hochschulbildung" und „Nachhaltigkeitsforschung" zu veranschaulichen, seien für einzelne Zielorientierungen exemplarisch einige Projekte benannt; auf Vollständigkeit muss aus Platzgründen verzichtet werden:

- Entwicklung von Universitätsstandorten zu „Nachhaltigen Universitäten": Nachhaltige Universität Bremen; Sustainable University, Universität Lüneburg; Nachhaltige Entwicklung – Die Hochschule Zittau/Görlitz im 21. Jahrhundert;
- Einrichtung neuer Studiengänge: Masterstudiengang „Sustainable Resource Management", TU München; MBA-Fernstudiengang „Sustainability Management", Universität Lüneburg; International Master Study „Programme Global Change Management", Hochschule für nachhaltige Entwicklung Eberswalde; Interdisziplinäres Masterprogramm „International Material Flow Management", Umwelt-Campus Birkenfeld der Fachhochschule Trier; konsekutiver BA- und MA-Studiengang „Ökologische Landwirtschaft", Universität Kassel; Master-Studiengang „Zukunftssicheres Bauen – Sustainable Structures, Fachhochschule Frankfurt/M.; Master-Studiengang „Nachhaltiges Management komplexer Infrastruktur", Fachhochschule Münster;
- Integration von Nachhaltigkeitsthemen in einzelne Lehrveranstaltungen oder Fortbildungs- und Zusatzausbildungsangebote: Ethik und Nachhaltige Entwicklung an den Fachhochschulen des Landes Baden-Württemberg; Energiegarten® - Lehrveranstaltungen zur Entwicklung des Orts- und Landschaftsbildes mit erneuerbaren Energien, Fachhochschule Erfurt; Nachhaltige wirtschaftsberufliche Bildung in der Berufsschullehrerbildung, Leuphana Universität Lüneburg; Sustainable Technology Education Program STEP, Technische Universität Darmstadt; Sustainable University, Universität Hildesheim; International Study Semester „Principles of Sustainable Business, Fachhochschule Trier; Studium Generale:

Die Ringvorlesung „Mensch – Umwelt – Zukunft", Hochschule Heilbronn;
- Inter- und transdisziplinär ausgerichtete Entwicklungs- und Transferprojekte mit regionalen und/oder auch europäischen/internationalen Partnern zu verschiedenen Themenstellungen einschließlich der Entwicklungszusammenarbeit: Euregionales Wissenschaftsforum Eutopion – Innovative Lernlandschaft in der Euregio zur Bildung für nachhaltige Entwicklung und Innovation, RWTH Aachen; European RecyOccupation Profile (Implementierung des europäischen Kernberufsprofils RecyOccupation), Universität Flensburg; Jugendzukunftskonferenz für eine nachhaltige Bildung, Umwelt-Campus Birkenfeld; Nachhaltige Technik und nachhaltiges Wirtschaften für die Region Ulm – Die Hochschule Ulm als Wegbereiter und Kommunikator für nachhaltiges Handeln; Grundkurs Alltags- und Lebensökonomie: Ich bin meine Zukunft – Die Gestaltung der Lebenslage; Universität Bonn; Zwischen Hörsaal und Projekt, Deutsche Gesellschaft für technische Zusammenarbeit, Berlin; Afghan German Management College, Koblenz; German Alumni Water Network, Universität Siegen;
- Internationale Hochschulkooperationen: Interkulturelle Bildung für nachhaltige Entwicklung' durch deutsch-brasilianische Hochschulkooperationen, Hochschule Mannheim; Wielkopolska Projekt – Lehrerbildung im Kontext von Regionalentwicklung als Projekt nachhaltiger Entwicklung in Polen, Leuphana Universität Lüneburg;
- Aktivitäten studentischer Initiativen: Food Revitalisation & Eco-Gastronomic Society of Hohenheim (F.R.E.S.H); Oikos Winter School 2011, Witten/Herdecke; BENA – Nachhaltigkeit entdecken, Universität Duisburg-Essen; Greening the University, Studierendeninitiative Greening the University e. V.; Ringvorlesung Entwicklungszusammenarbeit – Nachhaltigkeit im Fokus, oikos Köln e. V.; Bonn International Model United Nations / Simulation Internationale des Nations Unies de Bonn, BIMUN/SINUB e. V. Bonn; Business meets Ethics, sneep – student network for ethics in economic education and practice; Sustainability – Face the Challenge! Nachhaltigkeit als Herausforderung für die Zukunft, AG Nachhaltigkeit Erfurt e.V.

3 Debatte über Bildung für nachhaltige Entwicklung im Hochschulbereich

Die Diskussion über BNE wird ebenso wie die faktische Umsetzung auf institutioneller Ebene maßgeblich von Akteursgruppen gefordert und vorangetrieben, die in Nichtregierungsorganisationen aktiv sind oder auf informeller – und dabei nicht selten internationaler – Kooperationsbasis agieren. Kritisch ist anzumerken, dass das berufliche Handeln zahlreicher Akteure aus dem Hochschulbereich nach wie vor in einem weitgehend informellen Rahmen erfolgt und primär auf dem individuellen Engagement basiert.

3.1 Initiativen nichtstaatlicher Organisationen und informeller Akteursgruppen

Die Debatte über eine Bildung für nachhaltige Entwicklung wird seit einigen Jahren durch verschiedene Akteursgruppen gezielt angeregt und fortgeführt: Bereits im März 2004 hat die Kommission „Bildung für nachhaltige Entwicklung" der Deutschen Gesellschaft für Erziehungswissenschaft ein „Memorandum zur Lehrerbildung für eine nachhaltige Entwicklung" sowie ein „Forschungsprogramm Bildung für eine nachhaltige Entwicklung" publiziert. Wenig später (November 2004) veröffentlichte die Gruppe 2004 – hochschulpolitisch engagierte Wissenschaftlerinnen und Wissenschaftler unterschiedlicher Disziplinen – das Memorandum „Hochschule neu denken – Neuorientierung im Horizont der Nachhaltigkeit". Das Dokument, das einen Diskurs- und Entwicklungsprozess auslösen möchte, zeigt Wege auf, wie Hochschulen die komplexen Probleme der Weltgesellschaft im Wandel erkennen und zu deren Lösung beitragen können.

Diese Zielorientierung wird verstärkt durch die Lübecker Erklärung „Hochschulen und Nachhaltigkeit", die im November 2005 im Rahmen der 1. Konferenz der „Norddeutschen Partnerschaft zur Unterstützung der UN Dekade Bildung für nachhaltige Entwicklung 2005-2014" (NUN) verabschiedet wurde. An dieser Partnerschaft beteiligen sich die Länder Hamburg, Mecklenburg-Vorpommern, Niedersachsen, Schleswig-Holstein; Bremen hat bisher Gaststatus. Die 2007 verabschiedete Ergänzung zur Lübecker Erklärung „Klimawandel & Hochschulen" fordert Verantwortliche in der Hochschulpolitik und -verwaltung dazu auf, das Thema Klima und Energie in den Hochschulen strukturell und konzeptionell zu verankern.

Die AG Hochschule des Runden Tisches zur UN-Dekade „Bildung für nachhaltige Entwicklung" publizierte im März 2007 das Memorandum „Hochschulen und Nachhaltigkeit". Dieses Dokument wurde vom Nationalkomitee der UN-Dekade in seiner 7. Sitzung im Mai 2007 angenommen; die 67. Hauptversammlung der Deutschen UNESCO-Kommission (DUK) hat im Juni 2007 eine Resolution zur Rolle der Hochschulen bei der BNE verabschiedet. Dabei wurde der Vorstand der DUK beauftragt, unter Einbeziehung der AG Hochschule und des Nationalkomitees mit den für Hochschulpolitik zuständigen Stellen eine gemeinsame Erklärung zu Hochschulen und Nachhaltigkeit zu erarbeiten.

Es sollte allerdings noch bis zum 22. Januar 2010 dauern, bis die Hochschulrektorenkonferenz (HRK) und die DUK eine gemeinsame Erklärung zur Hochschulbildung für nachhaltige Entwicklung nach der Entschließung der 7.

Mitgliederversammlung der HRK am 24. November 2009 veröffentlichten. Darin wird die „besondere Verantwortung" und „entscheidende Rolle" von Hochschulen hervorgehoben: „Sie legen Grundlagen, indem sie in Lehre und Studium Kenntnisse, Kompetenzen und Werte vermitteln und in der Forschung Wissen und Innovationen erzeugen, die für die Gestaltung nachhaltiger Entwicklung nötig sind. (…) Bildung für nachhaltige Entwicklung muss problemgerecht international ausgerichtet und organisiert sein und deshalb Teil der Internationalität der Hochschulen bilden" (Hochschulrektorenkonferenz & Deutsche UNESCO-Kommission 2010, S. 4).

Weitere Aktivitäten der AG Hochschule des Runden Tisches umfassen jährliche Konferenzen zur Umsetzung einer nachhaltigkeitsorientierten Hochschullehre in 2010 und 2011, die Produktion eines Films „Ich wünsche mir mehr Nachhaltigkeit an Hochschulen" für das Internet-Videoportal YouTube sowie eine gemeinsam erarbeitete Broschüre, in der Aktivitäten und Argumentationen einer verstärkten Nachhaltigkeit in Forschung, Lehre und dem Betrieb von Hochschulen dokumentiert werden (AG Hochschule, 2012).

Initiiert von der Fakultät Nachhaltigkeit wurde am 22. September 2011 an der Leuphana Universität Lüneburg der Fakultätentag Umwelt- und Nachhaltigkeitswissenschaften (FTUNW) unter reger Teilnahme von Universitäten und Hochschulen aus Deutschland, Österreich und der Schweiz gegründet. Die bisher knapp 40 Mitglieder des Fakultätentags werden unter anderem als Vertretung des Berufsstandes des Umwelt- und Nachhaltigkeitswissenschaftlers agieren und aktiv daran arbeiten, ein festes Profil für den Beruf der Umwelt- und NachhaltigkeitswissenschaftlerInnen zu etablieren. Des Weiteren sollen die insbesondere im öffentlichen Dienst und in privatwirtschaftlichen Organisationen erforderlichen Kompetenzen dieses Berufsbildes kommuniziert werden.

Nicht zuletzt wird die Diskussion über BNE ganz entscheidend durch studentische Initiativen befördert (Adomßent 2010). Eine Erhebung der Initiative für Nachhaltigkeit (IfN) der Universität Duisburg-Essen in Kooperation mit dem Institut Cultura21 e.V. (2007) über studentische Initiativen für Nachhaltigkeit an deutschsprachigen Universitäten benennt 22 Initiativen an folgenden Hochschulen: Berlin (Humboldt Universität), Clausthal-Zellerfeld, Dortmund, Dresden, Duisburg-Essen, Erfurt, Hamburg, Karlsruhe, Konstanz, Lüneburg, Münster, Nürnberg, Oldenburg, Passau sowie Witten/Herdecke. Wie die Erhebung zeigte, sind 65 % der Initiativen sehr jung und wurden erst nach 2003 gegründet. Des Weiteren wurden in jüngerer Vergangenheit an einigen Hochschulen, vornehmlich im Süden Deutschlands (bspw. an den Universitäten Bayreuth, Konstanz und Tübingen) Impulse gesetzt, die weitergehende Aktivitäten nach sich zogen (vgl. Studierendeninitiative Greening the University 2009). Weitere Initiativen agieren bundesweit oder gehören internationalen Netzwerken an (Oikos international: students for sustainable economics and management; sneep: Studentisches Netzwerk für Wirtschafts- und Unternehmensethik; Netzwerk klimagerechte Hochschule; Uni Solar; Initiative für Psychologie im Umweltschutz; Campus-Grün und Grüne Hochschulgruppen).

Im Dezember 2010 hat sich das Netzwerk studentischer Nachhaltigkeitsinitiativen als Plattform für nachhaltigkeitsengagierte junge Menschen gegründet. Ziel ist es, durch einzelne Aktionen und längerfristige Projekte deutschlandweit Menschen im Hochschulkontext und darüber hinaus zu vernetzen. Das Netzwerk hat ein Forderungspapier entwickelt (http://nachhaltige-hochschulen.de/files/forderungspapier.pdf), das auf die „Förderung innovativer Lehr-/Lernarrangements", ein „nachhaltiges Handeln universitärer Institutionen" und auf die „Integration von BNE in die universitäre Lehre sowie die Stärkung der Nachhaltigkeitsforschung" abzielt. Dazu brachte das Netzwerk im Oktober 2011 im Zuge einer Tagung „Hochschulen in nachhaltiger Entwicklung – neue Wege des Lernens durch Engagement" Studierende und engagierte Wissenschaftler an der Universität Hildesheim zusammen, um gemeinsam die Möglichkeiten für erfolgreiches studentisches Engagement unter den im Zuge der Bologna-Reform manifestierten Rahmenbedingungen auszuloten.

3.2 Grenzüberschreitende Aktivitäten

Auch auf internationaler Ebene trägt eine Reihe von Netzwerken mit deutscher Beteiligung durch gemeinsame Aktivitäten dazu bei, nachhaltige Entwicklung im Hochschulbereich über Ländergrenzen hinweg zu fördern.

In Europa fungierte die bereits 1993 von der Europäischen Hochschulrektorenkonferenz (heute EUA – European University Association) verabschiedete und bis 2005 von europaweit 326 Hochschuleinrichtungen unterzeichnete COPERNICUS-Charta (CO-operation Programme in Europe for Research on Nature and Industry through Coordinated University Studies) als prägendes Leitbild bei der Suche von Hochschulen nach Wegen zur Integration der Prinzipien einer nachhaltigen Entwicklung. Nachdem dieses Netzwerk brachfiel, rekonstituierte es sich im Jahr 2009 nach deutschem Vereinsrecht als COPERNICUS Alliance (www.copernicus-alliance.net) und erfreut sich seither stetigen Zulaufs (Zimmermann et al. 2011).

Als weiterer wichtiger Zusammenschluss ist das „Baltic University Programme" (BUP) zu nennen, in dem mehr als 240 Universitäten und andere Hochschuleinrichtungen aus 14 Ländern, darunter alle Ostsee-Anrainerstaaten, mitarbeiten. Zielsetzung ist es, der besonderen Verantwortung von Hochschulen im Rahmen einer zukunftsfähigen Entwicklung in der Ostseeregion – insbesondere in den Bereichen Umweltschutz, nachhaltige Entwicklung und Demokratie – durch Studienangebote und gemeinsame Projekte mit Behörden, Verwaltungen und anderen Partnern nachzukommen.

Über den akademischen Rahmen hinaus fokussiert das LENSUS-Netzwerk (Lifelong Learning for Sustainable Development; www.3-lensus.eu) die Schlüsselfragen des sogenannten „Wissensdreiecks" aus Bildung, Forschung und Innovation auf regionaler Ebene mit Hilfe dreier Komponenten: einer technologischen (web-basierten Netzwerkstruktur), einer organisationalen (Akteure, Institutionen und Lernressourcen und ihrer Interaktionen) sowie einer bildungsbezogenen (Lernaktivitäten, virtuelle und face-to-face Kommunikation im Lernnetzwerk).

Einen interessanten Ansatz stellt das von der UN-Universität in Tokio entwickelte Modell der „Regional Centres of Expertise" (RCE) dar, die als lokale Knoten im Weltnetzwerk für nachhaltige Entwicklung unter ihrem Dach alle Kompetenzen und Akteure einer Region zu versammeln suchen, um Prozesse nachhaltiger Regionalentwicklung zu unterstützen und zu entwickeln. Hochschulen sind wegen ihrer dualen Funktion der Wissensgenerierung und des Wissenstransfers wichtige „Spinnen" sowohl in globalen als auch in regionalen Wissens- und Kompetenznetzen. Derzeit arbeiten weltweit 99 Regional Centres of Expertise, davon 26 in Europa. Die bisher in Deutschland anerkannten RCEs befinden sich in München, Nürnberg, Vechta und Hamburg; in alle Vorhaben sind lokale Hochschulen eingebunden.

Des Weiteren sind deutsche Hochschulen in globalen Netzwerken vertreten, die thematische Schwerpunkte im Bereich nachhaltiger Entwicklung aufweisen. Zunächst wäre das weltweite Netz der 715 UNESCO Chairs zu nennen, von denen sich 12 dezidiert der Bildung für nachhaltige Entwicklung widmen. Im Zentrum der Arbeit des 2005 an der Leuphana Universität Lüneburg eingerichteten UNESCO-Lehrstuhls „Hochschulbildung für eine nachhaltige Entwicklung" steht der Aufbau eines internationalen Zusammenschlusses von Akteuren, die sich mit Themenstellungen der nachhaltigen Entwicklung in Studium und Lehre befassen. Auf den Bereich Lehrerbildung fokussiert das „UNESCO Network for Reorienting Teacher Education to Address Sustainability", das von einem UNITWIN/UNESCO Chair (York University Toronto, Kanada) koordiniert wird. Zurzeit wirken 75 Institutionen aus 60 Ländern an einer Neuausrichtung der Lehrerbildung im Sinne der BNE mit; deutsche Kooperationspartner sind die Universität Duisburg-Essen und die Freie Universität Berlin.

Das 1999 gegründete „Global University Network for Innovation" (GUNI) mit 179 Hochschuleinrichtungen aus 68 Ländern in fünf Kontinenten, darunter UNESCO Chairs, Forschungszentren und Verbände mit Bezug zur Hochschulbildung, unterstützt nachhaltige Entwicklungsprozesse und fühlt sich der sozialen Verantwortung von Hochschulen in besonderer Weise verpflichtet. So sollen die Qualität von Hochschulbildung erhöht und Unterschiede zwischen Institutionen in sog. Entwicklungsländern (Länder des Südens) und den entwickelten Staaten (Länder des Nordens) verringert werden.

Im Gegensatz dazu steht das International Sustainable Campus Network (ISCN) nicht unter der Schirmherrschaft einer globalen Organisation, sondern fungiert als ein freiwilliger Zusammenschluss von Hochschulen. Im Mittelpunkt steht der internationale Austausch über bewährte Praktiken des sogenannten "Greening the campus", worunter Planung, Bau und Managementaktivitäten mit Blick auf ihre nachhaltigkeitsbezogenen Auswirkungen zu verstehen sind.

Im Bereich der hochschulbezogenen Entwicklungszusammenarbeit thematisiert eine Reihe deutscher Hochschulen die Nord-Süd-Problematik nicht nur in Forschung und Lehre, sondern auch in Lehrangeboten, die der Ausbildung von Fachkräften für den Einsatz in Entwicklungsländern dienen. Beispielhaft seien das „Joint European-Latin American Universities Renewable Energies Project" und der internationale Masterstudiengang „Master's Programme in Sustainable Development and Management" genannt, die mit deutscher Beteiligung gemeinsam von Universitäten aus Europa und Lateinamerika im Rahmen des ALFA-Programms (América Latina Formación Académica) von der Europäischen Union gefördert wurden (van Dam-Mieras et al. 2008).

Auch hochschulbezogene Institutionen unterstützen im Rahmen internationaler Hochschul- und Wissenschaftskooperationen die Förderung einer nachhaltigen Entwicklung. Einen wichtigen Beitrag leistet hierzu der Deutsche Akademische Austausch Dienst (DAAD) sowohl mit seinem Programm „Fachbezogene Partnerschaften" als auch mit seinem Alumniprogramm. Insgesamt existiert eine Reihe von Projekten und Programmen, die teilweise auch im Rahmen weiterer Maßnahmen innerhalb der deutschen Entwicklungszusammenarbeit gefördert werden. Beispielhaft sei hier das Vorhaben 'International Capacity Building for India, Mexico, South Africa and Germany' regarding Education for Sustainable Development' genannt, das von 2009 bis 2013 durch die Deutsche Gesellschaft für Internationale Zusammenarbeit (GIZ) GmbH Führungskräfte für Bildung für nachhaltige Entwicklung qualifiziert und entsprechende länderübergreifende Konzepte der Lehrerbildung entwickelt. Die Universität Duisburg-Essen und die Leuphana Universität Lüneburg sind als Kooperationspartner in das Vorhaben eingebunden.

Hochschulnetzwerke existieren auch auf kontinentaler Ebene, teilweise sogar mit politischer Unterstützung, beispielsweise mit Blick auf die Professionalisierung von Hochschulangehörigen oder die Etablierung nachhaltigkeitsorientierter Zertifizierungssysteme für Hochschulen wie STARS (Sustainability Tracking, Assessment & Rating System; vgl. Matson et al. 2008), AISHE (Auditing Instrument for Sustainability in Higher Education; vgl. Roorda & Martens 2008) oder Alternative University Appraisal Bewertung (http://www.sustain.hokudai.ac.jp/aua). Beispielhafte Konsortien bestehen in:

- Afrika; dort unterstützt die Mainstreaming Environment and Sustainability in African (MESA) Universities Partnership als eine Initiative von UNEP (Umweltprogramm der Vereinten Nationen) die UN-Dekade Bildung für nachhaltige Entwicklung (Ogbuigwe 2007);

- Asien und Pazifik; hier schlossen sich führende Hochschulen zum Netzwerk Promotion of Sustainability in Postgraduate Education and Research (ProSPER.Net) zusammen, um nachhaltige Entwicklung in Aufbaustudiengänge, Lehrpläne und Forschungsaktivitäten zu integrieren (www.ias.unu.edu/efsd/prospernet);
- Nordamerika (vorwiegend USA und Kanada); hier bündelt die Association for the Advancement of Sustainability in Higher Education (AASHE) Ressourcen zur beruflichen Qualifizierung sowie zur Unterstützung der Hochschulen, die sich in Richtung Nachhaltigkeit orientieren (www.aashe.org);
- Lateinamerika; hier formierte sich die Alianza de Redes de Universidades por la sustentabilidad y el Ambiente (ARIUSA) als Netzwerk nachhaltigkeitsorientierter Hochschulnetzwerke (www.ariusa.org).

3.3 Forschungsimpulse zur Bildung für nachhaltige Entwicklung

Inhaltlich konzentriert sich die Debatte über BNE gegenwärtig auf verschiedene Facetten: Zum einen wird über Konzepte vergleichender systemischer Nachhaltigkeitsbewertung von Institutionen der Hochschulbildung sowie für deren interne Selbstprüfung auf dem Weg zu nachhaltigen Lebens- und Arbeitsorten reflektiert, zum anderen wird der Frage einer Kompetenzorientierung der Hochschullehre sowie der Erarbeitung von Indikatorensets für eine Bildung für nachhaltige Entwicklung nachgegangen. Ein weiterer relevanter Fokus sind Strategien zur strukturellen Einbindung von BNE unter Nutzung des modularen Designs von Bachelor- und Masterstudiengängen.

Wie verschiedene Untersuchungen zum Stand der Forschung im Bereich der Bildung für nachhaltige Entwicklung sowohl auf nationaler Ebene (Forschungsprogramm DGfE-Kommission BNE 2004; Delphi-Studie von Bormann et al. 2010) als auch im internationalen Raum (Halifax Consultation; Glasser et al. 2005; Wright 2007; Wals 2009) gezeigt haben, bestehen sowohl hinsichtlich deren Verankerung als auch mit Blick auf Empirie basierte Ergebnisse zu dessen Wirksamkeit über alle Bildungsbereiche hinweg gravierende Forschungslücken. Entsprechend fokussiert auch die Richtlinie des Bundesministeriums für Bildung und Forschung (BMBF) vom 07.12.2010 zur Förderung von Forschungspotenzialen im Bereich "Bildung für nachhaltige Entwicklung (BNE)" den Schwerpunkt auf folgende bildungsbereichsübergreifende Desiderata:

- Kompetenzmessung und -diagnostik auf Seiten der Lernenden: Hier gilt es zu prüfen, welche Kompetenzen für nachhaltige Entwicklung sich theoretisch begründen und methodisch in empirische Tests überführen las-

sen, Kompetenzmodelle für BNE zu konzipieren und empirisch zu überprüfen.
- Kompetenzen auf Seiten der Lehrenden: Bisher ist noch weitgehend ungeklärt, welche Kompetenzen für Lehrende im Bereich BNE erforderlich sind und inwieweit diese Kompetenzen durch institutionelle Entwicklungen beeinflusst werden. Dabei ist auch die Frage von Interesse, inwieweit die verschiedenen Dimensionen professioneller Lehrkompetenzen einen Einfluss auf die Entwicklung der Lernenden haben.
- Fragen des Transfers von BNE: Bislang liegen kaum Arbeiten zur Frage vor, welche förderlichen und hemmenden Bedingungen bei der Verankerung von BNE im Bildungsbereich zu beachten sind. Insbesondere die internationale Anschlussfähigkeit des Konzeptes sowie eine Übertragung auf bisher eher weniger angesprochene Disziplinen stehen weitgehend aus. Entsprechend gilt es zu eruieren, welche Maßnahmen die Qualität des Transfers und somit den Transfererfolg und die Dauerhaftigkeit der Innovation BNE sichern helfen könnten.
- Steuerung und Institutionalisierung: Die Institutionalisierung von BNE in allen Bereichen des Bildungssystems erfordert koordiniertes und kooperatives Handeln verschiedener Akteure. Die Mechanismen, Instrumente, die erwünschten wie unerwünschten Effekte, mit denen die Aktivitäten im Bereich BNE reguliert und koordiniert werden, werden bislang nicht systematisch untersucht.

Mit Blick auf entsprechende Aktivitäten im Bereich der empirischen Bildungsforschung zur (Hochschul-)Bildung für nachhaltige Entwicklung lassen sich erste Ergebnisse vermelden. Zum einen wurde die Kompetenzdebatte im Rahmen eines Sammelbandes gebündelt, in dem Wege der Operationalisierung ebenso kritisch diskutiert werden wie mögliche Messverfahren und Befunde (Bormann & de Haan 2008). Zum anderen wurden im Rahmen eines dreijährigen Forschungsvorhabens Indikatoren zur BNE für die Bildungsbereiche Hochschule und Schule für den deutschsprachigen Raum entwickelt, mit denen eine Anschlussfähigkeit an die evidenzbasierte Berichterstattung intendiert wird (Michelsen et al. 2011; Di Guilio et al. 2011).

4 Hochschulbildung für nachhaltige Entwicklung in der Zukunft – Empfehlungen zur Weiterentwicklung

Im Nationalen Aktionsplan wird mit Blick auf Hochschulen als priorität für die zweite Dekade-Hälfte empfohlen: „Nachhaltigkeit ist als Querschnittsthema zu verankern. Die Lehrerbildung für nachhaltige Entwicklung ist auszubauen". Und zur Bildungsforschung heißt es: „Ein Dialog mit der empirischen Bildungsforschung und deren Auftraggebern ist zu etablieren. Indikatorensets für das Monitoring sind zu entwickeln" (Nationalkomitee der UN-Dekade „Bildung für nachhaltige Entwicklung" 2011, S. 72).

Unzweifelhaft sind Hochschulen gefordert, inter- und transdisziplinäre Lehr- und Forschungsstrukturen – und zwar mit Blick auf Inhalte und die Wissenschaftsorganisation – anzuregen und zu fördern (Schneidewind 2009). Denn: „Individuell und in gesellschaftlichen Handlungsfeldern sind die globalen Probleme des menschlichen Zusammenlebens nur sinnvoll zu erforschen, wenn sich Erkenntnisse und Expertise in Geistes-, Wirtschafts-, Sozial- und Verhaltenswissenschaften sowie Natur- und Technikwissenschaften stärker verbinden" (Hochschulrektorenkonferenz & Deutsche UNESCO-Kommission 2010, S. 5).

Zudem ist die Kooperation mit nachhaltigkeitsorientierten Akteuren in Wirtschaft, Gesellschaft und Politik entschieden zu stärken. Dabei müssen globale Orientierung und Nachhaltigkeit zu Kriterien möglicher Kooperationen werden. Dazu ist als konzeptionelle Idee das RCE-Modell zu favorisieren, bietet es doch über die Bündelung regionaler Mitwirkender hinaus zugleich das Potenzial, Knoten in einem weltweiten Lern- und Wissensnetz zu sein.

Zur Stärkung von BNE im Hochschulbereich ist es ferner notwendig, die Anzahl der Hochschulen zu erhöhen, die sich intensiv um eine Einbindung von BNE in verschiedene Tätigkeits- und Handlungsfelder bemühen. Denn die vernetzte und mehrperspektivische Umsetzung von Nachhaltigkeitsstandards in verschiedenen Bereichen des universitären Handelns wird bisher nur von einigen Hochschulen umfassend geleistet (vgl. Albrecht 2009). Nur wenige Hochschulen veröffentlichen bisher Nachhaltigkeitsberichte, so die Universitäten Lüneburg, Bremen und Osnabrück sowie die Fachhochschulen Zittau-Görlitz und Trier.

Nicht zuletzt sind – trotz föderaler Strukturen – gezielte Aktivitäten der zuständigen Länderministerien notwendig, um ein länderübergreifendes Förderprogramm und Benchmarking zu schaffen, das den Prozess der kritischen Selbstprüfung und der Auseinandersetzung mit Fragen der nachhaltigen Entwicklung in Lehre, Forschung und Transfer, aber auch hinsichtlich der Veränderung der Institution selbst, wirksam unterstützen kann. In der Bonner Erklärung heißt es dazu: „Institutionelle und organisatorische Strukturen sind zu etablieren, die Flexibilität, studentische Partizipation und multidisziplinäre Programme ermöglichen sowie Modellprojekte entwickeln, die der Komplexität und Dringlichkeit der BNE gerecht werden" (UNESCO, Bundesministerium für Bildung und Forschung, Deutsche UNESCO-Kommission 2009, S. 121).

Durch die Schaffung bzw. den Ausbau hochschulübergreifender Partnerschaften ließen sich darüber hinaus zusätzlich integrierende Kräfte entfalten. Ein weitgehend offenes Forschungsfeld zeigt sich bisher u. a. hinsichtlich der Frage, welche Effekte Interventionen hervorrufen und wie das Kompetenzkonstrukt angemessen operationalisiert werden kann (s.o.). Hier werden dringend empirische Ergebnisse benötigt, nicht zuletzt um evidenzbasierte Fingerzeige zur strukturellen Ausrichtung und methodischen Weiterentwicklung nachhaltigkeitsorientierter Hochschuldidaktik geben zu können.

Mit Blick auf den Bildungsbereich Hochschule ist ein geeignetes Netzwerk für universitäre Akteure zu etablieren, in das Akteure verschiedener Ebenen – Forschung, Lehre, Studierende, Verwaltung, Management (Umweltbeauftragte etc.) – aktiv eingebunden werden können. Dies ist unverzichtbar, um dem bisher vorherrschenden Einzelkämpfertum entgegenzuwirken und zu einer Bündelung von Kräften zu gelangen. Das Konzept der Copernicus Alliance bietet hier einen geeigneten Rahmen, denn hier ist neben einer institutionellen Mitgliedschaft auch die Möglichkeit gegeben, als Einzelmitglied in bereits vorhandenen Arbeitsgruppen zusammenzuarbeiten oder – auch auf informeller Ebene und mit Hilfe „Sozialer Medien" – Gleichgesinnte zu finden, mit denen sich weitere Initiativen ins Leben rufen lassen.

Zur Unterstützung von Entwicklungsprozessen an Hochschulen zur konsequenten Einbindung von BNE in ihre Kernaufgaben ist neben Wettbewerben (u. a. über den Stifterverband) nach innovativen Organisationsformen und Finanzierungsinstrumenten zu suchen. Zur Stärkung der Nachhaltigkeitsforschung – im Rahmen der Exzellenzinitiative für Spitzenforschung ebenso wie beim Qualitätspakt Lehre – könnten nicht nur das BMBF, sondern auch Organisationen wie die Deutsche Forschungsgemeinschaft oder der Wissenschaftsrat beitragen. Entsprechende Impulse in Forschung und Lehre könnten durch spezifische Vorgaben – Kooperation mit außeruniversitären Einrichtungen und/oder sozial-ökologischen Forschungsinstituten sowie Praxispartnern etc. – gekennzeichnet sein. Nicht zuletzt sollten bisher realisierte nachhaltigkeitsbezogene Vorhaben an Hochschulen in Bezug auf die transferfähige Wissensgenerierung und den damit verknüpften Mehrwert für weitere interessierte Institutionen evaluiert werden.

Literatur

Adomßent, M. (2010). Von Exzellenz-Leuchttürmen, Glühwürmchen und anderweitig Erleuchteten – Nachhaltige Entwicklung als Innovation und Profilbildungsmerkmal in der bundesdeutschen Hochschullandschaft. In: H. Hagemann & M. von Hauff (Hrsg.), *Nachhaltige Entwicklung - das neue Paradigma in der Ökonomie* (S. 571 - 597). Marburg: Metropolis.

Adomßent, M. & Henze, C. (2006). Der Bologna-Prozess und die UN-Dekade Bildung für nachhaltige Entwicklung: Ein optimales Zeitfenster für den Fortschritt? *Ökologisches Wirtschaften, 3*, S. 18 - 19.

Adomßent, M. & Henze, C. (Hrsg.) (2007). *UN-Dekade "Bildung für nachhaltige Entwicklung" - Der Beitrag Europas. Dokumentation der internationa-*

len Konferenz im Rahmen der deutschen EU-Ratspräsidentschaft. Berlin, 24. - 25. Mai 2007. Berlin.

Albrecht, P. (2009). *Dialogorientierte Nachhaltigkeitsberichterstattung von Hochschulen. Eine Untersuchung am Beispiel der Leuphana Universität Lüneburg.* Berlin: BWV.

Arbeitsgruppe Hochschule (2012). *Hochschulen für eine nachhaltige Entwicklung – Nachhaltigkeit in Forschung, Lehre und Betrieb einer Hochschule.* Herausgegeben von Deutsche UNESCO-Kommission e.V., Bonn.

Bormann, I. & de Haan, G. (2008). *Kompetenzen der Bildung für nachhaltige Entwicklung. Operationalisierung, Messung, Rahmenbedingungen, Befunde.* Wiesbaden: VS Verlag für Sozialwissenschaften.

De Haan, G. (Hrsg.) (2007). *Studium und Forschung zur Nachhaltigkeit.* Bielefeld: Bertelsmann.

Deutsche UNESCO-Kommission (Hrsg.) (2009). Bonner Erklärung zur Bildung für nachhaltige Entwicklung. UNESCO Weltkonferenz Bildung für nachhaltige Entwicklung, 31. März – 2. April 2009, Bonn.

Di Gulio, A., Ruesch Schweizer, C., Adomßent, M., Blaser, M., Bormann, I., Burandt, S., Fischbach, R., Kaufmann-Hayoz, R., Krikser, T., Künzli David, C., Michelsen, G., Rammel, C. & Streissler, A. (2011). Bildung auf dem Weg zur Nachhaltigkeit. Vorschlag eines Indikatoren-Sets zur Beurteilung von Bildung für nachhaltige Entwicklung. Schriftenreihe der IKAÖ, Nr. 12, Bern.

Glasser, H., Calder, W. & Fadeeva, Z. (2005). *Definition: research in higher education for sustainability, Halifax Consultation.* Halifax: Nova Scotia.

Hochschulrektorenkonferenz & Deutsche UNESCO-Kommission (Hrsg.) (2010). *Hochschulen für nachhaltige Entwicklung – Erklärung der Hochschulrektorenkonferenz und der Deutschen UNESCO-Kommission zur Hochschulbildung für nachhaltige Entwicklung.* Bonn.

Michelsen, G., Adomßent, M., Bormann, I., Burandt, S. & Fischbach, R. (2011). Indikatoren der Bildung für nachhaltige Entwicklung – ein Werkstattbericht. Schriftenreihe der Deutschen UNESCO-Kommission, Bonn.

Nationalkomitee der UN-Dekade „Bildung für nachhaltige Entwicklung" im Auftrag der Deutschen UNESCO-Kommission (Hrsg.) (2011). *UN-Dekade „Bildung für nachhaltige Entwicklung" 2005 – 2014: Nationaler Aktionsplan für Deutschland 2011.* Berlin.

Ogbuigwe, A. (2007). Perspektiven und Fallstudien zum Thema Bildung für nachhaltige Entwicklung. *BNE-Journal - Online-Magazine "Education for Sustainable Development", 1,* S. 1 - 12.

Schneidewind, U. (2009). *Nachhaltige Wissenschaft. Plädoyer für einen Klimawandel im deutschen Wissenschafts- und Hochschulsystem.* Marburg: Metropolis.

Studierendeninitiative Greening the University e.V. (Hrsg.) (2009). *Greening the University. Perspektiven für eine nachhaltige Hochschule.* München: oekom.

UNESCO, Bundesministerium für Bildung und Forschung & Deutsche UNESCO-Kommission (Hrsg.) (2009). *UNESCO-Weltkonferenz Bildung für nachhaltige Entwicklung 31. März – 2. April 2009*, Bonn. Tagungsbericht, Bonn.

van Dam-Mieras, R., Lansu, A., Rieckmann, M. & Michelsen, G (2008). Development of an Interdisciplinary, Intercultural Master's Program on Sustainability: Learning from the Richness of Diversity. *Innovative Higher Education, 32* (5), S. 251 - 264.

Wals, A. (2009). Learning for a Sustainable World. Review of Contexts and Structures for Education for Sustainable Development. Paris: Unesco.

Wright, T. (2007). Developing research priorities with a cohort of higher education for sustainability experts. *International Journal of Sustainability in Higher Education, 8* (1), S. 34 - 43.

Zimmermann, F.M., Mader, C., Michelsen, G. & Adomßent, M. (2011). The European Higher Education for Sustainable Development Network – COPERNICUS Alliance – back on stage with Charta 2.0. In: Global University Network for Innovation (Ed.). *Higher Education in the World 4. Higher Education's Commitment to Sustainability: from Understanding to Action.* Madrid: Palgrave Macmillan.

Instrumente effektiver Nachhaltigkeitskommunikation
Thomas Pyhel

Abstract

When it comes to communicate the complex issues of sustainability, media instruments are of particular importance. Media formats which enhance this discussion with a broad target audience as effectively as possible must match the structure of media systems and simultaneously manage the balancing act between information and entertainment. The creation of media experiences that offer the recipients a link to project their own experience with newly acquired adventures and knowledge can foster the communication on sustainability issues in a relevant manner. A given comprehensive media research repertoire serves the effectiveness of such media tools.

1 Einführung

Seit Mitte der 1990er Jahre wurde die Zielsetzung der Agenda 21 konzeptionell als Bildung für Nachhaltige Entwicklung (BNE) bzw. als Education for Sustainable Developement (ESD) ausgearbeitet. Nicht nur in der wissenschaftlichen Diskussion, sondern vor allem auch in der öffentlichen Kommunikation hat der Nachhaltigkeitsbegriff jedoch erst vor wenigen Jahren Eingang gefunden. Regelmäßige Umfragen zum Umweltbewusstsein der deutschen Bevölkerung zeigen deutlich, dass das Konzept der nachhaltigen Entwicklung nur sehr langsam an Bekanntheit gewinnt. Auch wenn sich der Bekanntheitsgrad des Nachhaltigkeitsbegriffes binnen zehn Jahren mehr als verdreifacht hat (BMU 2010: 40), so sprechen wir von überschaubaren Zahlenwerten zwischen 13 (2000) und 43% (2010) der deutschen Bevölkerung. Dieser Anstieg wird zurückgeführt auf die zunehmende Nachhaltigkeitsberichterstattung der Unternehmen, auf die nationale Nachhaltigkeitsstrategie und nicht zuletzt auf die Einrichtung des Rates für Nachhaltige Entwicklung. Trotz dieser anerkennenswerten Erfolge bleiben der Nachhaltigkeitsbegriff und sein zugrunde liegendes Konzept aber nach wie vor breiten Zielgruppen unzugänglich und nur wenig griffig. So weist die aktuelle Studie „Umweltbewusstsein in Deutschland 2010" (BMU 2010) darauf hin, dass zwar die gesellschaftlichen Leitmilieus den Begriff der Nachhaltigen Entwicklung durchaus kennen, das sogenannte „Traditionelle" und das „Prekäre Milieu", also Bevölkerungsgruppen der unteren Mitte und Unterschicht, jedoch deutlich weniger damit anfangen können. Dies ist ein klarer Hinweis darauf, dass speziell die soziale Dimension der Nachhaltigkeit zukünftig eine stärkere Berücksichtigung in der Umwelt- und Nachhaltigkeitskommunikation einnehmen muss.

Akteuren der Nachhaltigkeitskommunikation steht heute ein breites Spektrum an Methoden und Instrumenten zur Verfügung, die es ermöglichen, den Prozess der Kommunikation über Nachhaltigkeit in die Wege zu leiten, ihn zu organisieren, zu gestalten oder zu beeinflussen. Neben gezielten Bildungsprozessen (BNE), die auf eine Förderung von Gestaltungskompetenzen ausgerichtet sind, und neueren Strategie-Ansätzen wie u.a. Social Marketing und Empowerment oder dem Einsatz von Instrumenten der Partizipation und Planung (vgl. Michelsen & Godemann 2011, S. 11f) können Massenmedien als „zentrale Treiber" (Reinermann & Lubjuhn 2011, S. 45) den im Kontext der Nachhaltigkeit erforderlichen mentalen und kulturellen Wandel einleiten, begleiten und verstetigen.

Massenmedien sind dabei als Kommunikationsmittel zu verstehen, die durch technische Vervielfältigung und Verbreitung mittels Schrift, Bild oder Ton Inhalte an eine unbestimmte, weder eindeutig festgelegte noch quantitativ begrenzte Zahl von Menschen vermitteln und somit öffentlich an ein anonymes, räumlich verstreutes Publikum weitergeben (vgl. Burkart 2002). Über klassische Leitmedien wie Zeitungen, Zeitschriften, Hörfunk, Film und Fernsehen hinaus werden Nachhaltigkeitsthemen zunehmend auch über neue (digitalen) Medien (Internet, Social Media etc.) sowie im Rahmen informeller Bildungsangebote über Erlebnispfade, Ausstellungen und Museen oder in Form von Kulturveranstaltungen und künstlerischen Events einem breiten Zielpublikum vermittelt. Dabei wird die Nachhaltigkeitskommunikation stark von den eingesetzten und zur Verfügung stehenden Medien beeinflusst und ist durch eine Reihe von Besonderheiten (u.a. die Reflexivität hinsichtlich der Problemlagen und des Umgangs mit ihnen, die Akzeptanzbildung bei der Etablierung von Nachhaltigkeit als gesellschaftlichen Eigenwert, die Normalisierungstendenz mit der Folge des Aufmerksamkeitsverlustes und das Entgegenwirken durch eine Medialisierung bzw. Koppelung des Nachhaltigkeitdiskurses an die Medien) gekennzeichnet (vgl. Ziemann 2007; Godemann & Michelsen 2011).

Ein Blick auf die theoretische Rahmung von Nachhaltigkeitskommunikation und auf die Auseinandersetzung mit der Frage, wie Emotion und mediales Erlebnis miteinander verknüpft sind, sowie die kritische Betrachtung verschiedener Medienforschungsansätze, die Aufschluss über die Wirkung eingesetzter Medien liefern, können einen Zugang zu der Frage eröffnen, welche Schwierigkeiten bei der medialen Vermittlung von Nachhaltigkeitsthemen zu bewältigen sind und wo ihre Chancen und Möglichkeiten liegen.

2 Mediale Vermittlung von Nachhaltigkeitsthemen

Aufgabe der Nachhaltigkeitskommunikation ist es, „das Verständnis von Welt bzw. das Mensch-Umwelt-Verhältnis reflektiert in den gesellschaftlichen Diskurs einzubringen und die Problemwahrnehmung zu schärfen, zu reflektieren und in Relation zu gesellschaftlichen Werten und Normen zu setzen" (Michelsen & Godemann 2011, S. 8). Auch wenn das in Teilen der Eliten und Leitmilieus weithin bekannte Leitbild der Nachhaltigkeit auf Resonanz stößt, verweisen die Ergebnisse empirischer Studien darauf, dass nach wie vor erhebliche Schwierigkeiten bestehen, das Nachhaltigkeitskonzept zu kommunizieren. Nicht nur die geringe semantische Attraktivität, sondern auch der inflationäre Gebrauch des Begriffs „Nachhaltigkeit", der mit anderen Politikfeldern und Reformthemen wie Finanz- und Bildungspolitik in Verbindung gebracht wird, führt zu einer semantischen Verwischung und einer Überforderung des Rezipienten (vgl. Grunenberg & Kuckartz 2007, S. 206f.). „Nachhaltigkeit braucht ein Gesicht...", so formuliert es das Adolf Grimme Institut in seiner Studie zur Ermittlung von Formen, Hindernissen und Potenzialen der Darstellung von Nachhaltigkeitsthemen in ausgewählten deutschen Fernsehprogrammen (Adolf Grimme Institut 2004, S. 4). Der Rezipient sucht dabei nach Identifikationsfiguren und Protagonisten, nach Bildern, Emotionen und Unterhaltung sowie nach Informationen und Sachlichkeit (Dernbach 2007, S. 191). Grunenberg und Kuckartz machen in diesem Zusammenhang deutlich, dass sich die Begeisterung und Handlungsbereitschaft breiter Bevölkerungskreise für das Konzept der Nachhaltigkeit nur durch konkrete Visionen und Projekte mobilisieren lassen (Grunenberg & Kuckartz 2007, S. 207).

Bei der Vermittlung von Nachhaltigkeitsthemen kommt den (Massen-) Medien eine wichtige Rolle zu. Ziemann spricht von der Notwendigkeit, den Nachhaltigkeitsdiskurs zu medialisieren, damit seine Kommunikationsbeiträge und Leitbilder verbreitet, bekannt und folgenreich werden (Ziemann 2007, S. 130). Doch wie kann es gelingen, die Aufmerksamkeit der Öffentlichkeit oder des einzelnen Rezipienten im Konkurrenzkampf um die Kommunikation gesellschaftlich relevanter Themen zu wecken? Welche Hindernisse müssen überwunden werden, um nachhaltige Themen in massentaugliche Medienformate zu integrieren? Eine Studie des Centre on Sustainable Consumption and Production (CSCP) des Wuppertal Instituts stellt vier Barrieren heraus, die eine effektive Nachhaltigkeitskommunikation erschweren (vgl. CSCP 2009, S. 6f):

- die Komplexität der Thematik mit zahlreichen Bedeutungsdimensionen,
- die fehlende fachliche Kompetenz der Medienschaffenden,
- die Strukturen von Medienorganisationen und Redaktionen, die eine Integration von Nachhaltigkeitsthemen in die vorhandenen Schemata nicht zulassen sowie
- die Logik der Medien, die u.a. durch Schnelllebigkeit und Verkürzung des Berichtszeitraums in Medienberichten gekennzeichnet ist.

Die Herausforderung besteht nach Michelsen darin, „Nachhaltigkeitskommunikation in die Logik professioneller Medienarbeit einzupassen und ‚nachhaltigen Sachverstand' mit medienbezogener Fachkompetenz zu koppeln, um öffentlichkeitswirksame Leistungen zu produzieren, die über den ‚journalistischen Normaltypus' hinausgehen" (Michelsen 2007, S. 40). Dass dies in der Medienrealität bisher nur in Teilen gelingt, offenbart die oben genannte Studie des Adolf Grimme Instituts, die 2004 im Auftrag des Rates für Nachhaltige Entwicklung erstellt wurde: „Die Programm-Analyse bestätigt, dass es gegenwärtig kein Agenda-Setting für das Thema Nachhaltigkeit im Fernsehen gibt. Eine explizite Berücksichtigung in der Programmplanung bildet die Ausnahme" (Rat für Nachhaltige Entwicklung 2004, S. 3f.). Auch Hagedorn und Meyer kommen in der Bewertung der Studie zu dem Schluss, dass eine ausdrückliche Orientierung am Leitbild nachhaltiger Entwicklung für Redaktionen und Produzent(inn)en die Ausnahme bildet. So könnten die meisten der befragten TV-Akteure mit Nachhaltigkeit in ihrer Programmgestaltung nicht viel anfangen und würden das Leitbild gar nicht oder nur sehr vage kennen (vgl. Hagedorn & Meyer 2007, S. 254). Gleichwohl seien an verschiedenen Stellen durchaus Nachhaltigkeitsaspekte wie zum Beispiel Zukunftsorientierung, Wechselwirkungen zwischen wirtschaftlichen, sozialen und/oder ökologischen Faktoren oder das Aufzeigen von Hintergründen und Konsequenzen in unterschiedlichen Medienprogrammen auszumachen, die von den Medienschaffenden auch grundsätzlich akzeptiert und befürwortet würden. Allerdings habe eine „Ästhetik der Nachhaltigkeit" (Bittencourt et al. 2003, S. 55) in den Köpfen seiner Akteure bislang keinen Platz erobert (Hagedorn & Meyer, a.a.O.).

Medienformate, die Nachhaltigkeitsthemen aufnehmen und diese möglichst effektiv einem größeren Publikum vermitteln möchten, müssen sich in die Strukturbedingungen der Mediensysteme einbinden und gleichzeitig eine schwierige Gratwanderung zwischen Information und Unterhaltung bewältigen. Nach Clobes und Hagedorn (2008) kann ein Massenpublikum durch entsprechende Medienformate erreicht werden, wenn diese direkt, durchschaubar und auf Augenhöhe mit den Mediennutzern sind, wenn sie Einfühlungsvermögen wecken, eine starke Verbindlichkeit und Geradlinigkeit kommunizieren und pragmatisch statt theoretisch vorgehen, wenn sie gesellschaftliche und alltagsbezogene Aspekte wie zum Beispiel neue Lebensstile, Beziehungen, Zukunftsplanung, Globalisierung, Migration oder den demografischen Wandel verständlich machen und den Rezipienten schließlich emotional, d.h. unter Hervorhebung positiver statt negativer Beispiele und unter Verzicht auf den „erhobenen Zeigefinger", ansprechen. Wie verschiedene Untersuchungen (Eurobarometer 2001; Porter Novelli 2002 und 2005; Reusswig et al. 2004) zeigen, können durch eine optimale und effektive Nutzung von Medienformaten breite Zielgruppen nicht nur mit Nachhaltigkeitsbotschaften erreicht werden, sie können auch von solchen Formaten lernen und – im besten Fall – ihre Verhaltensweisen und Einstellungen ändern (vgl. auch CSCP 2009, S. 6).

3 Nachhaltigkeitskommunikation aus konstruktivistischer Sicht

„Die Welt in unseren Köpfen" – unter diesem Titel erschien Anfang der 1980er Jahre die deutsche Ausgabe der von Downs und Stea herausgegebenen Publikation „Maps in minds. Reflections on cognitive mapping" (Downs & Stea 1977 und 1982). In umfassenden Studien zur Stadtwahrnehmung beschäftigten sich die Forscher mit der Frage, welche Vorstellungen Bewohner von ihrer Stadt haben, wie sie sie wahrnehmen und erleben, wie sie sich in ihr orientieren und wie sich die städtische Wirklichkeit in Form von „kognitiven Karten" repräsentiert. Die Ergebnisse der Untersuchungen zeigten deutlich, dass städtische Bewohner kein einheitliches Vorstellungsbild von ihrem räumlichen Lebensumfeld besitzen, sondern in den Köpfen der Stadtbewohner sehr individuelle Bilder, Erlebnis- und Orientierungsmuster vorherrschen, die sich in unterschiedlichen „kognitiven Karten" niederschlagen. Downs und Stea fanden schnell heraus, dass zum Beispiel visuelle Eindrücke allein nicht immer genügen, die Welt zu verstehen und zu begreifen. „Motorische Aktivität (wie z.B. räumliches Verhalten) ist entscheidend, wenn wir einen Bogen von der äußeren Umwelt zur inneren Abbildung schlagen wollen" (Downs & Stea 1982, S. 106).

Medien, die als Instrumente zur Nachhaltigkeitskommunikation eingesetzt werden, können keine realistische, originalgetreue Abbildung der natürlichen Umwelt liefern. Das, was wir als Wirklichkeit betrachten, was wir über unsere Umwelt, unsere Mitmenschen und über uns selbst wissen, haben wir durch Wahrnehmung erfahren (vgl. Murch & Woodworth 1978, S. 11). Wahrnehmung ermöglicht uns, mit der Außenwelt in Beziehung zu treten, sie zu erkennen, zu deuten, zu erleben und nicht zuletzt auch auf sie einzuwirken. Neben der Leistungsfähigkeit unserer Sinnesorgane hängen unsere Wahrnehmungen aber auch von unseren Erfahrungen, Interessen und Werten, von unseren Kognitionen, Stimmungen und Emotionen und den materiellen Verhältnissen ab (vgl. Michelsen et al. 2011, S. 48).

Die Verknüpfung medialer Erlebnisangebote mit emotionalen Erfahrungen umschreibt Schulze mit dem Begriff der „Kulisse". Mediale Kulissen lassen immer neue Projektionsflächen für Gefühle, Wünsche und Fantasien entstehen (Schulze 2000, S. 11). Spielerische Kulissen wie zum Beispiel Computerspiele, Erlebnisparks, Filme oder – nach Lucas/Matys auch „Events" (Lucas & Matys 2003, S. 21) – werden als illusionserzeugende Konstruktionen angeboten und nachgefragt. Schulze bezeichnet diese als „Wirklichkeit eigener Art" (Schulze 2000, S. 7), die durch erlebnisrationales Handeln gestützt wird und mit eigenen

Sinnkonstruktionen verbunden ist (Lucas & Matys 2003, S. 21f.). Die systemisch-konstruktivistische Perspektive bietet dabei als Wahrnehmungs- und Erkenntnistheorie ein mögliches Erklärungsmuster für die mit der Nachhaltigkeitskommunikation und -bildung in Zusammenhang stehende Schwierigkeit, Menschen neue Einsichten und Kenntnisse zu vermitteln. Lernen ist in diesem Kontext als ein eigensinniger, selbstgesteuerter Vorgang zu verstehen. Wissenschaftliche Erkenntnisse lassen darauf schließen, „dass nicht gelernt wird, was gelehrt wird, sondern dass Menschen ihre Wirklichkeit auf der Grundlage vorhandener Erfahrungen selbst konstruieren und sich selbst einen Begriff von den Dingen machen. Allerdings muss neues Wissen, müssen neue Erfahrungen passen, d.h. anschlussfähig an vorhandene Erkenntnisse und Einsichten sein" (Michelsen 2007, S. 33).

Für den Einsatz von Medien bedeutet das, dass es nicht nur auf die Wahl zielgruppenadäquater Kommunikationsinstrumente ankommt, sondern dass insbesondere die geeigneten „Passstücke" gefunden werden müssen, die einen Anschluss von neuen Erfahrungen an bereits vorhandene Erfahrungen und Kenntnisse des Lernenden ermöglichen. Medien übernehmen insofern eine wichtige Scharnierfunktion, die einen Abgleich bereits selbst konstruierter und neu erfahrener Wirklichkeit ermöglichen. Im Sinne konstruktivistischer Medientheorien sind sie daher nicht als reine technische Einrichtungen zu verstehen, die Botschaften versenden oder transportieren, „sondern als Systeme, die Angebote oder Modelle für Wirklichkeitsentwürfe machen" (de Witt 2007). Schmidt formuliert dies folgendermaßen: „Medienangebote lassen sich aus vielen Gründen nicht als Abbilder der Wirklichkeit bestimmen, sondern als Angebote an kognitive und kommunikative Systeme, unter ihren jeweiligen Systembedingungen Wirklichkeitskonstruktionen in Gang zu setzen. Werden diese Angebote nicht genutzt, transportieren Medienangebote gar nichts" (Schmidt 1994, S. 8).

Auf die unterschiedlichen Strömungen und Varianten konstruktivistischer Denkansätze, die sich ergänzen und komplementär zueinander verhalten, kann an dieser Stelle nicht näher eingegangen werden. Eine ausführliche Darstellung findet sich u.a. bei Siebert (2008). Nicht unerwähnt bleiben soll jedoch, dass neben dem neurobiologischen Konstruktivismus, der die vom Individuum erlebte Welt als ein Konstrukt des Gehirns als ein autopoietisches, selbstreferenzielles und operational geschlossenes „System" (Umwelt entsteht im Kopf) betrachtet (vgl. Roth 2003), auch sozialkonstruktivistische (Umwelt als soziales Konstrukt) und kulturell konstruktivistische Strömungen (Umwelt als kulturhistorisch geprägtes Produkt) geeignete Erklärungsansätze und -muster für die Schwierigkeiten und Möglichkeiten einer effektiven Nachhaltigkeitskommunikation liefern können (vgl. Michelsen 2011, S. 71f.).

4 Emotion und mediales Erlebnis

Medienformate, die Nachhaltigkeitsthemen vorrangig kognitiv aufbereiten, stoßen in ihrer Akzeptanz und Wirksamkeit erfahrungsgemäß schnell an ihre Grenzen. Dies gilt in besonderer Weise für Medien wie Film und Fernsehen, Hörfunk, Zeitungen, Zeitschriften, Internet, Web 2.0 oder Ausstellungen, die ein größeres Zielpublikum ansprechen. Lucas und Matys (2003), die die Anforderungen einer effektiven Kommunikation von Nachhaltigkeit aus der kulturellen Perspektive betrachten und bewerten, stellen die Frage nach der Notwendigkeit eines emotionalen Zugangs in den Mittelpunkt ihrer Untersuchung. Eine mögliche Antwort hierauf könnte sein, „Emotionen im Umgang mit den Zielen der Nachhaltigkeit nicht nur zuzulassen, sondern auch sehr bewusst eine emotionale Inszenierung des Themas zu forcieren." (Lucas & Matys 2003, S. 16). Die beiden Autoren stützen sich dabei auf die These des Psychoanalytikers Rolf Haubl (2001), der davon ausgeht, dass Emotionen die Voraussetzungen dafür schaffen, sich auf Sachthemen einzulassen und Bindungen, die notwendig sind, um sich an einem gesellschaftlichen Projekt wie der Nachhaltigkeit zu beteiligen, zu ermöglichen. Nur mit Gefühlen könne Motivation entstehen, nur auf Emotionalität zu setzen, berge jedoch die Gefahr in sich, „dass Ratio und Emotionen nicht mehr ausbalanciert werden" (Lucas & Matys 2003, S. 17). Bei den Bemühungen zur Medialisierung der Nachhaltigkeit mit Mitteln moderner Darstellungsformen (Film, Musik, Werbespots, Internet) werde dabei eine „Hinwendung des Nachhaltigkeitsthemas zum Ästhetischen" erkennbar, wobei das begriffliche Denken und kognitiv vermittelte Wissen in dem Maße an eine Grenze stoße, wie Bilder und Imaginationen leitend würden (ebd., S. 17).

Aus dem Verhältnis von thematischer Fokussierung, Emotionalisierung und Kultivierung kann aus Sicht von Lucas & Matys eine Handlungsstrategie abgeleitet werden, die zu einer Verbindung von Nachhaltigkeit mit realen Tendenzen und Entwicklungen in der Gesellschaft führt. Der Weg zu einer solchen Strategie kann dabei u. a. über die Fragen führen, wie Nachhaltigkeitsziele unmittelbar und sinnlich wahrnehmbar und deshalb auch begreifbar gemacht werden können, welche Bilder, Riten, Erzählungen, Märchen, Stories, Events etc. sich eignen, eine Vorstellung des guten, nachhaltigen Lebens zu illustrieren und zu inszenieren, und wie alle Sinne des Menschen angesprochen werden können (vgl. Lucas & Mattys 2003, S. 17).

Emotionale Erlebniskonzepte in Massenmedien können helfen, vorhandene Akzeptanzbarrieren gegenüber Nachhaltigkeitsthemen sowohl auf Seiten der Medienschaffenden als auch der Mediennutzer zu überwinden. Medien (Film, Hörfunk, Printmedien, Internet, Ausstellungen etc.) und Medienformate (z.B. Dokumentation, fiktionale Formate, Ratgebersendungen und -beiträge, Internetforen, interaktive Erlebnisausstellungen oder Events) sind dabei in unterschiedlicher Weise geeignet, einen emotionalen Zugang zum Konzept der Nachhaltigkeit zu eröffnen. So zeigt beispielsweise Pösl (2008) anhand einer umfassenden

Analyse des Films „Eine unbequeme Wahrheit" von Al Gore die Mechanismen auf, die zu einer Emotionalisierung der Nachhaltigkeitskommunikation und schließlich zu einem medialen Gesamterlebnis führen. Der Regisseur Davis Guggenheim schaffe in dem Film immer wieder Auslöser für Basisemotionen wie Angst, Trauer oder Furcht, er spreche Themen an, die Menschen aus evolutionspsychologischer Sicht schon immer berührt haben wie zum Beispiel die Identifikation mit Betrügern, Humor oder den Sinn für Ästhetik, und er versuche, im Filmerleben „seelische Komplexe in eine bestimmte Richtung zu funktionalisieren." (Pösl 2008, S. 104). Gerle (2007) sieht in diesem Zusammenhang das Erfolgsrezept des Films darin, dass die Zuschauer in die Lage versetzt werden, persönlich erfahrene Momente und evolutionsbedingte bzw. -notwendige Motive mit dem Geschehen auf der Leinwand zu verknüpfen (Gerle 2007, S. 11).

Andere visuelle, akustische und/oder haptische Zugänge zum Nachhaltigkeitsthema bietet das Medium Ausstellung. Ausstellungen, die in Form von Erlebniswelten gestaltet werden, ermöglichen vielfältige Verknüpfungen zur inneren und äußeren Lebenswelt der Besucher. Im Idealfall wird dabei um ein Kernthema herum ein auf die Zielgruppe(n) genau angepasstes Medien-/Format-Setting arrangiert, das Film- und Videosequenzen, Textbeiträge, Hörstationen, Modelle und Original-Exponate, begehbare Installationen, Spiel- und Experimentierflächen, Rauminszenierungen und vieles mehr umfassen kann, die die Interaktion des Besuchers und eine aktive Auseinandersetzung mit dem Thema fördern. Janssen (2009) weist darauf hin, dass Interaktion zwischen Exponat und Besucher in attraktiv inszenierten Erlebnisräumen beim Besucher „zu inneren Räumen des Fühlens, Denkens und Handelns" führt. Raumbilder werden damit zu Bildungsräumen (Janssen 2009, S. 151). Interessant erscheinen hierbei die von Schulze (1993) beschriebenen drei – auch für die Interaktion zwischen Besucher und Ausstellungsexponat relevanten – Elemente einer Erlebnistheorie der Verarbeitung. Diese umfassen die Subjektbestimmtheit (d.h. Erlebnisse werden nicht vom Subjekt empfangen, sondern von ihm gemacht), die Reflexion (durch Erinnern, Erzählen, Interpretieren und Bewerten gewinnen Ursprungserlebnisse festere Formen) und die Unwillkürlichkeit (d.h. Erlebnisse laufen oft anders ab als geplant). Auf die Frage, worin die große Bedeutung des Erlebens liegt, antwortet Bittner (1993) wie folgt: „Die Rehabilitation der Erlebnisperspektive ist notwendig, weil darin das Subjekt von seinem konventionellen Ort (als 'Zuschauer') weggerückt und an seinen wahren Ort (als 'Akteur' seiner Lebensgeschichte) gesetzt wird (Bittner 1993, S. 149).

5 Medienforschung und Nachhaltigkeitskommunikation

Medien bilden heute einen festen Bestandteil unseres Lebensalltags. Die Fragen, wie Medieninhalte wahrgenommen, verstanden und verarbeitet werden, wie sich Rezipienten im Kontext ihrer Lebensbedingungen entsprechende Inhalte aneignen und welche Wirkungen von den Medien ausgehen, bilden den Kern aktueller Medienforschung und sind damit auch für eine effektive und zielgerichtete Nachhaltigkeitskommunikation von Bedeutung. Die Medienforschung beschreibt dabei ein umfangreiches Gebiet, das von allen Sozialwissenschaften bearbeitet wird (vgl. Schorb 1997). Nach wie vor steht die Frage der Nutzung und Akzeptanz der Medien und ihrer Botschaften im Vordergrund entsprechender Forschungsarbeiten. Mediaanalysen, die die Reichweite eines Mediums messen, und Einschaltquotenmessungen, die stichprobenhaft erfassen, wie viele Konsumenten einen bestimmten Fernseh- oder Hörfunkanbieter einschalten, stellen die bekanntesten Beispiele der Akzeptanzforschung dar. Ziel dieser Untersuchungen ist es, die Verantwortlichen und/oder Betreiber der unterschiedlichen Massenmedien (Fernsehen, Radio, Zeitungen, Zeitschriften etc.) in die Lage zu versetzen, ein attraktives Werbeumfeld und damit eine günstige Situation zum Verkauf von Werbezeiten zu schaffen. "Medienforschung ist also meist funktional und deutlich an ein Anwenderinteresse gebunden. (…) In der Sprache eines empirischen Forschers stellt die Kommunikationswissenschaft bzw. die Medienforschung keine finalen Fragen, also Fragen nach Zielen und Kontexten, sondern versucht, Funktionen und Strukturen innerhalb festgelegter Systeme zu bestimmen, ist also einer funktionalistischen, systemtheoretischen Medientheorie verpflichtet" (Schorb 1997, S. 228). Dabei beschäftigen sich Medientheorien grundlegend mit der Frage, welche Effekte Medien auf das gesellschaftliche Zusammenleben haben. „Damit wird die Frage angesprochen, wie Medien auf unsere Weltwahrnehmung wirken. Von daher können sie ein wesentlicher Faktor dafür sein, dass Kommunikation über nachhaltige Entwicklung Eingang in den gesellschaftlichen Diskurs findet. Es gibt also nicht die eine Medientheorie, sondern verschiedene theoretische Zugänge zur Wirksamkeit und Nutzung von Medien." (de Witt 2007, S. 177)

5.1 Traditionelle Wirkungsforschung

Im Mittelpunkt traditioneller Wirkungsforschung steht die Frage nach dem Einfluss der Medien auf den Rezipienten, d. h. auf seine Einstellungen, Meinungen, Wertvorstellungen und sein Verhalten. Traditionelle Konzepte gehen dabei von der Grundannahme aus, dass kognitive Prozesse und darüber Verhalten bei den rezipierenden Individuen durch die inhaltlichen und formalen Eigenschaften der Medienereignisse erzeugt werden (vgl. Theunert 1997a, 1997 b). Als Wirkungen werden „alle Veränderungen im Verhalten, Denken und Erleben der Rezipienten während und nach der Rezeption, soweit sie aus der Zuwendung zu den Medien resultieren" (Hunziker 1982, S. 247), bezeichnet. Nach Bonfadelli (2007) befasst sich die Medienwirkungsforschung zudem mit den Effekten der Medienberichterstattung auf Wahrnehmung, Einstellungen und Verhalten gegenüber der Umwelt, „wobei Effekte der Medien immer voraussetzen, dass die Medien überhaupt genutzt werden" (Bonfadelli 2007, S. 260).

5.2 Rezipientenorientierte Medienforschung

Die rezipientenorientierte Medienforschung wurde viele Jahre durch den so genannten „Uses-and-Gratifications"-Ansatz bestimmt. Dieser Forschungsansatz befasst sich explizit mit den Motiven und Bedürfnissen der Rezipienten und den von den Medien bereitgestellten Gratifikationen. Im Vordergrund steht die Frage, warum bestimmte Personen bestimmte Medien nutzen (Motive) und welchen Nutzen (Gratifikation) sie dabei erhalten (vgl. u. a. Katz, Blumler & Gurewitch 1974; McQuail 1985; Fischer 2000; de Witt 2007). Der fehlende theoretische Bezugsrahmen für die Operationalisierung und Klassifikation von Bedürfnissen wird als einer der wesentlichen Kritikpunkte gegen den Uses-and-Gratifications-Ansatz angeführt (vgl. Vorderer 1992, S. 28). Die „instrumentell-utilitaristische Perspektive", die bei der Frage nach dem Medienhandeln nicht nur medienspezifische Charakteristika unzureichend berücksichtigt, sondern Medieninhalte weitestgehend ausblendet, stellt einen weiteren Kritikpunkt dar. Auf die Frage, wie der Rezipient die dargebotenen Medieninhalte versteht, wird in entsprechenden Untersuchungen nicht eingegangen (vgl. Vorderer a.a.O.; Fischer 2000). Ein weiterer Kritikpunkt ist, dass das Prinzip der Wirklichkeitskonstruktion und der subjektiven Sinn- und Bedeutungszuweisung durch den Rezipienten beim Uses-and-Gratifications-Ansatz nicht beachtet wird (Renckstorf 1989, S. 322; Fischer 2000). Besonders problematisch erscheint zudem die Annahme, dass der Rezipient seine Motive für die Mediennutzung kennt und auch darüber umfassend Auskunft geben kann. Insbesondere bei Untersuchungen mit Kindern ergeben sich hierbei erhebliche Schwierigkeiten. So sind etwa standardisierte Erhebungsmethoden, die z. B. über eine direkte Befragung der Betroffenen Aufschlüsse über Motive zur Mediennutzung geben sollen, wenig geeignet, einen umfassenden Einblick in die Motivlage zur Mediennutzung zu erhalten. Zudem wird das eigentliche (subjektive) Erleben des Rezipienten mit dem Uses-and-Gratifications-Ansatz nicht erfasst (vgl. Fischer 2000, S. 26).

Als eine Variante des Uses-and-Gratifications-Ansatzes bildete sich in den 1970er Jahren in Deutschland der sogenannte „Nutzenansatz" heraus. Entsprechende Forschungsarbeiten (vgl. Schorb & Stiehler 1996) weisen den Medien eine unterstützende und bestärkende Funktion zu. Zwar wird im Nutzenansatz die „Konzeption von einem aktiv realitätsverarbeitenden Subjekt" (Charlton & Neumann-Braun 1992, S. 47f) wesentlich konsequenter umgesetzt als in den Forschungsarbeiten des Uses-and-Gratifications-Ansatzes, so dass er bereits deutlichere Bezüge zu handlungsorientierten Ansätzen aufweist. Gleichwohl wird auch hier das soziale Umfeld der Rezipienten weitgehend ausgeblendet (vgl. Scherer 1997, S. 96f).

5.3 Kognitionswissenschaftlich geprägte Medienforschung

Kognitionswissenschaftlich geprägte Forschungsarbeiten beschäftigen sich mit der individuellen Konstruktion von Wirklichkeit durch den Rezipienten. Wahrnehmen und Verstehen werden dabei als konstruktive und wissensbasierte Prozesse verstanden: „Sobald sich eine Person entscheidet, ein bestimmtes Programm, Genre oder Sendung zu rezipieren, spätestens jedoch nach dem ersten medialen ‚Input', aktiviert sie das persönliche Wissen darüber, was sie dargeboten zu bekommen glaubt. Der Rezipient hat folglich bereits Vermutungen über Bedeutung und Verlauf des ‚Textes'. Dies wiederum fördert die gezielte und selektive Informationsaufnahme. Durch die Gleichzeitigkeit von Zeichenaufnahme und Aktivierung und Adaption von Wissensschemata versucht der Rezipient ein kohärentes mentales Ereignis zu konstruieren" (Fischer 2000, S. 15f). Fischer bezeichnet den Rezipienten dabei als „aktiven Konstrukteur von Sinn", wobei eine Wechselbeziehung zwischen der „äußeren Realität" (sensorischer Input: Text, Bild, Handlung) und der „inneren Repräsentation" (mentale Textbasis, mentale Modelle) festzustellen ist. Charlton und Barth (1995) sprechen in diesem Zusammenhang von einer „innerpsychischen Transaktion (Reiz ↔ Schema/Vorwissen/Erfahrung)" (Charlton & Barth 1995, S. 6).

Soziale Kontexte, die nach Fischer einen wichtigen Einfluss auf die Rezeptionsmotivation und das (habitualisierte bzw. angebotsspezifische) Selektionsverhalten haben, bleiben bei kognitionswissenschaftlichen Ansätzen jedoch unberücksichtigt. Wirkungen können aber weder losgelöst von gesellschaftlich vorzufindenden Vorstellungen noch von den realen Erfahrungen und Vorstellungen der Rezipienten betrachtet werden. Die Bedeutung der Wahrnehmung medialer Inhalte für ein Individuum ist nach Theunert nur im Gesamtzusammenhang seiner Lebens- und Erfahrungsbezüge, die im Kontext seiner sozialen Bedingungen zu sehen sind, einzuschätzen. Das Individuum gilt unter diesen Prämissen als „Subjekt mit prinzipieller Handlungskompetenz, das nicht nur gesellschaftlich geformt wird, sondern seine gesellschaftliche Umwelt, wozu auch die Medien gehören, selbst aktiv gestaltet. Ein Zugang zur Frage der Wirkung von Medien muss entsprechend verschiedene Perspektiven aufeinander beziehen: Die Medieninhalte und die strukturelle Verfasstheit der Medien in ihrer gesellschaftlichen Eingebundenheit; die je konkreten Erfahrungswelten der Rezipienten in ihrem Rückbezug auf gesellschaftliche Lebensbedingungen; die subjektiven Orientierungen der Rezipienten in Bezug auf Nutzung, Bewertung und Verarbeitung von Medieninhalten" (Theunert 1997b, S. 361f).

5.4 Pädagogische und qualitative Medienforschung

Im Gegensatz zur traditionellen Rezeptionsforschung und zu klassischen Inhaltsanalysen, die in der Regel keine Aufschlüsse über den Prozess der Aufnahme oder Ablehnung medialer Inhalte beim Rezipienten geben, bilden die Aneignungsprozesse den Hauptgegenstand pädagogischer bzw. qualitativer Medienforschung. Unter Aneignung wird dabei nach Schorb (1997) sowohl die Wahrnehmung eines Inhaltsbereiches als auch dessen Verarbeitung und Umsetzung in das eigene Verhaltens- und Handelnsrepertoire verstanden. Rezeptionsprozesse werden als „soziale Handlungen" verstanden, die, eingebettet in Routinen alltäglicher Lebensbewältigung, von deren Bedingungen motiviert sind und wieder auf sie zurückwirken. Schorb weist in diesem Zusammenhang darauf hin, dass in die Frage nach der Rezeption von Medieninhalten immer auch die einbettenden alltäglichen Bedingungen einzubeziehen sind (1997, S. 230).

5.5 Medienökologische Forschung

Nicht die Wirkung einzelner Medien auf den Rezipienten, sondern die Analyse ganzer „Medienwelten", die Einfluss auf die Sozialisation des Einzelnen nehmen (vgl. u. a. Baacke 1990; Paus-Haase 1998), bilden den Kern medienökologischer Forschungsarbeiten. Unter Einbeziehung der Fragen, welche Erwartungen zum Beispiel Heranwachsende gegenüber den Medien haben, welche Medien sie am häufigsten und welche sie am liebsten nutzen, untersucht der medienökologische Ansatz neben den Medienumgebungen auch die „konkreten Lebenszusammenhänge" bzw. „Sozialräume" (Familie, Freundeskreis, Schule etc.) der Rezipienten (vgl. Fischer 2000, S. 17f).

5.6 Medienbiografieforschung

Werden Rezeptionsprozesse als soziale Handlungen verstanden, die in Routinen alltäglicher Lebensbewältigung eingebettet werden, sind die Handlungsbedingungen und -gründe in die Analyse einzubeziehen. Die Medienbiografieforschung untersucht dabei, welche Bedeutung die Medien für die Lebensgeschichte des Einzelnen haben, wie Mediengeschichten und Lebensgeschichten ineinander greifen und welchen Beitrag die Nutzung von Medien zur konkreten alltäglichen Lebensbewältigung leisten können (vgl. Fischer 2000, S. 18). Im Gegensatz zur strukturanalytischen Rezeptionsanalyse, auf die weiter unten noch eingegangen wird, vernachlässigt der medienbiografische Forschungsansatz jedoch die Analyse und Betrachtung des eigentlichen Rezeptionsvorganges.

5.7 Ethnomethodologische Forschung

Der sogenannte ethnomethodologische Ansatz geht davon aus, „dass die Alltagswelt dem Menschen nicht einfach vorgegeben ist, sondern dass sie in einem sozialen Konstruktionsprozess zusammen mit den Gesellschaftsmitgliedern neu geschaffen wird (...) Aufgabe des ethnomethodologischen Ansatzes in der Medienforschung ist es folglich zu klären, wie Menschen Medien benutzen, um sich selbst besser verstehen zu lernen, um ihre Sicht von Welt anderen gegenüber anzeigen zu können, um das soziale Miteinander zu interpretieren und zu regeln." (Fischer 2000, S. 19). Mit Hilfe des ethnomethodologischen Ansatzes konnten z.b. Unterschiede im Fernsehnutzungsverhalten bei Familien (vgl. Charlton & Neumann-Braun 1992) und Zusammenhänge zwischen Alltags- und Medienkommunikation in der Familie (vgl. Keppler 1994) festgestellt werden.

5.8 Strukturanalytische Medienforschung

Der von Charlton und Neumann-Braun entwickelte strukturanalytische Ansatz gewinnt im Bereich der Medienrezeptionsforschung, insbesondere bei der Zielgruppe der Kinder und Jugendlichen, zunehmend an Bedeutung. Im Mittelpunkt dieses Forschungsansatzes steht die Frage nach der Rolle und Funktion der Medien im Rahmen sozialer Handlungssituationen, wobei ein besonderes Augenmerk auf die Bedeutung der Medien für die Lebensbewältigung und Identitätsbildung des Rezipienten gelegt wird. „Das Interessante an diesem Ansatz ist, dass er versucht, Bedürfnisse und Motive offen zu legen, die dem Rezipienten selbst oftmals verborgen sind und nur durch tiefere Einblicke in die familiären Strukturen, in die Persönlichkeit des Rezipienten und seine handlungsleitenden Themen zu erkennen sind" (Fischer 2000, S. 27). Er stellt ein handlungs- und subjektorientiertes Modell dar, das sowohl strukturtheoretische als auch konstruktivistische und sozialisationstheoretische Elemente enthält. Ergebnisse dieses Forschungsansatzes beruhen auf Fallanalysen und Verallgemeinerungen. Kritisiert wird allerdings die Anzahl und Altersstruktur der in den vorliegenden Forschungen (in der Regel zum Medienverhalten von Heranwachsenden) untersuchten Einzelfälle, die eine Verallgemeinerung der Ergebnisse im Kontext des sozialen Milieus und möglicherweise auch über diesen Kontext hinaus fraglich erscheinen lassen (vgl. Holzer 1994, S. 65). Die Beschränkung auf den familiären Kontext stellt einen weiteren Kritikpunkt gegen den strukturanalytischen Ansatz dar. Gleichwohl verknüpft er neuere familientheoretische Ergebnisse mit seiner theoretischen und methodologischen Ausrichtung zu einer komplexen Sichtweise des Familiensystems, die durch familiäre Interaktionen sowie Interaktionen zwischen Kindern bzw. Jugendlichen geprägt ist (vgl. Kutschera 2001, S. 95).

5.9 Medienpsychologische Forschung

Ohne die Berücksichtigung psychologischer Erkenntnisse und Erklärungsmodelle ist eine seriöse Medienforschung kaum noch denkbar. Insbesondere zu Fragen der Gestaltung, Nutzung und Wirkung von Medien, aber auch zur Entwicklung einer eigenständigen Theorie der Medienpsychologie hat die psychologische Medienforschung wichtige Erkenntnisse geliefert (vgl. Mühlen-Achs 1997). Grundlage medienpsychologischer Forschung bilden Erkenntnisse aus der Wahrnehmungs- und Entwicklungspsychologie, der Lerntheorie, der Emotions-, Kognitions- und Motivationstheorie sowie der Sozialisationsforschung. Die Verwendung psychologischer Erkenntnisse und Modelle blickt in der Medienforschung auf eine lange Tradition zurück. So untersuchten Allport und Cantril (1935) bereits in den 1930er Jahren mit Hilfe eines einfachen Reiz-Reaktions-Modells die direkte Einflussnahme von Medien auf die Einstellungen und Verhaltensweisen ihrer Rezipienten. „Die damit verknüpfte Vorstellung von einer unmittelbaren und einseitigen Wirkung der Medien auf weitgehend passive Rezipienten konnte allerdings nicht lange aufrechterhalten werden. In der Folge wurde das Wirkungsmodell um diverse rezipientenbezogene Faktoren erweitert: Zum einen wurde dem Aspekt der Eigenaktivität der Rezipienten im Prozess der Medien-Konsumption stärker Rechnung getragen (defensive Selektivität), zum anderen wurde die Bedeutung interpersonaler Beziehungen der Rezipienten, z. B. zu Freunden, Bekannten, Autoritätspersonen etc., als wirkungsmodellierende Faktoren erkannt und stärker berücksichtigt (Opinion-Leader-Modell, Zwei-Stufen-Schluss der Kommunikation)" (Mühlen-Achs 1997, S. 263).

Während sozial-kognitive Theorien (vgl. Bandura 1979) generelle Medienwirkungen durch das Konzept der „stellvertretenden Erfahrungen", die durch die Beobachtung medial dargebotener „Verhaltensmodelle" gemacht werden, zu erklären versuchen, beschäftigten sich McCombs und Shaw zu Beginn der 1970er Jahre mit der Erforschung der Thematisierungsfunktion von Medien (Agenda-Setting). Im Ergebnis dieser Untersuchungen zeigte sich, dass allein durch Themenauswahl, Umfang der Berichterstattung und Vorgabe einer bestimmten Reihenfolge der Berichterstattung medienentscheidende Wirkungen erzielt werden können. Die als „Thematisierungseffekt" bezeichnete Wirkung tritt dann ein, wenn die von den Medien vorgenommene Prioritätensetzung die persönliche Prioritätensetzung der Mediennutzer bestimmt (vgl. McCombs 1981; Mühlen-Achs 1997). Aus der sozial-konstruktivistischen Perspektive betrachtet, spricht Bonfadelli auch von „Medien-Framing". Gemeint ist damit, „dass Journalisten die Realität im Allgemeinen und Umweltprobleme im Speziellen immer aus einer ganz bestimmten Perspektive heraus beleuchten, indem durch Selektion und Betonung, aber auch durch Weglassungen und Hinzufügungen gewisse Aspekte der Realität in den Vordergrund gerückt und andere vernachlässigt werden, und zwar so, dass eine ganz spezifische Sicht des Problems nahegelegt wird, eine kausale Interpretation von Ursachen, eine moralische

Bewertung und/oder auch bestimmte Problemlösungen betont werden" (Bonfadelli 2007, S. 260; vgl. Entmann 1993, S. 52).

6 Kinderbezogene Medienforschung am Beispiel Fernsehen

Im Brennpunkt medienpsychologischer Forschung steht traditionsgemäß die Erforschung genereller sozialisatorischer Einflüsse von Medien auf die Entwicklung und Erziehung von Kindern und Jugendlichen. Gerade bei der Entwicklung und Umsetzung von (Massen-) Kommunikations- und Medienprogrammen, die speziell diese Zielgruppe an Nachhaltigkeitsthemen heranführen sollen, lohnt sich eine näher gehende Betrachtung des rezipientenorientierten Ansatzes. Insbesondere die Medienpsychologin Hertha Sturm widmete sich in ihren Forschungsarbeiten der hohen Wirksamkeit medienvermittelter Außenreize für Wahrnehmungs- und Verarbeitungsweisen von Kindern. Sturm ging dabei der Frage nach, wie Kinder Fernsehen wahrnehmen und wie sie die dort in spezifischer Form dargebotenen visuellen und verbalen Informationen verstehen, wobei sie sich im Rahmen ihres rezipientenorientierten Ansatzes auf die Entwicklungstheorie Piagets stützte (vgl. Sturm & Jörg 1980; Paus-Haase 1998, S. 89).

Unter Berücksichtigung des Piagets'schen Stufenmodells kommt Sturm zu dem Schluss, dass das Medium Fernsehen mit seinem spezifischen Symbolsystem, seiner Präsentationsweise (akustische Darstellungsmittel wie Musik und Geräusche, Toneffekte, Schnitte, Kamerabewegungen, Zooms etc.) den Wahrnehmungs- und Verarbeitungsweisen von Kindern in besonderer Weise entspricht und die Aufmerksamkeit von Kindern in unterschiedlichen Entwicklungsstadien aktiviert sowie Verstehensprozesse fördert. Paus-Haase (1998) weist in diesem Zusammenhang darauf hin, dass Fernsehdarbietungen mit einfachen Wenn-Dann-Beziehungen insbesondere kleineren Kindern, die sich nach dem Piagets'schen Modell in der Phase des anschaulichen Denkens befinden, entgegen kommen.

Zurück liegende Forschungsergebnisse zur Wirkung formaler Gestaltungselemente des Fernsehens (vgl. Meyer 1984; Rice u.a. 1984, S. 27f) verweisen auf eine hohe aufmerksamkeitsstimulierende Wirkung bei folgenden formalen Merkmalen:

- akustische Darstellungsmittel (z.B. lebhafte Musik, Toneffekte, Kinderstimmen, ungewöhnliche Stimmen, nicht-sprachliche Stimmäußerungen, häufigere Sprecherwechsel),
- visuelle Präsentationsformen wie Schnitte, Zoom-Fahrten, Kamera-Schwenks, Spezialeffekte,

- ein hohes Maß an physischen Aktivitäten und Aktionen sowie
- ein häufiger Wechsel von Szenen, Figuren und Themen.

Effekte dieser Art gewinnen nach Paus-Haase (1998, S. 90) eine starke Anziehungskraft auf Kinder und motivieren sie, sich dem Geschehen auf dem Bildschirm zuzuwenden. Medienpsychologische Arbeiten haben sich dabei im Hinblick auf formale Strukturen mit Wahrnehmungs- und Verarbeitungsleistungen bei Kindern (vgl. Salomon 1979 und 1983), mit der Fähigkeit von Kindern, zwischen Wirklichkeit und Spiel zu differenzieren (vgl. Bonfadelli 1981; Cantor 1982), und mit der Fähigkeit, Programmgenres zu unterscheiden (vgl. Blosser & Roberts 1985), beschäftigt. Im Rahmen einer Studie zur Wahrnehmung und Verarbeitung einer Spezialsendung aus der WDR-Kinderfernsehreihe „Die Sendung mit der Maus" (vgl. Paus-Haase 1998, S. 91ff) zeigte sich, dass die Kinder im Grundschulalter – im Vergleich zu Vorschulkindern – bereits über ein präzises Verständnis unterschiedlicher Genres und Programmformen verfügen. Während achtjährige Kinder die Magazinstruktur der Sendung erkannten und die unterschiedlichen Genres detailliert beschreiben konnten, war es älteren Kindern (ab elf Jahren) bereits möglich, einzelne Strukturmerkmale der Sendung mühelos zu identifizieren und präzise zu verbalisieren.

Böhme-Dürr (1988 und 1990) weist darauf hin, dass Kinder erst im Laufe ihrer Entwicklung die Fähigkeit zu einer differenzierteren und damit auch distanzierteren Beurteilung der Fernsehwelt erwerben. Dabei zählen Wissen über formale Angebotsweisen (z. B. Zoom, Zeitlupe und Realität-Fiktion-Unterscheidungen) oft schon bei Sechsjährigen zu den wichtigen Prädikatoren für das Verstehen eines Programmangebots. Gleichzeitig kommt dem Alltags- und Lebensweltbezug bei der Bewertung von Fernsehangeboten eine besondere Bedeutung zu. Hierbei zeigt sich, dass Kinder noch bis zum Alter von etwa elf Jahren ihrer kognitiven Entwicklung entsprechend das im Fernsehen Gezeigte für wahr halten, sofern Elemente vorkommen, die auch in ihrer eigenen Lebenswelt vorkommen. Jugendliche hingegen sind bereits zu komplexeren, abstrakteren Realitätsurteilen fähig (vgl. Paus-Haase 1998; Böhme-Dürr 1988). Auch das chronologische Verständnis von Handlungsabläufen innerhalb von Fernsehsendungen bildet sich erst im Laufe der weiteren kindlichen Entwicklung aus (vgl. Moser 1995, S. 139). So können Vorschulkinder, wie medienpsychologische Studien zeigen, zwar isolierte Episoden oder Szenen aus Sendungen rekapitulieren, sind jedoch nicht in der Lage, alle Elemente einer Geschichte zu einem Ganzen zusammenzufügen (vgl. auch Paus-Haase 1998, S. 93).

Weitere Ansätze zur Medienwirkungsforschung, die auch Aussagen über die Effektivität eingesetzter Medieninstrumente und Methoden einer Nachhaltigkeitskommunikation zulassen dürften, reichen von der Agenda-Setting-Forschung über Web-Experimente, der Netzwerk-, Text- und Rezeptionsanalyse bis zu bildanalytischen Verfahren im Rahmen qualitativer Medienforschung (vgl. die Beiträge von Grimm et al.; Tatzl, Götzenbrucker, Przyborski & Radunovic 2008). Hinzu kommen zahlreiche Ansätze der Evaluation (vgl. u.a. Meyer & Stockmann 2007), die einen Mix verschiedener methodischer Zugänge ermöglichen. Beispiele hierfür sind sogenannte Vorab-, formative und abschließende Evaluationen etwa im Ausstellungsbereich, analog-komperative Evaluationen oder das „critical appraisal" (Pyhel 2007).

7 Konsequenzen für die Nachhaltigkeitskommunikation

Für die Vermittlung komplexer Nachhaltigkeitsthemen an ein größeres Zielpublikum steht ein breit gefächertes Instrumentarium an Medien zur Verfügung. Die Auswahl (und Kombination) geeigneter Medien hängt von einer Vielzahl von Faktoren ab, die vom Vorwissen, den Vorerfahrungen, von den Erlebnissen, Einstellungen, Meinungen, Wertvorstellungen, Wünschen und Ängsten des Rezipienten über seine technischen und kognitiven Fähigkeiten im Umgang mit Medien, seine zu erwartenden Leistungen und Grenzen bei der Wahrnehmung und Verarbeitung von Medieninhalten bis zur thematischen Fokussierung, Emotionalisierung und Kultivierung der nachhaltigkeitsbezogenen Inhalte reichen. Neben der Vermittlung von Sachinformationen sind die Bedürfnisse des Rezipienten nach Emotionen, Unterhaltung, Bildern und Identifikationsfiguren, die Anschlussmöglichkeiten an vorhandene Erfahrungen und vorhandenes Wissen umfassen, zu berücksichtigen. Medien, wie z. B. Ausstellungen, die das Nachhaltigkeitsthema in eine „Erlebniswelt" einbetten, bilden hierfür geeignete Projektionsflächen, die die Interaktion des Rezipienten und damit eine aktive Auseinandersetzung mit einem Nachhaltigkeitsthema fördern können. Raumbilder werden so zu Bildungsräumen, in denen der passive Teilnehmer zum „Akteur seiner Lebensgeschichte" (Bittner 1993) wird.

Bei der Frage nach der Wirksamkeit eingesetzter Kommunikationsinstrumente und Medien kann auf ein vielfach erprobtes Medienforschungsrepertoire zurückgegriffen werden. Eine zukünftige Herausforderung wird es sein, die Besonderheiten einer Nachhaltigkeitskommunikation, die u.a. durch ein hohes Maß an Komplexität und Interdisziplinarität geprägt ist, mit der Weiterentwicklung bestehender und der Entwicklung neuer Forschungsansätze in Einklang zu bringen. Vielversprechende Ansätze bieten medienpsychologische Forschungen, aber auch neuere Methoden der Netzwerk-, Text- und Bildanalysen sowie das breite Spektrum der Evaluationsforschung.

Literatur
Adolf Grimme Institut (2004). TV-Medien und Nachhaltigkeit. Eine Kurzstudie zur Darstellung von Nachhaltigkeitsthemen in ausgewählten deutschen

Fernsehprogrammen. Durchgeführt im Auftrag des Rates für Nachhaltige Entwicklung. Berlin. Verfügbar unter: www.nachhaltigkeitsrat.de /uploads/media/Studie_TV-Medien_und_Nachhaltigkeit_Kurzinfo.pdf

Allport, G. & Cantril, H. (1935). *Psychology of Radio*. New York.

Baacke, D., Sander, W. & Vollbrecht, R. (1990). *Lebenswelten sind Medienwelen. Medienwelten Jugendlicher, Bd. 1*. Opladen.

Bandura, A. (1979). *Aggression. Eine sozial-lerntheoretische Analyse*. Stuttgart.

Bittencourt, I., Borner, J. & Heiser, A. (Hrsg.) (2003). *Nachhaltigkeit in 50 Sekunden. Kommunikation für die Zukunft*. München: oekom verlag.

Bittner, G. (1993). Wie „erlebt" das Kind? In: H. G. Homfeldt (Hrsg.), *Erlebnispädagogik* (S. 190 – 202). Baltmannsweiler.

Blosser, B. & Roberts, D. (1985). Age differences in children's perception of message intent. Responses to TV news, commercials, educational spots and public service announcement. In: *Communications Research 12* (4), S. 455 - 484.

Böhme-Dürr, K. (1988). Die kleinen Plastikleute im Fernsehen. Wie Kinder Fernsehrealität wahrnehmen. In: Medienwirklichkeit-Wirklichkeit. Schriftenreihe des Kreisjugendrings Nürnberg-Stadt, Nr. 12, S. S. 61 - 80.

Böhme-Dürr, K. (1990). Fernsehkinder: Dumm und unkreativ? In: K. Böhme-Dürr, J. Emig & N. Seel (Hrsg.), *Wissensveränderung durch Medien. Theoretische Grundlagen und empirische Analysen* (S. 217 – 235). München.

Bonfadelli, H. (1981). *Die Sozialisationsperspektive in der Massenkommunikationsforschung. Neue Ansätze und Methoden zur Stellung der Massenmedien im Leben der Kinder und Jugendlichen*. Berlin.

Bonfadelli, H. (2007). Nachhaltigkeit als Herausforderung für Medien und Journalismus. In: Schweizerische Akademie der Geistes- und Sozialwissenschaften (Hrsg.), *Nachhaltigkeitsforschung – Perspektiven der Sozial- und Geisteswissenschaften* (S. 255 – 279). Bern.

Bundesministerium für Umwelt, Naturschutz und Reaktorsicherheit (BMU) (Hrsg.) (2010). *Umweltbewusstsein in Deutschland. Ergebnisse einer repräsentativen Bevölkerungsumfrage*. Berlin.

Burkart, R. (2002). *Kommunikationswissenschaft*. Wien.

Cantor, J. (1982). Über die medienvermittelte Angst von Kindern. *Fernsehen und Bildung, 16* (1 – 3), S. 115 - 127.

Charlton, M. & Barth, M. (1995). *Interdisziplinäre Rezeptionsforschung. Ein Literaturüberblick (Forschungsberichte Nr. 115)*. Freiburg.

Charlton, M. & Neumann-Braun, K. (1992). *Medienkindheit-Medienjugend. Eine Einführung in die aktuelle kommunikationswissenschaftliche Forschung*. München.

Centre on Sustainable Consumption and Production (CSCP) (2009). *Wie kommen nachhaltige Themen verstärkt in die Medien? Tools für politische Institutionen.* Wuppertal.

Clobes, H. G. & Hagedorn, F. (2008). Nicht nur das Klima ändert sich. Fernseh-Programme auf dem Weg zur Nachhaltigkeit? In: C. Schwender, W. F. Schulz, & M. Kreeb (Hrsg.), *Medialisierung der Nachhaltigkeit. Das Forschungsprojekt balance[f]: Emotionen und Ecotainment in den Massenmedien* (S. 221 – 234). Marburg.

Dernbach, B. (2007). Journalismus und Nachhaltigkeit. Oder: Ist Sustainability Development ein attraktives Thema? In: G. Michelsen & J. Godemann (Hrsg.), *Handbuch Nachhaltigkeitskommunikation. Grundlagen und Praxis* (S. 184 - 193). München: oekom Verlag.

Downs, R. M. & Stea, D. (Hrsg.) (1977). *Maps in minds. Reflections on cognitive mapping.* New York.

Downs, R. M. & Stea, D. (1982). *Kognitive Karten. Die Welt in unseren Köpfen.* New York.

Entman, R. M. (1993). Framing: Toward Clarification of a Fractured Paradigm. *Journal of Communication, 43* (4), S. 51 - 58.

Eurobarometer (2001). *Europeans, Science and Technology.* DG Research.

Fischer, G. (2000). *Fernsehmotive und Fernsehkonsum von Kindern. Eine qualitative Untersuchung zum Fernsehalltag von Kindern im Alter von 8 - 11 Jahren.* München.

Gerle, J. (2007). Erlebnis Kino. *Filmdienst, 60* (1), S. 10 - 11.

Götzenbrucker, G. (2008). Soziale Netzwerkanalyse als Methode für die Publizistik- und Kommunikationswissenschaft. *Medien-Journal. Zeitschrift für Kommunikationskultur, 32* (2), S. 62 - 73.

Grimm, J. et al. (2008). Individualisierung oder Aggregierung? Zur Anwendung von Strukturvergleichsmodellen im Rahmen der Agenda-Setting-Forschung. *Medien-Journal. Zeitschrift für Kommunikationskultur, 32* (2), S. 7 - 52.

Grunenberg, H. & Kuckartz, U.. Umweltbewusstsein. Empirische Erkenntnisse und Konsequenzen für die Nachhaltigkeitskommunikation. In: G. Michelsen & J. Godemann (Hrsg.), *Handbuch Nachhaltigkeitskommunikation. Grundlagen und Praxis* (S. 197 - 208). München: oekom Verlag.

Haubl, R. (2001). „Neidisch sind immer nur die anderen." Über die Unfähigkeit, zufrieden zu sein. München C.H. Beck Verlag

Hagedorn, F. & Meyer, H. H. (2007). Nachhaltigkeit in Fernsehen und Hörfunk. In: G. Michelsen & J. Godemann (Hrsg.), *Handbuch Nachhaltigkeitskommunikation. Grundlagen und Praxis* (S. 252 - 262). München: oekom Verlag.

Holzer, H. (1994). *Medienkommunikation. Eine Einführung.* Opladen.

Hunziker, P.(1982). Wirkungen und Nutzen. In: H.-J. Kagelmann,u. a. (Hrsg.), *Medienpsychologie. Ein Handbuch in Schlüsselbegriffen.* München, Wien, Baltimore.

Janssen, W. (2009). Interaktion zwischen Exponat und Besucher – Ausstellungen als Medium der informellen Umweltbildung. In: F. Brickwedde & A. Bittner (Hrsg.), *Kindheit und Jugend im Wandel! Umweltbildung im Wandel? 14. Internationale Sommerakademie St. Matienthal. Initiativen zum Umweltschutz, Band 72.* Berlin: Erich Schmidt Verlag.

Katz, E., Blumler, J. & Gurewitch, M. (1974). Utilization of Mass Communication by the Individual. In: J. Blumler & E. Katz (Hrsg.), The Uses of Mass Communications. Current Perspectives on Gratifications Research. Sage Annual reviews of Communication Research, Volume III, S. 19 - 30.

Keppler, A. (1994). *Tischgespräche. Über Formen kommunikativer Vergemeinschaftung am Beispiel der Konversation in Familien.* Frankfurt.

Kutschera, N. (2001). *Fernsehen im Kontext jugendliche Lebenswelten. Eine Studie zur Medienrezeption Jugendlicher auf der Grundlage des Ansatzes der kontextuellen Mediatisation.* Erlangen.

Lucas, R. & Matys, T. (2003). Erlebnis Nachhaltigkeit? Möglichkeiten und Grenzen des Eventmarketing bei der Vermittlung gesellschaftlicher Werte. Arbeitspapier des Wuppertal Instituts für Klima, Umwelt, Energie GmbH. Arbeitsgruppe Neue Wohlstandsmodelle. Wuppertal.

McCombs, M. (1981). The agenda-setting approach. In: D. Nimmo & K. Sanders (Hrsg.), *Handbook of political communication* (S. 121 - 140). Beverly Hills.

McQuail, D. (1985). Gratifications research and mediatheory: many models or one? In: K.-E. Rosengren, L. Wenner & P. Palmgreen (Hrsg.), *Media gratifications research. Current perspectives* (S. 149 - 170). Beverly Hills.

Meyer, M. (Hrsg.) (1984). Wie verstehen Kinder Fernsehprogramme? Forschungsergebnisse zur Wirkung formaler Gestaltungselemente des Fernsehens. Schriftenreihe des Internationalen Zentralinstituts für das Jugend- und Bildungsfernsehen (IZI), Bd. 17.

Meyer, W. & Stockmann, R. (2007). Evaluation von Nachhaltigkeitskommunikation. In: G. Michelsen & J. Godemann (Hrsg.), *Handbuch Nachhaltigkeitskommunikation. Grundlagen und Praxis* (S. 351 - 362). München: oekom Verlag.

Michelsen, G. & Godemann, J. (Hrsg.) (2007). *Handbuch Nachhaltigkeitskommunikation. Grundlagen und Praxis.* München: oekom Verlag.

Michelsen, G. (2007). Nachhaltigkeitskommunikation: Verständnis - Entwicklung – Perspektiven. In: G. Michelsen & J. Godemann (Hrsg.), *Handbuch Nachhaltigkeitskommunikation. Grundlagen und Praxis* (S. 25 - 41). München: oekom Verlag.

Michelsen, G. & Godemann, J. (2011). Nachhaltigkeit kommunizieren: eine konzeptionelle Rahmung. In: Österreichische Gesellschaft für Kommunikationswissenschaft (ÖGK) (Hrsg.). *Medien Journal 1*, S. 4 - 15.
Michelsen, G., Siebert, H. & Lilje, J. (2011). *Nachhaltigkeit lernen. Ein Lesebuch*. Bad Homburg: VAS-Verlag.
Moser, H.(1995). *Einführung in die Medienpädagogik. Aufwachsen im Medienzeitalter*. Opladen.
Mühlen-Achs, G. (1997). Medienpsychologie. In: J. Hüther, B. Schorb & C. Brehm-Klotz (Hrsg.), *Grundbegriffe Medienpädagogik*. S. 261 - 268. München.
Murch, G. M. & Woodworth, G. L. (1978). *Wahrnehmung*. Stuttgart: Kohlhammer.
Paus-Haase, I. (1998). *Heldenbilder im Fernsehen. Eine Untersuchung zur Symbolik von Serienfavoriten*. Opladen.
Pösl, J. (2008). Emotionalisierung der Nachhaltigkeitskommunikation. In: C.Schwender, W. F. Schulz & M. Kreeb (Hrsg.), *Medialisierung der Nachhaltigkeit. Das Forschungsprojekt balance[f]: Emotionen und Ecotainment in den Massenmedien* (S. 97 - 122). Marburg: Metropolis Verlag.
Porter N., Centers for Disease Control and Prevention (CDC) et al. (2002 and 2005). *TV Drama/Comedy Viewers and Health Information. Porter Novelli HealthStyles Survey*. Verfügbar unter: www.cdc.gov/healthcommunication/ToolsTemplates/EntertainmentEd/healthstyles_2005.pdf
Przyborski, A. (2008). Sprechen Bilder? Ikonizität als Herausforderung für die Qualitative medienforschung. *Medien-Journal. Zeitschrift für Kommunikationskultur, 32* (2), S. 74 - 89.
Pyhel, T. (2007). Ausstellungen als Instrumente effektiver Nachhaltigkeitskommunikation. In: G. Michelsen & J. Godemann (Hrsg.), *Handbuch Nachhaltigkeitskommunikation. Grundlagen und Praxis* (S. 375 - 384). München: oekom Verlag.
Radunovic, F. (2008). Text- und Rezeptionsanalyse revisited. In: *Medien-Journal. Zeitschrift für Kommunikationskultur, 32* (2), S. 90 – 97.
Rat für Nachhaltige Entwicklung (RNE) (Hrsg.) (2004). *TV-Medien und Nachhaltigkeit. Kurz-Studie zur Ermittlung von Formen, Hindernissen und Potenzialen der Darstellung von Nachhaltigkeitsthemen in ausgewählten deutschen Fernsehprogrammen*. Berlin.
Reinermann, J.-L. & Lubjuhn, S. (2011). „Let Me Sustain You". Die Entertainment-Education Strategie als Werkzeug der Nachhaltigkeitskommunikation. In: Österreichische Gesellschaft für Kommunikationswissenschaft (ÖGK) (Hrsg.). *Medien Journal, 1*, S. 43 - 56.
Renckstorf, K. (1989). Mediennutzung als soziales Handeln. Zur Entwicklung einer handlungstheoretischen Perspektive der empirischen (Massen-)

Kommunikationsforschung. In: M. Kaase & W. Schulz (Hrsg.), *Massenkommunikation. Theorien, Methoden, Befunde* (S. 314 - 363). Opladen.
Reusswig, F. et al. (2004). *The climate blockbuster 'the day after tomorrow' and its impacts on the German cinema public*. Potsdam Institute for Climate Impact Research. Potsdam.
Rice, M., Huston, A. & Wright, J. (1984). Fernsehspezifische Formen und ihr Einfluss auf Aufmerksamkeit, Verständnis und Sozialverhalten der Kinder. In: M. Meyer (Hrsg.), *Wie verstehen Kinder Fernsehprogramme?* (S. 17 – 51). München.
Roth, G. (2003). *Aus Sicht des Gehirns*. Frankfurt a.M.
Salomon, G. (1979). *Interaction of Media. Cognition and Learning*. New York.
Salomon, G. (1983). Television Literacy and Television versus Literacy. In: R. W. Bailey & R. M. Fostein (Hrsg.), *Literacy for Life: the Demand for Reading and Writing. Modern Language Association*. New York.
Scherer, H. (1997). *Medienrealität und Rezipientenhandeln. Zur Entstehung handlungsleitender Vorstellungen*. Wiesbaden.
Siebert, H. (2008). *Konstruktivistisch lehren und lernen*. Augsburg.
Schmidt, S. (1994). Die Wirklichkeit des Beobachters. In: K. Merten et al., *Die Wirklichkeit der Medien*. Opladen.
Schorb, B. (1997). Medienforschung. In: J. Hüther, B. Schorb & C. Brehm-Klotz (Hrsg.), *Grundbegriffe Medienpädagogik* (S. 228 – 234). München.
Schorb, B. & Stiehler, H.-J. (Hrsg.) (1991). *Neue Lebenswelt – neue Medienwelt? Jugendliche aus der Ex- und Post-DDR in Transfer zu einer vereinten Medienkultur*. Opladen.
Schulze, G. (1993). *Die Erlebnisgesellschaft. Kultursoziologie der Gegenwart.* (4. Aufl). Frankfurt/New York.
Schulze, G. (2000). *Kulissen des Glücks – Steifzüge durch die Eventkultur.* Frankfurt a.M./New York.
Sturm, H. & Jörg, S. (1980). Informationsverarbeitung durch Kinder. Piagets Entwicklungstheorie auf Hörfunk und Fernsehen angewandt. Schriftenreihe des Zentralinstituts für das Jugend- und Bildungsfernsehen (IZI), Bd. 12.
Tatzl, G. (2008). Web-Experimente in der kommunikationswissenschaft. In. *Medien-Journal. Zeitschrift für kommunikationskultur, 32* (2), S. 53 - 61. Studien Verlag. Insbruck/ Wien
Theunert, H. (1997a). Kinder und Medien. In: J. Hüther, B. Schorb & C. Brehm-Klotz (Hrsg.), *Grundbegriffe Medienpädagogik* (S. 183 – 191). München.
Theunert, H. (1997b). Wirkung. In: J. Hüther, B. Schorb & C. Brehm-Klotz (Hrsg.), *Grundbegriffe Medienpädagogik* (S. 357 – 362). München.
Vorderer, P. (1992). *Fernsehen als Handlung. Fernsehfilmrezeption aus motivationspsychologischer Perspektive*. Berlin.

de Witt, C. (2007). Beiträge der Medientheorie(n) zu einer von Medien gestalteten Nachhaltigkeitskommunikation. In: G. Michelsen & J. Godemann (Hrsg.), *Handbuch Nachhaltigkeitskommunikation. Grundlagen und Praxis* (S. 175 – 183). München: oekom verlag.

Ziemann, A. (2007). Kommunikation der Nachhaltigkeit. Eine kommunikationstheoretische Fundierung. In: G. Michelsen & J. Godemann (Hrsg.), *Handbuch Nachhaltigkeitskommunikation. Grundlagen und Praxis* (S. 123 – 133). München: oekom verlag.

III. Bildung für nachhaltige Entwicklung in der praktischen Umsetzung

Zukunftscamp „Future Now"

Ute Stoltenberg

Abstract

"Future Now" is a pilot project that demonstrates the potential of education for sustainable development (ESD) for students in lower secondary school. At the same time it is apparent that by challenging conventional school structures and working methods this concept can be a basis for an innovation strategy for existing education systems. Questions that are related to the pupil's own life and open up new opportunities to take sustainable action are experienced as meaningful from a learner and teacher perspective. In addition, methods of working that take the individual seriously while helping the individual experience the need for co-operation to bring about social change take on great importance within this project.

Das Projekt „Zukunftscamp Future Now" ist ein Modellprojekt, das aufzeigt, welches Potential das Konzept Bildung für eine nachhaltige Entwicklung für Jugendliche in Hauptschulen und vergleichbaren Schulstufen hat. Es macht deutlich, dass das Konzept herkömmliche Schulstrukturen und Arbeitsweisen in Frage stellt und dadurch zur Grundlage für eine Innovationsstrategie für das Bildungswesen werden kann.

Das Konzept Bildung für eine nachhaltige Entwicklung hatte in Deutschland lange den Ruf, zu „intellektuell" zu sein – sicher mit verursacht durch eine bildungspolitische und wissenschaftliche Diskussion, die den Umgang mit Komplexität als neue Herausforderung besonders betonte und das erste Modellprojekt im schulischen Sekundarbereich ansiedelte (vgl. BLK H. 72). Diese Sichtweise fand Ausdruck in den Widerständen, das Konzept auch auf die Grundschule zu beziehen, was erst mit dem Folgeprojekt „transfer 21" auf breiterer Grundlage gelang. Immer noch findet Bildung für eine nachhaltige Entwicklung eine geringe Aufmerksamkeit in der Erwachsenenbildung und in Bildungsangeboten für Schülergruppen, die als bildungsfern sowie als wenig leistungsmotiviert gelten und die sich vor allem in der Hauptschule finden. Eine Ausnahme bietet die Arbeit mit Schülerfirmen, die als besonders geeignet gerade auch für diese Gruppe von Schülerinnen und Schülern gesehen wird (vgl. u.a. das Modellprojekt der Deutschen Bundesstiftung Umwelt & NaSch21).

Die Initiative für ein Modellprojekt mit Jugendlichen aus eher bildungsfernen und sozial und ökonomisch prekären Lebensverhältnissen wurde vom Deutschen Gewerkschaftsbund auf den Weg gebracht. Ausgangspunkt war die Frage, wie die Talente von Jugendlichen, die vor einem wenig perspektivreichen Schulabschluss und damit Berufseinstieg stehen, sichtbar gemacht und gefördert werden können. Ein wichtiges Motiv war, in einen Prozess einzugreifen, der zu häufig zu Arbeitslosigkeit führt oder nicht einmal mehr einen ersten Einstieg in gesellschaftliche Integration durch Arbeit und eigene Zukunftsansprüche vorsieht.

Das Konzept für das „Zukunftscamp Future Now" wurde in Kooperation mit der Leuphana Universität Lüneburg entwickelt und realisiert. In der engen Zusammenarbeit konnten wissenschaftliches Wissen und Praxiserfahrungen auf der Grundlage von Bildung für eine nachhaltige Entwicklung mit dem Wissen einer Organisation zusammengeführt werden, welche nicht nur Einblick in die Lebenslage von Jugendlichen nimmt, sondern vor allem auch die Entwicklung der Arbeitswelt und die Strukturveränderungen des Arbeitsmarkts im Blick hat. Dass das Projekt finanziell durch große Unternehmen gefördert wurde, zeigt deren Interesse an dem Problem von Jugendarbeitslosigkeit und Verschwendung von Talenten, die in dem derzeitigen Schulsystem nicht zum Tragen kommen. Die Akteure der Wirtschaft sehen hierin übereinstimmend eine dringende Aufgabe. Das ist angesichts von Tendenzen betrieblicher Entwicklungen in der Massenproduktion, die auf die erneute Umstellung auf taylorisierte Arbeit aufgrund von Kostenerwägungen verweisen, ermutigend. Denn mit der Idee des Zukunftscamps werden Bestrebungen unterstützt, die einseitige Arbeitsanforderungen zurückdrängen und auch in Produktionsprozessen vielfältige Qualifikationen von Menschen fördern und erfordern.

Mit der vordringlichen Zielsetzung, die Jugendlichen zu stärken und zu ermutigen, ihre eigene Biographie im Kontext einer nachhaltigen Entwicklung mitzugestalten, unterscheidet sich das Vorhaben von anderen, die eher eine funktionale Zielsetzung hinsichtlich eines zu fördernden Schulerfolgs (vgl. Lerncamps der Deutschen Kinder- und Jugendstiftung) bzw. Berufseinstiegs (vgl. Arbeitsstiftung Hamburg; Czerwenka 2008) verfolgen. Neues Wissen und neue Einblicke in die Arbeitswelt wurden in diesem Projekt in Kontexten zugänglich gemacht, die individuell und gesellschaftlich zukunftsbedeutsam sind. Dabei sind Projekte wie das „Hamburger Hauptschulprojekt" (vgl. Arbeitsstiftung Hamburg), das durch Kooperation von Schule, Betrieben und Arbeitsagentur Schulabgängerinnen und Schulabgängern direkt Ausbildungsstellen zugänglich macht, nicht als konkurrierendes Vorhaben zu sehen. Vielmehr sollten sie als ergänzende Ansätze verstanden werden.

Die folgenden Ausführungen beziehen sich auf das Modellprojekt, das 2007 parallel in zwei Sommercamps in einer Bildungsstätte in Brandenburg sowie einer in Nordrhein-Westfalen mit jeweils ca. 60 Jugendlichen realisiert wurde. Das Modellprojekt handelt von Jugendlichen, die den Schulabschluss auf sich zukommen und mit wenig Hoffnung ihrer Suche nach einer Lehrstelle oder eines Beschäftigungsverhältnisses entgegen sehen. Familiäre, soziale oder finanzielle Probleme belasten ihre Situation zusätzlich. Diese Gruppe Jugendlicher wurde eingeladen, sich für ein Sommercamp in einer Bildungsstätte zu bewerben. 121 Jugendliche, 54 Jungen und 67 Mädchen im Alter zwischen 13 und 17

Jahren, aus Niedersachen, Brandenburg, Sachsen-Anhalt und Baden-Württemberg nahmen schließlich teil. Sie wurden in der Regel über ihre Schulen angesprochen, mussten sich jedoch persönlich für die Teilnahme an dem Camp bewerben – unabhängig auch von der Anzahl der Jugendlichen einer Schule, die sich für eine Teilnahme interessierten.

Aufgabe der Leuphana Universität Lüneburg war die Erarbeitung des Konzepts für die Camps in Kooperation mit dem Deutschen Gewerkschaftsbund, das auch der inhaltlichen Vorbereitung der Teams, die die Camps schließlich durchführten und die Jugendlichen begleiteten, zugrunde gelegt wurde. Zudem waren die Wissenschaftlerinnen verantwortlich für die Evaluation des Modellvorhabens. Sie erfolgte auf der Grundlage schriftlicher Daten (Fragebögen vor und nach dem Camp; Motivationsschreiben; Anmeldebögen), der „beobachtenden Teilnahme" (Becker & Jahn 2000) an den Camps sowie von Gruppendiskussionen mit den Jugendlichen und den Betreuerinnen und Betreuern (vgl. Stoltenberg, Bartsch & Wüllner 2007). Die Durchführung der Camps verantwortete das DGB-Bildungswerk. Inzwischen sind dem Pilotprojekt weitere Zukunftscamps (in Verantwortung des DGB-Bildungswerks (vgl. www.zukunftscamps.de) gefolgt, auf die abschließend Bezug genommen wird.

Zunächst wird dargelegt, welche Elemente des Konzepts Bildung für eine nachhaltige Entwicklung Ausgangspunkt für die Anlage des Modellvorhabens waren. Das darin enthaltene Potential lässt sich durch die Beschreibung von Struktur, Inhalten und Arbeitsweisen des Projekts und schließlich seiner Ergebnisse nachvollziehen. Mit einer Einschätzung der Perspektiven für die Übernahme eines derartigen Ansatzes in eine breitere Praxis schließt der Beitrag.

1 Konzeptionelle Grundlagen

Ohne das zugrunde liegende Konzept von Bildung für eine nachhaltige Entwicklung ausführlich darzulegen (vgl. dazu Stoltenberg 2009; bezogen auf das Zukunftscamp vgl. Stoltenberg, Bartsch & Wüllner 2007) geht es hier vor allem um die Elemente des Konzepts, die begründen, warum es besonders geeignet ist, Menschen anzusprechen, die sich selbst als gesellschaftlich wenig wirksam und akzeptiert empfinden. Dabei werden insbesondere auch die Aspekte angesprochen, die den jungen Menschen Mut machen, über ihre Zukunft nachzudenken bzw. ihre Zukunft als gestaltbar wahrnehmen zu können. Denn das ist das übergreifende Ziel einer Bildung für eine nachhaltige Entwicklung: Menschen befähigen, Gegenwart und Zukunft gemeinsam mit anderen verantwortlich im Sinne einer nachhaltigen Entwicklung zu gestalten. Bildungsgelegenheiten sollen deshalb so angelegt sein, dass sie Wissensaneignung und Kompetenzentwicklung in diesem Sinne fördern und zugleich Menschen ermutigen, ihre eigene Lebenssituation als gestaltbar und veränderbar zu begreifen. Diese Ziele bleiben dann nicht mehr unverbindlich allgemein, wenn man die Idee und die Werte einer nachhaltigen Entwicklung heranzieht.

Geht man von einem Menschenbild aus, das allen Personen zugesteht ihre Talente zu erkennen und zu entwickeln, gilt für alle Menschen, dass sie in ihrem jeweiligen Alltag Gestaltungsmöglichkeiten im Sinne nachhaltiger Entwicklung wahrnehmen und ergreifen können. Diese Erfahrung kann zugleich Motivation und Anstoß sein, um sich an gesellschaftlichen Veränderungen im Sinne einer nachhaltigen Entwicklung zu beteiligen. Bildung für eine nachhaltige Entwicklung orientiert sich an einem Werterahmen, der in der weltweiten Verständigung über eine nachhaltige Entwicklung weitgehend geteilt wird (vgl. auch die „Erdcharta"). Es geht um Menschenwürde, was auch heißt: Respekt vor kultureller Vielfalt, Recht auf Beteiligung der Menschen an der Gestaltung ihres Lebens gemeinsam mit anderen. Kulturelle Vielfalt wird dabei als Potential einer nachhaltigen Entwicklung angesehen. Es geht zugleich um den Erhalt der natürlichen Lebensgrundlagen; konkret verweist dieses ethische Prinzip auf Ressourcenverantwortung, Erhalt von Biodiversität, zukunftsfähigen Umgang mit Wasser, Boden, Luft und Erhalt der Ökosystemleistungen der Natur insgesamt.

Die Gründe für dieses ethische Leitbild sind die globalen Veränderungen, die auf nicht nachhaltige Arbeits- und Wirtschaftsweisen zurückzuführen sind. Diese werden insbesondere von den Ländern verursacht, deren Wohlstand auf einer unverhältnismäßigen Nutzung der natürlichen Ressourcen und entsprechender Lebensstile und kultureller Einflussnahmen beruht, zu denen auch die meisten europäischen Länder zählen. Regionales Handeln muss zugleich als globales Handeln verstanden werden. Gerechtigkeit hinsichtlich von Lebenschancen und der Gestaltung eines guten Lebens gehören deshalb zu den Prinzipien einer nachhaltigen Entwicklung. Die globalen Veränderungen werden auf regionaler Ebene, direkt in Verbindung mit unserem Alltag hervorgerufen (zum Beispiel durch das Konsumverhalten). Sie sind auch direkt im Alltag erfahrbar – u.a. durch erste Auswirkungen des Klimawandels, durch hohe Fischpreise, industriell verarbeitete Nahrungsmittel oder durch Veränderung der Städte durch Zuwanderung von Umwelt- und Armutsflüchtlingen.

Wissensaneignung und Kompetenzentwicklung ist im Konzept von Bildung für eine nachhaltige Entwicklung mit einem erfahrbaren Sinn verbunden, indem Bildungsgelegenheiten auch Erfahrungs- und Gestaltungsmöglichkeiten im Sinne einer nachhaltigen Entwicklung beinhalten. Bildung für eine nachhaltige Entwicklung zielt deshalb auf Wissen- und Kompetenzaneignung im Kontext konkreter Herausforderungen und Aufgaben einer anzustrebenden nachhaltigen Entwicklung. Die damit verbundenen Bildungsprozesse sind als ernsthafte Aufgaben und Fragen des eigenen Lebens zu verstehen. Um erkennen zu können, dass eine nachhaltige Entwicklung auf allen Ebenen gesellschaftlichen Handelns Umdenken und neu Denken erfordert, ist die Komplexität von Problemstellungen und Entscheidungen durch Berücksichtigung ihrer ökologischen, ökonomischen, sozialen und kulturellen Erfordernisse und Voraussetzungen zu verdeutlichen. Dabei können die damit verbundenen, auch miteinander in Konflikt stehenden Interessen nicht ausgespart werden, die durch eine Orientierung an konkreten Fragen von Menschenwürde, Gerechtigkeit und dem Erhalt der natürlichen Lebensgrundlagen zu verhandeln sind. Da eine nachhaltige Entwicklung nur als globale Aufgabe zu verstehen ist, ist das gerechte Zusammenleben in dieser einen Welt immer auch als Perspektive einzubeziehen.

Die Auslösung eines solchen Lernprozesses ist angesichts der Zielgruppe dieses Modellvorhabens eine besondere Herausforderung. Schließlich gehört sie zu denjenigen, die individuell nicht von der globalen Vormachtstellung ihres Landes profitieren. Eher im Gegenteil: Sie haben relativ zur Mehrheit der Bevölkerung ihrer Region gesehen größere ökonomische Probleme, soziale Schwierigkeiten (wozu nicht nur Fragen eines unkomplizierten Zusammenlebens mit anderen sondern auch solche von Gesundheit oder Wohnen gehören). Sie haben wenige Gelegenheiten akzeptierte kulturelle Muster auszubilden und partizipieren kaum an traditionellen, weniger noch an innovativen kulturellen Mustern. Ohnmachtsgefühle gegenüber gesellschaftlichen Entwicklungen sind häufiger als in anderen Gruppen (vgl. Ecolog 2010).

Diese Herausforderung bietet jedoch auch eine besondere Chance: Indem man in Bildungsprozessen nachhaltige Lebensstile – und das heißt nicht verzichtsorientierte, sondern alternative Lebensstile – hier mit der konkreten Lebenssituation verknüpft, können gerade für diese Gruppe alternative und damit positive Zukunftsentwürfe sichtbar werden. Jugendliche fühlen sich durch Nachhaltigkeitsfragen berührt; es fehlt jedoch an Strategien, ihnen die Komplexität zugänglich und die Fragen als ihre eigenen Lebensthemen begreifbar zu machen (vgl. dazu OECD 2009; Liong Thio & Göll 2011). Die Arbeitsmarktchancen allerdings lassen sich durch derartige Bildungsprozesse nur mittelbar beeinflussen: durch die Stärkung der Personen in ihrem Selbstwertgefühl und ihrem Anspruch an sich und ihre Arbeit, durch die Erfahrung, dass es Ziele gibt, für die zu arbeiten es sich lohnt oder durch das Aufzeigen von Strukturen, die man ändern kann. Diese Aufgabe gilt es aufzugreifen. Denn die Jugendlichen kommen in dieses Camp mit Träumen und konkreten Zielen, für die sie nach Unterstützung suchen: „Ferien sinnvoll nutzen", „Abstand von zu Hause zu bekommen, da es mir helfen kann mein Leben unter Kontrolle zu kriegen", „meine Grenzen kennenlernen und auf andere Menschen zugehen" oder „mich und meine Fähigkeiten kennenlernen" (Stoltenberg, Bartsch & Wüllner 2007, S. 6).

2 Zukunftscamp: Arbeit und Freizeit

Kern des dreiwöchigen Zukunftscamps in einer Jugendbildungsstätte ist die kontinuierliche Arbeit in einem Projekt. Sie bestimmt nach der ersten Woche den Tag.

Die erste Woche dient der Erkundung des lokalen und regionalen Umfelds. Ausgehend von den Interessen der Jugendlichen wurden Methoden und Strategien genutzt, die Menschen helfen, sich in ihrem räumlichen, sozialen, politischen, kulturellen Umfeld zu orientieren – ebenfalls eine Voraussetzung, um sich an der Gestaltung des eigenen Lebens zu beteiligen.

Die verschiedenen Themenfelder für 8 Projektgruppen pro Camp wurden vorher festgelegt. Es besteht eine große Übereinstimmung hinsichtlich der Themenfelder, die zukunftsbedeutsam sind und deren praktische Gestaltung darüber entscheiden wird, ob gegenwärtige und zukünftige Generationen die Chance auf eine gute Lebensqualität haben werden (vgl. u.a. die Gutachten des WBGU oder Deutsche UNESCO 2006). Vor diesem Hintergrund wurde ein Rahmenkonzept für folgende Projektgruppen erarbeitet:

- Ernährung und Konsumverhalten
- Welche Bedeutung hat Arbeit für die Gestaltung der Gesellschaft?
- Mode- und Konsumverhalten
- Klimawandel
- Was geht uns der Wald an? – Der Wald in seinen verschiedenen Funktionen für den Menschen und andere Kreaturen
- Bin ich anders als Du? – Zusammenleben in Verschiedenheit
- Was macht uns stark? – Zukunftsperspektiven und Zukunftshoffnungen
- Boden als Lebensgrundlage

Das Rahmenkonzept enthielt Überlegungen zur Ausgestaltung des Projekts, Vorschläge für mögliche Kooperationspartner, Materialien und nicht zuletzt eine beispielhafte Darlegung, welche Fragen unter Nachhaltigkeitsgesichtspunkten von Bedeutung sein könnten. Zudem wurde gefordert, dass das Projekt mit einem konkreten Ergebnis abschließt. Dieses Rahmenkonzept diente den Begleitpersonen als Orientierung für ihre Arbeit mit den Jugendlichen.

Alle Problemstellungen eröffnen einen Bezug zum eigenen Leben. Sie enthalten vielfältige Herausforderungen, bisheriges Wissen und Können einzubringen und Neues zu lernen. Wichtig ist dabei, dass die Jugendlichen beginnen, selbständig Lösungen für ihre Probleme zu finden und bei der Umsetzung unterstützt werden. Deshalb werden sie ermutigt, neue Ausdrucksformen für Gefühle zu finden, Prozesse des Aushandelns bei Konflikten zu wählen und sich ihrer positiven Handlungsmöglichkeiten bewusst zu werden. Alle Projekte und die Organisation des Alltags erfordern den Einsatz von Grundfertigkeiten des Lesens, Schreibens und Rechnens. Schlüsselkompetenzen – wie Planen, Zeit einteilen können, im Team arbeiten, Eigenverantwortung übernehmen, mit anderen kommunizieren, Medien als Informationsquelle und Kommunikationsmittel nutzen, für andere etwas tun – gehören zu den Voraussetzungen gelingender Projektarbeit. Es wurde in den Camps jedoch ausdrücklich vermieden, sie als Lernnotwendigkeit anzusprechen. Vielmehr sind sie Bestandteil der gemeinsamen Vorhaben, in denen man diese Kompetenzen als sinnvoll und notwendig erfahren kann und sich so auch aufgefordert fühlt, sie sich (besser) anzueignen.

Problemorientiertes Lernen und Arbeiten erfordert das Heranziehen von sehr unterschiedlichem Wissen: Fachwissen aus verschiedenen Disziplinen, Expertenwissen aus der Praxis und eigene Alltagserfahrungen. Dieses wurde durch die Organisation der Projekte deutlich gemacht. In jedes Projekt wurden die Erfahrungen von externen Expertinnen und Experten durch Kooperation mit ihnen einbezogen.

Alle Projekte waren so angelegt, dass die Jugendlichen neue Perspektiven für Ausbildung und berufliche Tätigkeiten und ihre Beteiligung an der Gesellschaft durch Arbeit erwerben konnten. Sie wurden über das Projektthema, nicht durch das Thema „Berufsfindung" erschlossen.

Tägliche Sport- und Bewegungsangebote waren Teil des Alltags, um Lust und Freude an körperlicher Bewegung zu entwickeln. Sport bietet die Chance sensibler für die eigenen Bedürfnisse zu werden, körperliche Grenzen und sich insgesamt besser einschätzen zu können. Sportliche Angebote tragen neben der körperlichen Fitness auch zum Gruppenzusammenhalt bei. Ein fairer Umgang miteinander, Berücksichtigung gewisser Regeln, Kooperation und Dialog werden hierbei gefördert.

Am Abend wurden Gesellschaftsspiele, Vorlese-Stunden ebenso wie eine Veranstaltung zum Thema Rechtsextremismus oder Fotografieren, zum Forellen räuchern oder Bilderrahmen herstellen realisiert. Die Umgebung lernte man durch Exkursionen im Rahmen des jeweiligen Projekts aber auch durch einen großen Tagesausflug kennen. Eine Trennung in Arbeit und Freizeit durch das Arrangement oder die Kommunikation darüber wurde bewusst vermieden. Sie liegt ja bei Menschen mit einer (zu erwartenden) unbefriedigenden Arbeitssituation nahe. Da diese Trennung als Gegensatz von Arbeit und Leben interpretiert wird und damit einer Motivation zur Gestaltung des eigenen Lebens insgesamt zuwider läuft, kann die Erfahrung von Arbeit als integrativem Teil eines gelungenen Tages bisherige Wahrnehmung und Selbstzuschreibungen durchbrechen.

Am Ende des Camps steht ein Abschlussfest, das allen Gruppen die Gelegenheit der Präsentation ihrer Projektergebnisse bietet. Die Aussicht, anderen die eigenen Arbeitsergebnisse vorführen zu können, spornt an: Die Jugendlichen entwickelten nicht nur kreative Präsentationsformen, sondern auch eigene und äußerst intensive Arbeits- und Übungsphasen, um ein sie selbst befriedigendes Ergebnis zu erreichen.

Auf einer Freilicht-Bühne konnten die geladenen Verwandten und Freunde sowie Interessierte aus dem Ort gemeinsam mit den Organisatoren und Verantwortlichen dann die Ergebnisse aus den acht Projektgruppen würdigen:

- Mode- und Konsumverhalten wurde durch eine kommentierte Modenschau mit alternativer, selbst genähter Kleidung und eigener Choreographie, hinter der sich viel Geduld beim Nähen und Auftrennen und beim Einüben der Schritte und Bewegungen verbarg, thematisiert.
- Die Produktion einer Radiosendung war der Rahmen, um Menschen über die Bedeutung von Arbeit sprechen zu lassen und um sich dann mit diesen Inhalten auseinanderzusetzen, die auf Wandzeitungen für alle zugänglich waren.
- Klimawandel wurde zugänglich durch Berichte und Fotos über Besuche verschiedener Energieproduzenten und einer NGO, durch Entwicklung alltäglicher Tipps zum Energiesparen und die Präsentation aller neuen Einsichten auf Plakaten.
- Konsequenz der Erfahrungen war der Bau einer Seifenkiste als „CO_2-neutrales Fahrzeug" und deren Einsatz auf dem Abschlussfest. Um sich der Frage individueller und kultureller Verschiedenheit zu nähern, wurde darstellendes Spiel als Mittel der Wahrnehmung und des Ausdrucks genutzt; die Arbeit mündete in eine Theateraufführung mit vielen biographischen Zitaten.
- Die Waldgruppe präsentierte ihr Wissen und Können in einem Waldquiz, einem geführten Waldspaziergang und durch eigene Holzarbeiten.
- Dem Boden als Lebensgrundlage näherten die Jugendlichen sich über das Fotografieren; eine Ausstellung der Fotos wurde konzipiert und gestaltet.
- Die Themenstellung „Was macht uns stark? – Zukunftsperspektiven und Zukunftshoffnungen" wurde von den Jugendlichen durch die Auseinandersetzung mit Musik als Medium und schließlich durch die Kreation eines Songs und dessen künstlerischer Darstellung mit allen dazu notwendigen technisch-organisatorischen Arbeiten aufgegriffen. Alle Jugendlichen erhielten ihn als CD zum Abschied.
- Und die Ernährungs-Gruppe versorgte alle Festival-Teilnehmenden mit einer selbst gekochten Suppe aus regionalem und saisonalem Gemüse, serviert von professionell gekleideten Köchinnen und Köchen.

3 Persönlichkeitsentwicklung, Wege zu einem verständigen Zusammenleben und Fenster zur Welt

Mit Mollenhauer (1991) wird davon ausgegangen, dass die Bereitschaft und Fähigkeit zu Bildung „nicht von selbst gedeiht", sondern „sich in Auseinandersetzung mit Erwartungen" entwickelt. „Die Würde des Kindes dadurch achten, dass man ihm Aufgaben zumutet" (Mollenhauer 1991, S. 193) ist ein hier verfolgtes Prinzip. Das Konzept Bildung für eine nachhaltige Entwicklung setzt jedoch nicht allein auf individuelle Förderung und Unterstützung, sondern auf die Förderung der Jugendlichen in der Gruppe: durch gemeinsame Alltagsgestaltung und gemeinsames Arbeiten an einer Aufgabe. Zukunftsgestaltung im Sinne einer nachhaltigen Entwicklung ist auf Partizipationskompetenz (und deshalb auf Partizipationserfahrungen) und den Mut und Willen zur Beteiligung angewiesen (Rieckmann & Stoltenberg 2011). Die Jugendlichen waren gefordert, mit ihnen vorher fremden Jugendlichen an einer Aufgabe zu arbeiten.

Die Auseinandersetzung mit ernsthaften Aufgaben und Fragen wie auch die Zumutung gemeinsamer Projektarbeit unter einem Ziel wurde von den Teilnehmenden überwiegend sehr positiv aufgenommen. Hervorzuheben ist, dass nicht isoliertes Sachwissen als Ergebnis betrachtet wurde, sondern neue Sichtweisen auf sich und die Welt. Diese lassen sich mit den Stichworten „Persönlichkeitsentwicklung", „Wege zu einem verständigen Zusammenleben" und „Fenster zur Welt" beschreiben. Die neuen Sichtweisen enthalten motivationale, kognitive und emotionale Aspekte.

Die Jugendlichen fühlten sich persönlich gefordert und zugleich akzeptiert. In den Projekten konnten Talente gezeigt und entwickelt werden. Es gab Raum für das Ausprobieren von Ideen und Fähigkeiten. So kam es, dass die Motivation zur Arbeit von einigen Beteiligten direkt auf das „Ernst genommen werden" und den Freiraum zum gemeinsamen Denken und Arbeiten zurückgeführt wurde:

> „Ja, man kann ja auch neue Sachen ausprobieren und dann seinen Interessen nachgehen und herausfinden was man wirklich möchte ..." (w)
>
> „... weil man hier sein Selbstbewusstsein steigert und ja weil man einfach mehr aus sich rausgeht, nicht mehr nur in der Hülle bleibt." (w)
>
> „Also hier kann man ja eigene Ideen einbringen." (w)
>
> „Man stellt sich auf Teamwork vollkommen ein." (w)
>
> (zitiert nach: Stoltenberg, Bartsch & Wüllner 2007, S. 25)

Der Zusammenhang von Partizipation und Motivation, wie er aus den Äußerungen der Jugendlichen sichtbar wird, wird in neueren Studien als grundlegend für Lernen und Arbeiten angesehen (Walther u.a. 2006). Bildung für eine nachhaltige Entwicklung als orientierendes Konzept ist nicht nur wegen der erwarteten Kompetenzen für einen verantwortliche Gestaltung des Mensch-Natur-Verhältnisses und des Verhältnisses der Menschen in dieser einen Welt untereinander von Bedeutung. Vielmehr ist das Konzept durch seine Inhalte und partizipativen Arbeitsweisen auch ein Konzept der Persönlichkeitsbildung und der sozialen Bildung. Die Themen des Konzepts sind Lebensthemen, die Arbeitsweisen zeichnen sich vor allem dadurch aus, dass Menschen in ihren jeweiligen

Erfahrungen und ihrem Wissen ernst genommen werden und ermutigt werden, gemeinsam mit anderen neue Wege zu suchen. Das ist eine befreiende Haltung. Entsprechend hoben auch viele Jugendlichen hervor, dass sie vom Elternhaus oder der Schule „weg" seien und so auch anders über ihr Leben nachdenken können (vgl. ebd., S. 25). Über die gemeinsame Aufgabe, an die auch Erwartungen geknüpft waren (hinsichtlich eines Beitrags zum Abschlussfestival), gelang es, die Umgangs- und Kommunikationsformen zu ändern.

Die vielfältigen Erfahrungsmöglichkeiten mit den anderen im Alltag und in den Projekten ermöglichten den Jugendlichen einen Perspektivenwechsel, der von ihnen selbst bewusst wahrgenommen und formuliert wurde. 29 Personen äußerten im abschließenden Fragebogen, dass sie aus dem Zusammenleben viel gelernt hätten. In den abschließenden Gruppendiskussionen nahm diese Frage einen großen Raum ein:

„Ich habe viele fremde Leute kennen gelernt und wie man mit ihnen umgeht." (w)

„Ja, was ich noch gelernt hab: dass man auch Leuten vertrauen kann, die man noch gar nicht kennt." (w)

„Und man merkte auf einmal, ey, die ist ja voll total nett und so. Auch wenn die halt anders aussieht." (w)

„Ich weiß jetzt, dass jeder, der anders aussieht, auch nicht gleich anders ist." (m)

„Und ja, was ich gelernt habe, in der Gruppe einzugehen (...) Weil ich immer gesagt habe, die anderen versauen meins immer und dann krieg ich eine schlechte Note. Und jetzt weiß ich, dass ich nicht immer Vorurteile machen soll, sondern erstmal mit den Leuten reden und sie kennenlernen."(m)

Die Jugendlichen haben in diesen drei Wochen viel Neues über sich erfahren. Sie wissen, was sie sich zutrauen können und was ihnen auf dem Weg in die Zukunft noch weiterhelfen könnte.

Eigenständiges, verantwortliches Lernen gemeinsam mit anderen kann die Einstellung zum Lernen und zur Bewältigung von Aufgaben verändern. Eine tiefgreifende Erfahrung dieser Art kann – auch wenn sie nur über den Zeitraum von drei Wochen gewonnen wird – aufgrund ihrer Besonderheit im bisherigen Leben von Jugendlichen zu einem Motivationsschub werden.

Die Art der Zusammenarbeit und des Zusammenlebens bot die Möglichkeit diese Erfahrungen auch zu reflektieren (unterstützt durch die eine Gruppe, die diese Fragen gesondert zum Thema gemacht hatte). In den Gruppen wurden Stärken und Schwächen der Jugendlichen bei der gemeinsamen Arbeit von ihnen selbst angesprochen – eigene und die anderer – und zum Gegenstand von Gesprächen. Die inhaltsbezogene Projektarbeit kann deshalb als Katalysator für derartige Prozesse betrachtet werden. Sie machte ihnen möglich, über persönliche Fragen zu sprechen – auch weil der Ausgangspunkt nicht sie als Person waren, sondern eine Aufgabe, der sich alle zugleich stellten. Die Gruppe Zukunfts-Musik des einen Camps hat das direkt in ihren Texten zum Ausdruck gebracht:

FUTURE NOW SONG:
Willst du was ändern
Um was zu ändern, musst du was tun.
Willst du was verändern, darfst du nicht ruhen.
Willst du dich verändern und deine Welt,
dann brauchst du jemand, der zu dir hält.
Refrain (3x):
Future now – gib dich nicht auf

Ein weiter Weg, um die Welt zu ändern -
Krieg und Tod aus schon viel zu vielen Ländern.
Wenn du mir zuhörst, wirst du verstehen,
wir wollen gemeinsam in die Zukunft gehen
Refrain (2 mal):
Future now – gib dich nicht auf

Die problemorientierte Arbeit an Themen erschloss den Teilnehmenden unerwartetes Wissen über Zusammenhänge zwischen sich und der Welt, das unmittelbar neue Handlungsperspektiven eröffnete: hinsichtlich des Umgangs mit Lebensmitteln, mit Energie, mit dem Wald, mit ihrem eigenen Konsum, mit kultureller Vielfalt im Alltag. Auch die in der eigenen Biographie absehbare berufliche Orientierung kam in den Blick – jedoch nicht als individuell belastete und belastende Herausforderung. Vielmehr erschlossen sich durch die Projektarbeit neue Perspektiven:

> „Ich wusste gar nicht, dass es nach dem Ende der Hauptschule noch so viele Wege gibt, einen Beruf zu finden." (w)

Die Jugendlichen erlebten eine große Vielfalt von Berufen und entdeckten Zusammenhänge zwischen Tätigkeitsbereichen, die sich nicht auf den ersten Blick erschließen: z.B., dass ein Schlosser durchaus eine Tätigkeit in der Wald-Holz-Kette ausüben kann. Durch das Verständnis des Ineinandergreifens verschiedener beruflicher Tätigkeiten wurde die unterschiedliche Wertschätzung von Berufen in Frage gestellt und so das eigene Selbstwertgefühl gestärkt.

4 Zukunftsorientierung

Bildung für eine nachhaltige Entwicklung ist nicht nur ein Konzept zur Bearbeitung von Zukunftsfragen sondern eines, das Menschen zur Zukunftsgestaltung zu ermutigen und zu befähigen sucht. Das gelingt durch problemorientierte Arbeit, die als sinnvoll erfahren wird und die mit sich bringt, Sachwissen ebenso wie Kulturtechniken als notwendige Voraussetzung eigener Arbeit zu begreifen.

Die überzeugenden Ergebnisse der Projektarbeit in dem Modellprojekt Zukunftscamp Future Now (vgl. Stoltenberg, Bartsch & Wüllner 2007; Schleich & Overwien 2009) können nur als massive Kritik an der herkömmlichen Art von „Beschulung" der Jugendlichen gewertet werden. Mit der bereits erfolgten oder angekündigten Abschaffung der Hauptschule wird das dahinter stehende Problem jedoch nicht gelöst. Bildung für eine nachhaltige Entwicklung erfordert eine grundlegende Neubestimmung der Bildungsinstitution im Gemeinwesen und ihrer inneren Strukturen. Schule als Teil des Gemeinwesens kann sich ernsthaften Fragen und Aufgaben im Gemeinwesen zuwenden. Problemorientiertes Arbeiten statt fächerorientierter Erarbeitung von in der Regel isoliertem Sachwissen bietet Raum für die Entwicklung von Sachwissen, Urteilskompetenz und Motivation wie auch Perspektiven für eigenes Handeln. Auch wenn ähnliche Einsichten auch an anderer Stelle formuliert werden, kann man aus verschiedenen Gründen – angefangen bei notwendiger Fortbildung von Lehrenden über Trägheiten bei Strukturveränderungen bis hin zu Widerständen gegen neue Formen des Lehrens und Lernens – nicht erwarten, dass es eine kontinuierliche und nunmehr beschleunigte Fortentwicklung des Bildungssystems orientiert an dem Konzept Bildung für eine nachhaltige Entwicklung allein aus den Bildungsinstitutionen und gestützt von der Bildungspolitik geben wird. Modellprojekte und deren Institutionalisierung quer zu den bestehenden Strukturen bleiben notwendig. Die Bundesagentur für Arbeit hat die Durchführung der Zukunftscamps inzwischen als sogenannte Regelaufgabe übernommen und finanziert sie im Rahmen ihrer üblichen Konditionen bei entsprechender Ergänzungsfinanzierung, die von Unternehmen und dem Deutschen Gewerkschaftsbund getragen wird.

Die Fortführung des Zukunftscamps in enger Zusammenarbeit mit der Bundesagentur für Arbeit bietet die Chance, in den Projekten noch stärker Fragen der Arbeitswelt aufzunehmen. Zugleich aber besteht die Gefahr, das Anliegen einer umfassenderen Problemsicht durch Einbeziehung ökonomischer, sozialer, kultureller und ökologischer Aspekte einer Fragestellung aus dem Auge zu verlieren. Die Offenheit, die bei Jugendlichen Potential freisetzt, darf nicht zugunsten einer vorschnellen Orientierung auf die Anforderungen des Arbeitsmarkts zurückgenommen werden. Wenn nachhaltige Entwicklung als Such-, Lern- und Gestaltungsprozess verstanden werden muss, dann braucht Bildung für eine nachhaltige Entwicklung Zeit und Raum für die Erfahrung, was gemeinsame Such-, Lern- und Gestaltungsprozesse ausmachen, warum sie sich lohnen und wie man sie kreativ und mit einer soliden Ausgangssituation bewältigen kann. Eine unkritische Ausrichtung von jungen Leuten auf Strukturen und Abläufe, die hinsichtlich ihrer Zukunftsfähigkeit auf den Prüfstand gehören, ist weder für das betroffene Individuum noch für das Gemeinwesen insgesamt verantwortlich. Wünschenswert wäre, Projekte wie das Zukunftscamp mit einer durch Akteure der Wirtschaft getragenen Initiative zu verbinden, die das Potential der Jugendlichen auch nach Aufnahme einer Ausbildung sowie in der betrieblichen Beschäftigung zu fördern sucht – durch Integration von Bildung für eine nachhaltige Entwicklung in die betriebliche Praxis. Wirtschaftliches Handeln ist auf Menschen angewiesen, die um die Notwendigkeit einer nachhaltigen Entwicklung wissen und Kompetenzen und Wissen für eine verantwortliche Zukunftsgestaltung erworben haben. Corporate Social Responsibility-Strategien könnten in diesem Sinne weiter entwickelt werden.

Literatur
Arbeitsstiftung Hamburg. www.arbeitsstiftung.de (Stand: Januar 2012).
Becker, E. & Jahn, Th. (2000). Sozial-ökologische Transformationen – Theoretische und methodische Probleme transdisziplinärer Nachhaltigkeitsforschung. In: K. W. Brand (Hrsg.), *Nachhaltige Entwicklung und Transdisziplinarität* (S. 67 - 84). Berlin: Analytica.
Bund-Länder-Kommission für Bildungsplanung und Forschungsförderung (BLK) (1999). *Bildung für eine nachhaltige Entwicklung. Gutachten zum Programm von Gerhard de Haan und Dorothee Harenberg. Materialien zur Bildungsplanung und zur Forschungsförderung.* Heft 72. (Zu finden unter: http://www.blk-bonn.de/papers/heft72.pdf, Stand: Januar 2012).
Czerwenka, K. (2008). *Sommerakademie: Fit für die Lehrstelle.* Weinheim u.a.: Beltz.
Deutsche UNESCO-Kommission e.V. (2006). *UNESCO heute: UN-Dekade „Bildung für nachhaltige Entwicklung".* Heft 1.
ECOLOG-Institut für sozial-ökologische Forschung und Bildung (Hrsg.) (2010). *Umfrage Naturbewusstsein. Abschlussbericht.* www.bfn.de/0309_kommunikation.html (Stand: Januar 2012).
Erdcharta: www.erdcharta.de (Stand: Januar 2012).
Liong Thio, S. & Göll, E. (2011). Einblicke in die Jugendkultur. Das Thema Nachhaltigkeit bei der jungen Generation anschlussfähig machen. UBA-Texte, Nr. 11/2011. Dessau-Roßlau: Umweltbundesamt.
Mollenahuer, K. (1991). *Vergessene Zusammenhänge. Über Kultur und Erziehung*(3. Aufl.). Weinheim/München: Juventa.
NaSch21: Schülerfirmen im Kontext einer Bildung für Nachhaltigkeit. www.nasch21.de/firmen/meet_eat_00.html (Stand: Januar 2012).

OECD (Organisation for Economic Co-operation and Development) (2009). *Green at Fifteen? How 15-year-olds perform in environmental science and geoscience in PISA 2006.*
Rieckmann, M. & Stoltenberg, U. (2011). Partizipation als zentrales Element von Bildung für eine nachhaltige Entwicklung. In: H. Heinrichs, K. Kuhn & J. Newig (Hrsg.), *Nachhaltige Gesellschaft. Welche Rolle für Partizipation und Kooperation?* (S. 117 – 131). Wiesbaden: VS Verlag.
Schleich, K. & Overwien, B. (2009). *Zukunftscamp Future Now 2008. Auswertung von Gruppeninterviews mit Jugendlichen zum Lernen im Zukunftscamp in Nordrhein-Westfalen und Berlin-Brandenburg.* Berlin: DGB.
Stoltenberg, U. (2009). *Mensch und Wald. Theorie und Praxis einer Bildung für eine nachhaltige Entwicklung am Beispiel des Themenfelds Wald.* München: ökom 2009.
Stoltenberg, U., Bartsch, A. & Wüllner, C. (2007). *Zukunftscamp Future Now.* Lüneburg.
Walther, A., du Bois-Reymond, M. & Biggart, A. (eds.) (2006). *Participation in Transition. Motivation of Young Adults in Europe for Learning and Working.* Frankfurt: Lang.
WBGU. Wissenschaftlicher Beirat der Bundesregierung Globale Umweltveränderungen: *Welt im Wandel – Herausforderung für die deutsche Wissenschaft. Hauptgutachten 1996.* Berlin, Heidelberg: Springer.

Neue Medien in der Bildung für Nachhaltige Entwicklung
Andreas Möller

Abstract

Today's computer technology has given rise to educational institutions that integrate digital media into their learning support systems and learning environments (e-leaning, blended learning etc.). Digital media and computer technology have also been identified as key issues in education for sustainable development. This contribution examines digital media in a broader sense as a mix of promising approaches in that field – in a broader sense because the society's image of computers has undergone remarkable changes over time: computers as a machine, as a tool, as a new medium, as part of the human's environment (ambient computing). Objective of this contribution is to integrate the different forms of computer use into authentic learning environments.

Der Begriff „Neue Medien" wird im Zusammenhang mit der Nutzung der Computertechnik in Lernprozessen verwendet, um die Unterschiede zu alten Medien hervorzuheben. Daraus ergibt sich eine schlüssige Argumentationslogik: Aus der Differenz von neuen und alten Medien werden Potentiale abgeleitet, welche die Lernsituationen verändern. Beispiele für solche Differenzen sind der Hyperlink (Bolter 1997, S. 37) und die zeit- und ortsunabhängige Nutzung des Computers.

In diesem Beitrag soll ein anderer Weg gegangen werden. Das Neue bezieht sich hier auf die Form der Computernutzung. In den letzten 50 Jahren der gesellschaftlichen Nutzung der Computertechnik haben sich unterschiedliche Formen herausgebildet, und das neue Medium ist eine derzeit moderne Form – wenn sie auch nicht mehr als neueste angesehen werden kann.

Die folgende Darstellung der Formen der Computernutzung erlaubt es dann, der Frage der Situiertheit des Lernens (Schulmeister 2002, S. 76ff.) im Computerzeitalter nachzugehen. Dabei wird der Computer nicht nur als auslösendes Element veränderter Lehr- und Lernkonstellationen betrachtet. Es wird auch die These untersucht, dass man die verschiedenen Formen der Computertechnik aktiv dazu nutzen kann, neuartige Lernumwelten zu gestalten.

1 Nutzungsformen des Computers

Das Ziel dieses ersten Unterkapitels ist es, die Geschichte der gesellschaftlichen Nutzung der Computertechnik als Folge von „Projekten" nachzuzeichnen (vgl. Rolf 1998, S. 24ff.; Berger 1994, S. 15ff.). Mit den Projekten sind mittel- und langfristige gesellschaftliche Leitbilder der Nutzbarmachung der Technik gemeint, an denen jeweils etwa ein Jahrzehnt lang gearbeitet worden ist.

Die erste Nutzungsform verdeutlicht sich bereits im Namen der neuen Technik: sie dient der Durchführung umfangreicher Berechnungen, etwa beim Design von Flugzeugen oder in der Raumfahrt (vgl. Berger 1994, S. 14ff.; Zuse 2004, S. 32ff.). Diese erste Form der Nutzung hat in den 1950er Jahren das Denken geprägt. Das Anwendungsfeld für diese Form der Computernutzung ist auf Spezialanwendungen beim Militär, in der Raumfahrt oder im Rahmen von Forschung & Entwicklung beschränkt.

Das zweite Projekt ist die Nutzung des Computers in Organisationen gewesen. Diese Domäne ist in der zweiten Hälfte der 1960er Jahre erschlossen worden (Glass 2005). Mit der Übertragung von Routineaufgaben im Büro auf den Computer (Jacob 1970, S. 2; Stahlknecht 1993, S. 328ff.) sind neue Anwendungsfelder hinzugekommen. Gleichwohl ist der Einsatz auf Großunternehmen und größere öffentliche Verwaltungen beschränkt gewesen.

Zugleich sind ab Mitte der 1960er Jahre Vorarbeiten zu zwei weiteren wichtigen Projekten aufgenommen worden. Damals bereits haben sich einige Wissenschaftler Gedanken zum Umgang des Menschen mit Wissen gemacht und erste Überlegungen zur Hypertextualität angestellt. Von Nelson (1965) stammt auch der Begriff des Hyperlinks. Ebenfalls in diese Zeit fällt die Erfindung der Computermaus (Myers 1998, S. 46), und in den 1970er Jahren sind die Benutzungsoberflächen moderner Personal Computer (PCs) entwickelt worden (Kay 1993, Canny 2006). Den Durchbruch haben die PCs Ende der 1970er Jahre geschafft. Diese hat man schnell mit einer neuen Klasse von Software ausgestattet, die es vorher nicht gab. Dazu zählen eine Textverarbeitung, eine Tabellenkalkulation und sehr einfach gehaltene Datenverwaltungsprogramme. Später sind noch Präsentationsprogramme hinzugekommen. Heute werden diese Programme als Office-Pakete praktisch auf jedem PC installiert.

Es lassen sich zwei Domänen des PCs unterscheiden. Auf den einen deutet Rolf hin, wenn er davon spricht, dass man mit dem PC Formalisierungslücken schließen kann (Rolf 1998). Ähnlich argumentiert Schulmeister in Bezug auf die Grenzen des programmierten Unterrichts und die Erweiterungsansätze des Instruktionsdesigns (2002, S. 115ff.).

Den Computern sind Grenzen der sinnvollen Routinisierung, Formalisierung und Automatisierung gesetzt. Es lohnt sich nur dann, Computer einzusetzen, wenn es die Einsparungen durch effizientere Bearbeitung wiederholt auftretender Aufgaben größer ist als die Implementierung und Wartung der notwendigen Softwarekomponenten. Die PCs dringen in die sich ergebende Lücke vor, indem sie den Benutzer dabei unterstützen, die weniger formalisierten Aufgaben zu bearbeiten, und indem sie kreative Denkarbeit fördern (Press 1991). Der Computer wird nicht länger als Automat genutzt, und in der Analyse dieser Form der

Computertechnik hat sich die Metapher des Computers als Werkzeug herausgebildet (Schelhowe 1997, S. 67f.; Blackwell 2006).
Die zweite Anwendungsdomäne ist das eigene Heim. Der PC hat die Grenzen der Arbeitswelt hinter sich gelassen. Anfangs hat man ihn auf ähnliche Weise wie im Betrieb eingesetzt, Briefe geschrieben, mit dem Nadeldrucker ausgedruckt, vielleicht die Kosten des Haushalts mit der Tabellenkalkulation überwacht. Über längere Zeit, bis in die 1990er Jahre hinein, ist der PC dabei unvernetzt geblieben: die diente allein dem Individuum als „exklusives" Werkzeug (Campbell-Kelly 2009, S. 30).

Mit der Verbreitung des PCs ist die Infrastruktur – die kritische Masse – für die Vernetzung geschaffen worden, die man heute als Internet bezeichnet (Kowak 2008). Das Internet steht in einer technischen Perspektive für eine abgestimmte Sammlung von Protokollen, bei denen verschiedene Schichten unterschieden werden (Wetteroth 2001). Mit Hilfe der Protokolle sorgt das Internet dafür, dass sich Computer verschiedener Hersteller und unterschiedlicher Hardware miteinander vernetzen können.

Gerade die oberste Schicht, die der Anwendungen, allerdings ist wenig spezifiziert. Wenn man heute über das Internet spricht, meint man Anwendungen wie Email, WWW oder Chat. Während also die unteren, von technischen Fragen geprägten Schichten der Normierung zugänglich gewesen sind, hat man die oberste Schicht der sozialen Strukturbildung überlassen (Myers et al. 1996). Als artifizielles Werkzeug können der Computer und das Netzwerk zum „gegenseitigen Präsentieren von Handlungen" (Crutzen & Hein 2009, S. 39) genutzt werden: „Interaktion als Diskurs" (Crutzen & Hein a.a.O).

Hiermit sind die Computer endgültig in der Lebenswelt der Menschen angekommen – Lebenswelt durchaus im Sinne von Habermas als der Teil der sozialen Umwelt des Menschen, die sich nach den Kommunikationsprozessen strukturiert (Habermas 1988b, S. 278). Der vernetzte Computer und die auf ihm laufenden Anwendungen ermöglichen neue Formen der Kommunikation, etwa die weitgehend zeitverzugslose Überwindung des Raums (Chat), die zeitliche Synchronisation über große Distanzen (Email), „den Wiedereinzug interaktiver und deliberativer Elemente in einem unreglementierten Austausch zwischen Partnern [...], die virtuell, aber auf gleicher Augenhöhe kommunizieren" (Habermas 2008, S. 161) in die Massenkommunikation (Blogs, Facebook) , den gemeinsam geteilten Wissensbestand (Wikis), aber eben auch das Präsentieren von Handlungen, das, wie Crutzen und Hein betonen, im Idealfall einen bedeutungskonstruierenden Prozess auslöst (Crutzen & Hein 2009, S. 40).

Im Zusammenhang mit dieser Form der Computernutzung spricht man von neuen oder digitalen Medien. Die vielversprechenden Möglichkeiten der digitalen Medien sind längst aufgegriffen worden, und die digitalen Medien haben die Lebenswelt der Menschen nachhaltig verändert. Dies betrifft auch die Bildung. Einerseits hat man versucht, die neuen Potentiale in Planungs- und Implementationsprozessen systematisch zu erschließen, Stichwort E-Leanring. Andererseits sind die ungeplanten Veränderungen bislang wesentlich einschneidender: Hausarbeiten in Datenbanken, Recherchen im WWW, google- und wikipediabasiert, Social Networks wie StudiVZ und Facebook.

Die Sichtweise der vernetzten Computer als digitales Medium stellt nicht das letzte Projekt der gesellschaftlichen Nutzbarmachung der Computertechnik dar. In den letzten Jahren wird zunehmend eine weitere Entwicklungsstufe diskutiert – unter Stichworten wie Ambient Computing und Ubiquitous Computing (Abowd & Mynatt 2000). Bei diesem Projekt wird davon ausgegangen, dass die Computertechnik ihre klassischen Formen wie Großrechner, Personal Computer oder Laptop abstreift und in Alltagsgegenstände vordringt.

Anfangs ist vor allem Alltagselektronik „computerisiert" worden: Von der Waschmaschine bis zum Telefon. In der Unterhaltungselektronik gehört der Netzwerkanschluss mittlerweile zum guten Ton. Zunehmend sind aber auch Gegenstände der Alltagswelt betroffen, die früher keinerlei Elektronik enthalten haben: Tische, Wände, Türen, Betten usw. werden mit Computern versehen („Embedded Systems" (Borkar & Chien 2011)), die sich automatisch vernetzen. Dieses neue Projekt der Computertechnik hat heute bereits in der Lebenswelt der Menschen Auswirkungen, wenn auch schleichend. Systematisch analysiert wird diese Entwicklung, auch im Kontext der Bildung, allerdings noch nicht. Derzeit dominiert die konstruktive Ingenieurssicht.

Zum einen kann man das Ambient Computing als logische Weiterentwicklung des PCs interpretieren. Der Computer tritt hier in verschiedensten Erscheinungsformen auf und ist jeweils optimal in den Nutzungskontext eingebunden. Zum anderen ist Vernetzung ein selbstverständlicher Aspekt des Ambient Computings. Auch die digitalen Medien entwickeln sich auf diese Weise weiter. Viele der Gegenstände enthalten etwa einen Webserver, und man kann sich die Webseiten des Gegenstands anzeigen lassen. Hinzu kommen aber auch so genannte Web Services (Hayes 2008); diese werden von anderen Computern im Netz verwendet, um Funktionen und Zustände abzufragen oder Aktionen des Gegenstands anzustoßen.

2 Computer-Support und Bildung

Zwischen den Formen der Computernutzung und Theorien des Lernens können Korrelationen identifiziert werden. Eine These besteht darin, dass es wechselseitige Bezüge zwischen der Nutzung des Computers als Automaten und dem Programmierten Unterricht gibt (Schulmeister 2002, S. 93ff.). Grundlage ist der Behaviorismus (Schulmeister 2002, S. 93ff.), Zentralbegriff der der (programmierten) Instruktion (Mandl et al. 1998, S. 12, Schulmeister 2002, S. 117). Der Lernprozess wird mit einem Programm gleichgesetzt, wobei verschieden aufgebaute Programme unterschieden werden: lineare und verzeigende Programme. Tatsächlich wird damit nicht die gesamte Bandbreite der Programmierung von Benutzungsoberflächen abgedeckt. Vielmehr geht man von einer Perspektive aus, die sich bereits in der 1960er Jahren mit den „Time-Sharing"-Systemen herausgebildet hat (Weizenbaum 1966): Die Benutzer sind über Input- und Output-Anweisungen in den, sich gegebenenfalls verzweigenden, aber stets alle Pfade vorgedachten, Programmablauf eingebunden: „input and output handlung (I/O)" (Jensen & Wirth 1974, S. 127). Ein derartiges Vorgehen ist bereits sehr schnell als „zu programmiert" kritisiert worden (Schulmeister 2002, S. 115ff.).

Entsprechende Computerprogramme für die Bildung haben ihre Berechtigung, wenn es darum geht, Routine zu erwerben. Dies gilt vor allem auch in Ausnahmesituationen (Flugsimulator). Der Lernende soll mit diesen Situationen vertraut gemacht werden und Methodenwissen erwerben, um optimal reagieren und handeln zu können. Methoden sind in dem Sinne „Systeme von Regeln für menschliches Handeln. Sie fangen erfolgreiches Handeln ein und machen es wiederholbar" (Brödner, Seim & Wohland 2009, S. 126). Entsprechende Lernprogramme werden unter Computer-Based Training (CBT) zusammengefasst (Schulmeister 2002, S. 93ff.).

In Bezug auf eine nachhaltige Entwicklung könnte sich dieser Zugang als nicht zureichend erweisen. Problematisch ist der Punkt, dass optimales, routiniertes Handeln bereits vorab bekannt sein muss. Tatsächlich haben sich Expertenwissen und Routine in Bezug auf eine nachhaltige Entwicklung noch gar nicht herausgebildet, und die gesellschaftliche Transformation hin zu einer nachhaltigen Gesellschaft (WBGU 2011) ist ein offener Prozess, der gerade nicht durch Experten vorgedacht ist und daher utopisches Denken und Mitgestaltung (de Haan 2001, S. 39) zulässt und erfordert.

Daher könnte sich die Sichtweise des Computers als Werkzeug als wertvoll erweisen: Der Computer dient als Werkzeug dazu, die Fähigkeiten der Benutzer zu erweitern und nicht zu automatisieren. Dies gilt vor allem auch für den kreativen Blick in die Zukunft. Die Interpretation des Computers als Werkzeug weist Bezüge zu den sozialwissenschaftlichen Theorien der Kognition auf. Mit diesen Theorien verbindet sich die „Vorstellung von der Anpassung des Organismus an die Umwelt. Die ontogenetische Entwicklung des Individuums wird durch Austauschprozesse mit der Umwelt reguliert" (vgl. Schulmeister 2002, S. 71). Entsprechend sind Ansätze des entdeckenden bzw. explorativen Lernens vorgeschlagen worden. Diese werden als konzeptgeleitet und aktiv-konstruktiv charakterisiert (Mandl et al. 1998). Tatsächlich hat sich der Computer als Werkzeug in einer Zeit herausgebildet, als im Zusammenhang mit dem explorativen Lernen der radikale Konstruktivismus diskutiert worden ist: danach sind die Lernprozesse rekursiv, d.h. auch die Konzepte, Orientierungen und Ziele werden in eben den Prozessen generiert, in denen sie einen Hintergrund bilden (Winograd & Flores 1989, S. 129ff.).

Die explorative bzw. konstruktivistische Sichtweise steht in einem engen Zusammenhang mit dem objektorientierten Programmierparadigma (Hadjerrouit 1999), dem heute bei weitem wichtigsten Paradigma der Programmierung (Blaschek 1999, S. 551). Dabei verdeckt die Vorstellung vom einzelnen Objekt, der Vererbung und von den Details dieser Art der Programmierung die sich schließlich ergebende Wirklichkeit komplexer Benutzungsoberflächen: heutige Programme präsentieren sich als eine sehr große Sammlung von vernetzten Objekten, und der Benutzer wirkt mit Maus und Tastatur auf diese Sammlung ein: Objekte werden dazu gebracht, neu Objekte zu erzeugen, evtl. andere zu zerstören, die Vernetzung zu verändern usw.. Die Arbeit mit dem Computer ist ein ständiges Umordnen und Weiterentwickeln dieses Objekt-„Images" (Goldberg & Robson 1983), so dass der Benutzer nach und nach seine Ziele erreicht – oder eben auch diese in diesem Prozess modifiziert und weiterentwickelt.

Ein besonderes Merkmal der Entwicklung ist, dass das einzelne Individuum im Vordergrund steht. Bei der Architektur der Desktops wird davon ausgegangen, dass sie von Einzelpersonen bedient werden: Eine einzelne Person sitzt vor dem PC oder dem Laptop und bedient mit Tastatur und Maus „exclusive software" (Campbell-Kelly 2009, S. 30), etwa um Computermodelle aufzubauen und Simulationen durchzuführen. Den PC zeichnet demnach aus, dass er für das Individuum einen Raum neuer Erfahrungen und neuen Wissens (de Haan 2002) öffnet und damit neue Anschlüsse zu Fragen der Bildung aufweist.

Das Projekt des Ambient Computings findet derzeit noch wenig Beachtung in der Bildungsarbeit: Die Auswirkungen der Entwicklung sind zwar in der Alltagswelt erkennbar. Fragen der Nutzung der computerisierten Alltagsgegenstände in Bildungszusammenhängen wird aber bislang nicht systematisch nachgegangen. Immerhin gibt es bereits Anwendungsfälle. Im Zusammenhang mit dem Fallbeispiel dieses Beitrags sind die Outdoor-GPS-Geräte zu nennen. Diese Geräte sind seit längerer Zeit verfügbar und dienen der globalen Positionsbestimmung. Wenn man von der Spezialausprägung des Navigationssystems für Kraftfahrzeuge absieht, haben die GPS-Geräte ein beschränktes professionelles Anwendungsfeld.

Heute erfreuen sich gerade diese Geräte großer Beliebtheit, weil sie interessante Formen der Freizeitgestaltung ermöglichen. Zu nennen sind das Geocaching und das Projekt OpenStreetMap (OSM). Beide weisen bemerkenswerte Verknüpfungen zwischen Ambient Computing und digitalen Medien auf. So finden bei OpenStreetMap Aufbau und Aktualisierung der Weltkarte über das Internet statt; beim Geocaching bildet jeder „Schatz" eine Rubrik in einem speziellen Forum. Die Nutzer geben an, ob sie einen Schatz gefunden haben, welche Probleme aufgetreten sind und welche Erfahrungen sie gemacht haben. Es handelt sich also nicht um ein gewöhnliches Forum; vielmehr ist es optimal an diese Form der Freizeitgestaltung angepasst. Es vernetzt speziell die so genannten „Geo-Cacher", ist also auf spezifische Weise auf bestimmte Situationen und Gleichgestimmtheit zugeschnitten.

Das Beispiel der Nutzung von GPS-Geräten bei der Freizeitgestaltung weist Ähnlichkeiten mit dem explorativen Lernen auf, wobei mit den GPS-Geräten mehrere verschiedene Formen der Computernutzung miteinander verknüpft werden: Computerisierte Gegenstände, klassische Personal Computer und die digitalen Medien. In der Kombination passen sie sich nicht nur bestimmten Konstellationen an, vielmehr schaffen sie zusammen erst neue Situationen. Dieser Aspekt soll im Folgenden in Bezug auf die digitalen Medien weiter vertieft werden.

3 Eigenschaften der digitalen Medien

Die Betrachtung der Nutzungsformen der Computertechnik zeigt, dass alle Formen in Bildungsprozessen genutzt werden können. Zum einen ermöglicht die Computertechnik eine effizientere Administration der Prozesse in Bildungseinrichtungen. Die Technik wird hier also im Rahmen der bürokratischen Abwicklung genutzt und als Learning Management System (LMS) bezeichnet (Schulmeister 2003, S. 10). Dazu zählen das Prüfungswesen, die Lehrplanung, die Raumplanung usw. Zum anderen soll auch der eigentliche Prozess des Lernens gefördert werden. Die zweite Form ist gemeint, wenn man von neuen oder digitalen Medien in der Bildung spricht. Die weitere Analyse wird noch ergeben, dass die erste Form im Hintergrund stets auch eine Rolle spielt und daher nicht ignoriert werden kann. Insbesondere kann es auch zu Mischformen kommen, die sich als problematisch erweisen.

Wird die Computertechnik als neues Medium begriffen und also die Technik in der zweiten Form genutzt, dann ergeben sich wichtige Merkmale, die Einfluss auf den erfolgversprechenden Einsatz der Technik haben:

(1) Die Nutzung digitaler Medien ist grundsätzlich freiwillig. Software zur Datenverarbeitung zeichnet sich dadurch aus, dass die Benutzer zur Benutzung der Software gezwungen werden können. Das betrifft zum Beispiel die Finanzbuchhaltung, Kostenrechnung oder Fakturierung in Unternehmen. Wird in einer Bildungseinrichtung Software für das Prüfungswesen oder Lehreplanung eingesetzt, dann gilt dies auch hier. Beim Design der Software muss nicht beachtet werden, dass die Software auch nicht benutzt werden könnte.

Bei den digitalen Medien ergibt sich ein gänzlich anderes Bild. Die ernsthafte Teilnahme am Diskurs ist grundsätzlich freiwillig. Daraus folgt: Die Möglichkeit, die digitalen Medien zu nutzen, schließt stets auch ihre Nicht-Nutzung mit ein (implizit Bleek et al. 2000, S. 14). Dies ergibt sich unmittelbar daraus, dass digitale Medien in einer neuen Form zwischenmenschliche Kommunikation im Sinne von Diskurs und Verständigung unterstützen sollen und der Verständigungsprozess gerade auch das Scheitern durch fehlende wechselseitige Anerkennung von Geltungsansprüchen umfasst (Habermas 1988a, S. 397ff., S. 456f.). Wichtiger noch als fehlende wechselseitige Anerkennung und Gleichgestimmtheit (Habermas 1988a, S. 386) dürfte aber die fehlende Notwendigkeit koordinierten Handelns sein, die erst den Kommunikationsbedarf erzeugt (Habermas 1988a, S. 370). Insofern können Maßnahmen zur anfänglichen Benutzung neuer Medien (Bleek et al. 2000, S. 11) nur dazu dienen, mit den neuen Medien vertraut zu werden. Das neue Medium selbst kann die Notwendigkeiten nur in Ausnahmefällen durch Selbstbezüglichkeit generieren.

Das Nicht-Kommunizieren macht die Kombination aus Lernplattformen und LMS heikel. Es besteht die Möglichkeit, dass die „kommunikative strukturierte Lebenswelt instrumentalisiert" (Habermas 1988b, S. 278) wird. Das Nicht-Kommunizieren ist dann der Versuch, sich dieser Instrumentalisierung zu entziehen. Der Verdacht lässt sich nicht entkräften, dass „sozialintegrierte Handlungszusammenhänge [...] parasitär" (Habermas a.a.O.) genutzt werden, dass etwa Beiträge in den Foren in die Notengebung einfließen. Ähnlich ist die Situation, wenn man Lernplattformen auch als Teil eines Wissensmanagements interpretiert und versucht werden soll, „möglichst viel Wissen aus dem Fundus der Mitarbeiter zu gewinnen, [...] ohne sie zu ‚bedrohen'" (Maurer 2003, S. 141).

(2) Die Inhalte sind durch die Computertechnik nicht maschinell interpretierbar. Damit ist gemeint, dass es nicht oder nur in sehr begrenztem Umfang möglich ist, bestimmten Daten oder Datenfeldern bereits bei der Programmierung oder bei der Anpassung von Software an die konkreten Einsatzkontexte (Customizing) eine bestimmte Interpretation zuzuweisen. Bei Feldern zu Eingabedatum oder der Zuordnung zu einer Lehrveranstaltung ist das zwar der Fall, bei den Überschriften, Betreffzeilen und freien Textfeldern geht das aber schon nicht mehr. Dies unterscheidet die neuen Medien ganz erheblich von der konventionellen Datenverarbeitung: Es werden hier grundsätzlich keine Daten erhoben, die direkt maschinell weiterverarbeitet werden können.

Dies wird dann als Mangel empfunden, wenn die Inhalte in einer Beobachterperspektive viel versprechendes „Wissen" enthalten könnten. Diskutiert werden daher Ansätze zu einem „Web 3.0", das als „Semantic Web" charakterisiert wird (Hendler et al. 2008). Auch wird versucht, die Texte nach Schlüsselbegriffen und insbesondere Bezüge zwischen Schlüsselbegriffe zu durchsuchen. Das übernehmen die Suchmaschinen heute schon.

Weil dies eine Interpretation durch den Menschen nicht ersetzt, wird versucht, aus Nutzerangaben Bedeutungen abzuleiten. Dies sind im Falle von Suchmaschinen die Hyperlinks, die im Internet auf eine Webseite verweisen, oder im Falle der Social Networks wie Facebook die „Like"-Buttons (Jin et al. 2011). Die Social Networks werden genau deswegen auch kritisiert: Man weiß nicht genau, wie und in welchem Umfang die Nutzung der Netzwerke dazu herangezogen wird, eine „maschinelle Interpretation" zu unterstützen, die dann eine Auswertung außerhalb des lebensweltlichen Nutzungskontextes ermöglicht. Auch hier kommt der Verdacht der parasitären Nutzung auf.

Die Webauftritte der bereits erwähnten Freizeitbeschäftigungen Geocaching und OpenStreetMap gehen einen anderen Weg. Die Bedeutungsebene ist genau dann wichtig, wenn es darum geht, Situiertheit herzustellen. Beim Geocaching sind dies die Positionsangaben der versteckten Schätze, Schwierigkeitsgrad u.ä. Beim OpenStreetMap dient ein Programm, mit dem man auf der Basis der GPS-Daten (Tracks) Straßen, Gebäude, Geländeformationen usw. zeichnet, dazu, Bedeutungen zuzuweisen: Breite der Straße, Straßenbelag, Name der Straße, Verkehrsbeschränkungen u.ä. Weitergehende Kommentare und Diskussionen bleiben uninterpretiert.

Die vom Nutzungskontext abhängige systematische Zuweisung von Bedeutungen ermöglicht somit, die verschiedenen Formen des Computersupports zu verknüpfen. Durch die Kombination verschiedener Formen der Computernutzung können neuartige, multiple Lehr-Lern-Arrangements geschaffen werden.

Das Einrichten eines Forums zur Unterstützung eines Seminars ist ein Beispiel und oft auch das Gestaltungsmuster der Nutzung digitaler Medien; in dem Muster werden die Potentiale aber nicht umfassend ausgeschöpft; es bleibt beim Bild eines Seminarraums, der virtualisiert wird. Man erhofft sich veränderte Kommunikationsmuster, das Bild eben eines Forums oder eines runden Tisches vor Augen. Das ist aber keineswegs die einzige neue Situation, die man durch die Kombination verschiedener Formen der Computernutzung herbeiführen kann. Auf eine den Klassen- oder Seminarraum verlassende Konstellation soll in der folgenden Fallstudie „NaviNatur" näher eingegangen werden.

4 Fallstudie NaviNatur

Mit NaviNatur, einem offiziellen Projekt der UN-Dekade „Bildung für nachhaltige Entwicklung", wird versucht, Fragenstellungen und Problemlagen der Nachhaltigkeit mit digitalen Medien und Computertechnik zu verbinden. Zur Charakterisierung wird der Begriff der GPS-Bildungsschatzsuche verwendet. Das Konzept lehnt sich an das medien- und GPS-gestützte Geocaching an. Beim Geocaching wird mit Hilfe von GPS-Geräten nach – zuvor von anderen versteckten – Schätzen („Caches") gesucht. Der Ort der einfachen Schätze wird im

Internet mit Hilfe der Geo-Koordinaten angegeben. Die Multi-Cache-Suche gleicht eher der Schnitzeljagd. Man muss verschiedene Aufgaben lösen, um über mehrere Zwischenstationen („Points of Interest" (POIs)) den Schatz letztendlich zu finden. Die Multi-Caches dienen als Vorbild für die „Bildungsschatzsuche". Es werden hierbei Aufgaben im Kontext der BNE gestellt.

In dem Ansatz wird davon ausgegangen, dass die Alltagswelt von Jugendlichen durch Handys, MP3-Player und Computern geprägt ist. Immer wieder ist zu beobachten, dass sich Jugendliche neuer Technik annehmen und sie in kürzester Zeit beherrschen. Von Akzeptanzproblemen kann keine Rede sein, vielmehr ergibt sich hier ein „authentischer Kontext" für das problemorientierte Lernen (Mandl et al. 1998, S. 16).

Anfangs hat der Umgang mit der neuen Technik explorativen Charakter. Die GPS-Geräte selbst haben eine geringe Bedeutung in der Lebenswelt, weil sie selbst nicht bereits ein neues Medium konstituieren. Ihr Vorteil besteht darin, dass ihre Nutzung gerade solche Umweltkonstellationen adressiert, die auch für die BNE von zentraler Bedeutung sind. Gerade „Wald und Wiese" bilden einen bevorzugten Kontext, weil das Gerät neue Sinneseindrücke ermöglicht: Orientierung in (möglichst) unbekannter Umwelt. Das GPS-Gerät schafft eine eigene sinnlich wahrnehmbare Lernumwelt (Keil-Slavik 2003, S. 19).

Wie die kommunikative Einbettung dennoch ermöglicht wird, zeigen Geocaching und OpenStreetMap (OSM). Sie decken als Internetplattformen die soziale Dimension der Exploration ab – und erweitern sie. Einerseits erfordern Geocaching oder OSM Internetplattform und soziale Netzwerke. Andererseits schaffen sie damit die Notwendigkeit, das Internet als digitales Medium zu nutzen. Die Frage des Nicht-Kommunizierens stellt sich nicht.

Im Projekt NaviNatur wird vor allem der explorative Charakter genutzt und mit den Potentialen als digitalem Medium für die vernetzte Projektarbeit (Jackewitz et al. 2002, S. 35ff.) in Verbindung gebracht. Exploration bekommt so eine dreifache Bedeutung:

(1) Exploration in Bezug auf die verwendete Technik: Diese Art der Exploration steht am Anfang im Vordergrund und sorgt für direkte, authentische Anschlussfähigkeit. Erfahrungen beziehen sich auf die Bedienung der Technik und ihre Funktionsweise. Das schließt bei GPS-Geräten auch die Positionsbestimmung und Modellbildung in der Geographie ein.

(2) Exploration in Bezug auf die Nutzung der Technik: Die Schatzsuche (Geocaching) wird als Abenteuer empfunden. Gleichwohl ist sie ein ausgearbeitetes Netz von Instruktionen. Naturerlebnisse der Teilnehmerinnen und Teilnehmer sind selbstverständliche Bestandteile, wie die Foren von Geocaching zeigen.

(3) Exploration in Bezug auf Gestaltung mit Hilfe der Technik: Die Jugendlichen nutzen die Technik, um Schätze zu verstecken und die Schatzsuche

auszuarbeiten. Während im Falle von (2) Naturerlebnisse und Nachhaltigkeit mediatisiert sind, spielen sie im Falle von (3) eine zentrale Rolle: auf sie bezieht sich die Exploration. Es ergibt sich eine bemerkenswerte Beziehung von Exploration und Instruktion. Aufgabe ist es, die Schatzsuche als Netz von Instruktionen auszuarbeiten, was eine Auseinandersetzung mit den Inhalten erfordert. Der Erarbeitung der Inhalte muss so gut sein, dass man von einer „Methode" im Sinne von Brödner, Seim und Wohland (2009, S. 126) sprechen kann und man sich das „gegenseitige Präsentieren" (Crutzen & Hein 2009, S. 39) auch traut. Problemorientierung und Authentizität haben dabei zwei sehr verschiedene Bezugspunkte: die technische Infrastruktur der Lebenswelt von Jugendlichen sowie Naturergebnisse vor Ort.

Dem Projekt NaviNatur hat am Anfang die Idee zugrunde gelegen, dass ältere Schüler die GPS-Bildungsrouten ausarbeiten und die jüngeren die dann zur Schatzsuche nutzen. Im Projekt hat sich herausgestellt, dass man die Schätze besser im Rahmen von „Events" sucht. Die Events heißen dann „Tag der Bildungsschatzsuche" oder „Deutschland sucht den Super-POI". Bei den Events werden die einzelnen Routen durch die Teilnehmerinnen und Teilnehmer bewertet, vor allem auch die Inhalte.

Im Vordergrund des Ansatzes steht also nicht die Schatzsuche selbst sondern die Erarbeitung der Routen. Gerade die Erarbeitung der Routen erfordert die gründliche Auseinandersetzung mit den Themen und Herausforderungen der nachhaltigen Entwicklung, nicht abstrakt und im Klassenraum sondern vor Ort: Biodiversität im Biosphärenreservat, nachhaltige Land- und Forstwirtschaft, Industrieanlagen, Gewinnung und Nutzung regenerativer Energie usw. Die Jugendlichen müssen die abstrakten Themen der nachhaltigen Entwicklung vor Ort wiedererkennen und verstehen. Lernen als „aktive Aneignung von Wirklichkeit" (Siebert 2003, S. 73) ist damit integraler Bestandteil des Ansatzes, aber ein impliziter (Weibel 2003, S. 52), sich nicht ständig in den Vordergrund drängender: Die „Konstruktion" von Routen wird nicht als „konstruierte Situation" zur Produktion von belastbarem Wissen empfunden.

5 Zusammenfassung

Die Informatik begreift sich als eine Disziplin, deren Orientierungsrahmen durch drei wesentliche Leitbilder geprägt ist: Theorie, Abstraktion und Design (Denning et al. 1989, S. 10). Der Blick ist in die Zukunft gerichtet: Auf der Grundlage einer Analyse von Anforderungen werden neue IT-Systeme spezifiziert und implementiert. Mit dem Vordringen der Computertechnik in die Lebenswelt – Stichwort Facebook – hat sich die Situation geändert. Die Informatik ist längst nicht mehr eine konstruierende Ingenieursdisziplin, sondern auch eine sich mit der sozialen Wirklichkeit und Ordnung befassende Sozialwissenschaft. Neuere Vorgehensmodelle aus der Softwaretechnik tragen dem Rechnung (Floyd & Züllighoven 1999, S. 777ff.); sie setzen bei der These aus den Kognitionswissenschaften an, dass jedes Herstellen zugleich ein Verstehen ist (Maturana & Varela 1987, S. 32).

Im Projekt NaviNatur sind solche zyklischen Vorgehensmodelle genutzt worden, um aus dem Projekt neue Einsichten zum Verhältnis von neuen Medien und Bildung für nachhaltige Entwicklung abzuleiten. Die wichtigste Erkenntnis ist, dass verschiedene Formen der Computernutzung unterschieden werden können und mit verschiedenen didaktischen Ansätzen korrelieren. Daraus ergibt sich, dass mit der Integration unterschiedlicher Nutzungsformen der Computertechnik auch die Lehr- und Lernformen zusammengeführt werden können. Das ermöglicht die Entwicklung interessanter Lernumgebungen, und das GPS-Bildungsrouting steht für solch eine Konstellation.

Literatur
Abowd, G. D. & Mynatt, E. D. (2000). Charting past, present, and future research in ubiquitous computing. *ACM Transactions on Computer-Human Interaction, 7*, S. 29 - 58.
Berger, P. (1994). Sozialgeschichte der Datenverarbeitung. In: J. Friedrich et al. (Hrsg.), *Informatik und Gesellschaft* (S. 15 – 30). Heidelberg, Oxford: Spektrum Akademischer Verlag.
Blackwell, A. F. (2006). The Reification of Metaphor as a Design Tool. *ACM Transactions on Computer-Human Interaction, 13*, S. 490 - 530.
Blaschek, G. (1999). Objektorientierte Programmierung. In: P. Rechenberg & G. Pomberger (Hrsg.), *Informatik-Handbuch* (2. Auflage, S. 529 – 552). München, Wien: Hanser.
Bleek, W.-G., Kielas, W., Malon, K., Otto, T.& Wolff, B. (2000). Vorgehen zur Einführung von Community Systemen in Lerngemeinschaften. In: M. Engelin & D. Neumann (Hrsg.), *GeNeMe 2000: Gemeinschaften in Neuen Medien* (S. 97 – 113). Lohmar, Köln: Josef Eul Verlag.
Bolter, J. D. (1997). Das Internet in der Geschichte des Schreibens. In: S. Münker & A. Roesler (Hrsg.), *Mythos Internet* (S. 37 – 55). Frankfurt a.M.: Suhrkamp.
Borkar, S. & Chien, A. (2011). The future of microprocessors. *Communications of the ACM, 54*, S. 67 - 77.
Brödner, P., Seim, K. & Wohland, G. (2009). Skizze einer Theorie der Informatik-Anwendungen. *International Journal for Sustainability Communication, 5*, S. 118 - 140.

Campbell-Kelly, M. (2009). Historical Reflections - The Rise, Fall, and Resurrection of Software as a Service. *Communications of the ACM, 52*, S. 28 - 30.
Canny, J. (2006). The Future of Human-Computer Interaction. *ACM Queue, 4*, S. 24 - 32.
Crutzen, K. M. & Hein, H.-W. (2009). Dekonstruktion und Konstruktion. *International Journal for Sustainability Communication, 5*, S. 39 - 71.
De Haan, G. (2001). Was meint „Bildung für nachhaltige Entwicklung" und was können eine globale Perspektive und neue Kommunikationsmöglichkeiten zur Weiterentwicklung beitragen? In: Herz, O., H. Seybold & G. Strobl (Hrsg.), *Bildung für nachhaltige Entwicklung – Globale Perspektiven und neue Kommunikationsmedien* (S. 29 – 46). Opladen: Leske + Budrich.
De Haan, G. (2002). Die Kernthemen der Bildung für eine nachhaltige Entwicklung. *ZEP – Zeitschrift für internationale Bildungsforschung und Entwicklungspädagogik, 25*, S. 13 - 20.
Denning, P. et al. (1989). Computing as a Discipline. *Communications of the ACM, 32*, S. 9 - 23.
Floyd, C. & Züllighoven, H. (1999). Softwaretechnik. In: P. Rechenberg & G. Pomberger (Hrsg.). *Informatik-Handbuch* (2. Auflage, S. 763 – 790). München/Wien: Hanser.
Glass, R. L. (2005). „Silver Bullet" Milestones in Software History. *Communications of the ACM, 48*, S. 15 - 18.
Goldberg, A. & Robson, D. (1983). *Smalltalk-80: The Language and Its Implementation*. Reading, Mass.: Addison-Wesley.
Habermas, J. (1988a). *Theorie kommunikativen Handelns. Erster Band. Handlungsrationalität und gesellschaftliche Rationalisierung*. Frankfurt am Main: Suhrkamp.
Habermas, J. (1988b). *Theorie kommunikativen Handelns. Zweiter Band. Zur Kritik der funktionalistischen Vernunft*. Frankfurt am Main: Suhrkamp.
Habermas, J. (2008). *Ach Europa*. Frankfurt am Main: Suhrkamp.
Hadjerrouit, S. (1999). A constructivist approach to object- oriented design and programming. *ACM SIGCSE Bulletin, 31*, S. 171 - 174.
Hayes, B. (2008). Cloud computing. *Communications of the ACM, 51*, S. 9-11.
Hendler, J. et al. (2008). Web Science: An Interdisciplinary Approach to Understanding the Web. *Communications of the ACM, 51*, S. 60 - 69.
Jackewitz, I., Janneck, M. & Pape, B. (2002). Vernetzte Projektarbeit mit CommSy. In: M. Herczeg, W. Prinz & H. Oberquelle (Hrsg.), *Mensch & Computer 2002: Vom interaktiven Werkzeug zu kooperativen Arbeits- und Lernwelten* (S. 35 – 44). Stuttgart: Teubner.
Jacob, H. (1970). Marginalien des Herausgebers. In: H. Jacobs (Hrsg.), *EDV als Instrument der Unternehmensführung* (S. 1 – 4). Schriften zur Unternehmensführung. Band 13. Wiesbaden: Gabler.

Jensen, K., & Wirth, N. (1974). *Pascal – User Manual and Report*. New York, Berlin, Heidelberg, Tokyo: Springer.

Jin, X. et al. (2011). LikeMiner: a system for mining the power of 'like' in social media networks. *KDD '11: Proceedings of the 17th ACM SIGKDD international conference on Knowledge discovery and data mining* (S. 753 – 756). New York: SCM.

Kay, A. (1993). The Early History of Smalltalk. *ACM SIGPLAN Notices, 28*, S. 1 - 44.

Keil-Slavik, R. (2003). Technik als Denkzeug: Lerngewebe und Bildungsinfrastrukturen In: R. Keil-Slavik & M. Kerres (Hrsg.), *Wirkungen und Wirksamkeit Neuer Medien in der Bildung* (S. 13 – 29). Münster, New York, München, Berlin: Waxmann.

Kowak, G. (2008). Unanticipated and Contingent Influences on the Evolution of the Internet. *Interactions, 15*, S. 74 - 78.

Mandl, H., Reinmann-Rothmeier, G.& Gräsel, C. (1998). *Gutachten zur Vorbereitung des Programms „Systematische Einbeziehung von Medien, Informations- und Kommunikationstechnologien in Lehr- und Lernprozesse"*. Bund-Länder-Kommission für Bildungsplanung und Forschungsförderung, Heft 66.

Maturana, H. & Varela, F. (1987). *Der Baum der Erkenntnis*. Bern, München: Scherz Verlag.

Maurer, H. (2003). Lernen ist Wissenstransfer und muss daher als Teil von Wissensmanagement gesehen werden. In: R. Keil-Slavik & M. Kerres (Hrsg.), *Wirkungen und Wirksamkeit Neuer Medien in der Bildung* (S. 133 - 144). Münster, New York, München, Berlin: Waxmann.

Myers, B. et al. (1996). Strategic directions in human-computer interaction. *Computing Surveys (CSUR), 28*, S. 794 - 809.

Myers, B. (1998). A brief history of human-computer interaction technology. *Interactions, 5*, S. 44 - 54.

Nelson, T. H. (1965). A File Structure for The Complex, The Changing and the Indeterminate. *ACM 20th National Conference*, S. 84 - 100.

Press, L. (1991). Personal computing: personal computers as research tools. *Communications of the ACM 34*, S. 19 - 25.

Rolf, A. (1998). *Grundlagen der Organisations- und Wirtschaftsinformatik*. Berlin, Heidelberg, New York: Springer.

Schelhowe, H. (1997). *Das Medium aus der Maschine – Zur Metamorphose des Computers*. Frankfurt am Main, New York: Campus.

Schulmeister, R. (2002). *Grundlagen hypermedialer Lernsysteme*. 3. Auflage. München, Wien: Oldenbourg.

Schulmeister, R. (2003). *Lernplattformen für das virtuelle Lernen*. München, Wien: Oldenbourg.

Siebert, H. (2003). Lehren und Lernen konstruktivistisch In: R. Keil-Slavik & M. Kerres (Hrsg.), *Wirkungen und Wirksamkeit Neuer Medien in der Bildung* (S. 69 - 84). Münster, New York, München, Berlin: Waxmann.

Stahlknecht, P. (1993). *Einführung in die Wirtschaftsinformatik* (6. Auflage). Berlin, Heidelberg, New York: Springer.

Wissenschaftlicher Beirat der Bundesregierung Globale Umweltveränderungen WBGU (2011). *Welt im Wandel - Gesellschaftsvertrag für eine Große Transformation*. Berlin: WBGU.

Weibel, P. (2003). Lernlabor Gesellschaft. In: R. Keil-Slavik & M. Kerres (Hrsg.), *Wirkungen und Wirksamkeit Neuer Medien in der Bildung* (S. 45 – 60). Münster, New York, München, Berlin: Waxmann.

Weizenbaum, J. (1966). ELIZA - a computer program for the study of natural language communication between man and machine. *Communications of the ACM, 9*, S. 36 - 45.

Wetteroth, D. (2001). *OSI Reference Model for Telecommunications*. New York: McGraw-Hill Professional.

Winograd, T. & Flores, F. (1989). *Erkenntnis Maschinen Verstehen*. Berlin: Rotbuch-Verlag.

Zuse, K. (2004). Frühe Gedanken zur Auswirkung des Computers auf die Gesellschaft. In: H.-D. Hellige (Hrsg.), *Geschichten der Informatik – Visionen, Paradigmen, Leitmotive* (S.31 – 42). Berlin, Heidelberg, New York: Springer.

Schüler erleben Umwelt.
Die Umsetzung von BNE am Beispiel des Lern- und Umweltpfads *biocache: Lernpfad Vechta*

Niels Logemann

Abstract

Education for sustainable development (ESD) is currently a leading issue. The project described in the following is based on the theoretical approach of situated learning. The purpose of the research is to further explain the effect of situated learning on students with low socio-economical background concerning the ESD. The current research has two objectives: Firstly to find out whether specific constellations of teaching and learning could foster socio-ecological skills of teenagers. And secondly, to clarify the implications of putting ESD into action. The study is based on the data of students with lower socio-economical background attending general secondary schools and special schools. The article presents new results from an evaluation study concerning the problems of putting ESD into action. On the one hand research shows that fostering ESD by using the approach of situated learning is difficult but on the other hand it could be useful to set the stage for practicing ESD in the future.

1 Einführung

Mit dem Projekt *Umwelt erleben*, das zurückzuführen ist auf das Zusammenwirken von Bürgerinteressen und universitärem Fachwissen[1], werden zwei sehr unterschiedliche Ziele verfolgt: Neben der Gestaltung eines ökologischen Lernpfads für die Kommune sollte dieser Lernpfad – genauer gesagt sein Entstehungsprozess – Teil eines umfassenden Bildungsprojekts werden.

Integriert werden sollten in dieses Projekt Schüler[2], die aufgrund ihrer Stellung im Bildungssystem zur Gruppe der Bildungsfernen zählen und die sich

---

1 Das Projekt „Umwelt erleben. Nachhaltige Förderung sozioökologischer Kompetenzen in Settings situierten Lernens" geht zurück auf die Idee der *Initiative Vechta – Verein für Stadtmarketing e.V.*, das Thema nachhaltige ökologische Entwicklung durch einen stadtökologischen Lernpfad am Standort Vechta zu implementieren. Es wurde durchgeführt an der Universität Vechta (Projektleitung Prof. Dr. Norbert Pütz (Biologie) und Prof. Dr. Martin Schweer (Pädagogische Psychologie) und hatte eine Laufzeit von 36 Monaten (April 2009 bis März 2012). Die Finanzierung erfolgte aus Mitteln der Deutschen Bundesstiftung Umwelt (DBU), der Stadt Vechta und der Universität Vechta.

2 Zur besseren Lesbarkeit wird in diesem Beitrag auf die explizite Nennung der männlichen und weiblichen Form verzichtet, gleichwohl aber immer mit gedacht.

deshalb durch einen größeren Förderbedarf im Hinblick auf die Vermittlung von Kompetenzen auszeichnen. Gefördert werden sollten mit diesem Bildungsprojekt spezifische Kompetenzen, welche im weitesten Sinne im Bereich einer Bildung für nachhaltige Entwicklung zu verorten sind. Neben ökologischen und sozialen Handlungskompetenzen, z.b. Team- oder Konfliktfähigkeit, stand deshalb auch der Aufbau von Kompetenzen für eine nachhaltige Entwicklung im Mittelpunkt.

2 Die Idee vom „Lernen in situierten Settings"

Zur Anbahnung bzw. Förderung der o.g. Kompetenzen wird auf die Methode des situierten Lernens rekurriert. Situiertes Lernen zeichnet sich vor allem dadurch aus, dass der Interaktion zwischen den Individuen eine hohe Bedeutung zukommt, wohingegen Instruktionen als nachrangig angesehen werden. Die Interaktionen verlaufen in spezifischen, definierten Kontexten und beeinflussen das Lernen dadurch maßgeblich. So setzt der Ansatz des situierten Lernens insbesondere auf die Verbindung von Wissen und Handeln, wobei Wissen immer an spezifische Situationen oder sozialhistorische Kontexte gebunden ist. Damit wird der Didaktik eine andere Rolle zugewiesen, denn nach diesem Verständnis dient sie der Herstellung anregender Lernumgebungen, in denen Lernende gemeinsam Praxis entwickeln. Nach Reich (2002, S. 182) wird „didaktische Planung ... aus dieser Sicht zu einer Situationsplanung ...".

Die Idee des situierten Lernens basiert letztlich auf der Erkenntnis, dass Wissen, sofern es nicht an Kontexte gebunden ist, zu trägem Wissen wird und später in einer spezifischen Situation nicht mehr abgerufen bzw. angewendet werden kann (vgl. Law 2000, S. 255). Oder anders formuliert: „... menschliche Kognitionen (entstehen) aus der Interaktion zwischen intelligenten Individuen und deren sozialhistorisch definierten Kontexten" (Law 2000, S. 257).

Durch die Betonung, dass für Kognitionen sowohl ein Kontext als auch eine Praxisgemeinschaft entscheidend sind, wird deutlich, dass sich die Methode des situierten Lernens an konstruktivistische und interaktionistische Theorien anlehnt. Lernende haben durch die Kontextbezogenheit einen spezifischen Bezug zum jeweiligen Gegenstand. Der Vorteil des situierten Lernens wird vor allem darin gesehen, dass das Wissen, auch wenn es situationsgebunden erworben wird, später für neue Aufgaben zur Verfügung steht und flexibel eingesetzt werden kann. Allerdings gibt es auch kritische Stimmen zum Ansatz des situierten Lernens. Diese richten sich gegen die These eines allgemeinen Wissenstransfers – dass also das in Kontexten erlernte Wissen in andere Anwendungsbereiche übernommen wird – und konstatieren, dass auch instruktives Lernen erfolgreich sein kann (vgl. Klauer 2006).

In diesem Projekt wird der Ansatz des situierten Lernens allerdings nicht in seiner Reinform angewendet. So gibt es zwei Veränderungen. Zum einen werden instruktionspsychologische Aspekte hinzugenommen, zum anderen wird die Gruppe der an der Interaktion beteiligten Akteure um Vertreter von Berufsgruppen wie z.B. Handwerker oder Ingenieure erweitert. Eine derartige Verquickung von angeleitetem Wissenserwerb (Instruktion) durch Berufsgruppen unter spezifischen Kontextbedingungen erscheint zunächst besonders günstig.

Die Projektidee besteht in dem Bau von ökologischen Stationen, die nach der Fertigstellung einen stadtökologischen Lernpfad bilden[3]. Die Konstruktion und der Bau der Stationen des Lernpfads werden begleitet und angeleitet durch Lehrkräfte und Berufsgruppenvertreter und umgesetzt durch Schüler von Hauptschulen, Berufs- und Förderschulen. Die stete Kommunikation mit Vertretern verschiedener Berufsgruppen sowie der konstruktive, produktorientierte Ansatz lassen erwarten, dass Kompetenzen bei den Schülern gefördert werden. Insofern trägt die Verbindung von praktischem Handeln mit Realbegegnungen dazu bei, den Blick für Prozesse nachhaltiger Entwicklung zu schärfen und macht ökologisches Bewusstsein real erfahrbar. Wissen sowie Handlungs- und Sozialkompetenzen werden damit gefördert.

Ferner dient das Projekt der Bildung von Vertrauen. Vertrauen, so zeigen empirische Befunde (Schweer 2006), stellt eine zentrale Variable in der Lehrer-Schüler-Beziehung dar. Vertrauende Schüler schätzen ihren eigenen Lernfortschritt positiver ein, sie fühlen sich am Unterrichtsgeschehen stärker beteiligt und zeigen mehr Freude am Unterricht (Thies 2002). Insbesondere unter sozial benachteiligten Schülerinnen und Schülern spielt die positive Wahrnehmung und Bewertung des eigenen Lernprozesses in der Verbindung mit dem Vertrauen in die Lehrkraft eine entscheidende Rolle zur Partizipation am Unterrichtsgeschehen, da wesentliche motivationale Voraussetzungen der Unterstützung aus dem Elternhaus fehlen können (Schweer 2000).

3 Das Projekt „Umwelt erleben"

3.1 Projektbeteiligte

Das Projekt *Umwelt erleben* basiert auf der Idee des Marketingvereins Initiative Vechta e.V., zu dessen Aufgaben u.a. die Verbesserung der Lebensqualität der Bürger und des kommunalen Images zählen. Erreicht werden sollen diese Veränderungen durch die Förderung sozialer und kultureller Projekte, zu denen auch das hier vorgestellte zählt. Ein stadtökologischer Lernpfad kann die o.g. Zielsetzung nachhaltig unterstützen. Neben dem Verein ist vor allem die Uni-

---

3 Vgl. dazu auch den Beitrag von Käthler und Wehry in diesem Band.

versität Vechta als Projektträger maßgeblich in das Projekt involviert. Der Hochschule obliegt neben der administrativen Koordination vor allem die wissenschaftliche Begleitung in Form einer Projektevaluation. Um die Idee, einen ökologischen Lernpfad für Vechta zu schaffen, auf ein breites Fundament zu stellen, bspw. bei der Wahl der Stationsthemen oder der Standorte der Stationen, wird eine regelmäßig tagende Lenkungsgruppe eingerichtet, die sich aus Vertretern von Universität, Stadtmarketing, Verwaltung, Umweltverbänden sowie der kommunalen Wirtschaft zusammensetzt. Die Lenkungsgruppe stellt gleichsam den Ideengeber des Projekts dar, während die Hochschule die gesamten Projekttätigkeiten koordiniert.

Umwelt erleben ist ein Bildungsprojekt, das sich vor allem mit der Bildung von Hauptschülern im Bereich der nachhaltigen Entwicklung befasst. Praktische Erfahrungen sammeln die Schüler dadurch, dass sie Projekte zu vorher festgelegten Themen bearbeiten, die später dann in Form von ökologischen Stationen zum festen Bestandteil des Lern- und Umweltpfads *biocache: Lernpfad Vechta* werden.

Das Projekt beginnt mit der Suche nach geeigneten Schulen, die eine Unterstützung in Form von Klassenbeteiligungen zusagen. So werden in der ersten Projektphase (August 2009 bis Januar 2010) Schulen vor Ort angesprochen. Nach der Vorstellung in den Schulgremien und der Erläuterung der Zielsetzung partizipieren schließlich zwei Hauptschulen und eine Förderschule. Während das Projekt mit seinem Ansatz des situierten Lernens für die Schulen und insbesondere die Schüler ein innovatives Unterrichtskonzept darstellt, bilden die beteiligten Klassen für die Universität die notwendigen Projektevaluationsgruppen. Für die zweite Projektphase (März bis Juli 2010) können zwei Klassen einer Berufsschule aus dem Nachbarort rekrutiert werden.

Neben den Schülern und Lehrkräften sieht der spezifische lerntheoretische Ansatz des Projekts noch so genannte Berufs- oder Interessengruppenvertreter vor. Dies können, je nach Thema, ganz unterschiedliche Berufsgruppen sein. Für die erste Projektphase konnte neben einem im Ruhestand befindlichen Ingenieur noch ein Dachdecker gewonnen werden. In der zweiten Projektphase, in der mit einer Berufsschule kooperiert wurde, stellten zum einen die Lehrkräfte die Berufsgruppe, zum anderen wirkten ein Gartenlandschaftsbauer und ein Dachdecker mit. Die fachliche Betätigung von Lehrkraft und Berufsgruppe stellt ein Spezifikum des situierten Lernens dar.

In der ersten Projektphase werden die Klassen noch von Studierenden der Universität begleitet. Ihnen obliegt neben der Unterstützung der Evaluation vor allem die Begleitung des Prozessverlaufs in Form von Beobachtungen, Befragungen und Bilddokumentationen.

Weitere wichtige Projektpartner sind die Projektförderer. Neben der Deutschen Bundesstiftung Umwelt (DBU) sind das die Universität Vechta und die Stadt Vechta.

3.2 Projektthemen

Die Findung der Projektthemen obliegt einer eigens für das Projekt eingerichteten Lenkungsgruppe, die sich u.a. aus Vertretern von Umweltverbänden und kommunaler Verwaltung zusammensetzt. Dadurch können sowohl ökologische Interessen als auch Spezifika bei der Auswahl der Standorte berücksichtigt werden. Neben Thema und Standort sind noch weitere Fragen zu klären. So kommt es zu einem gemeinsamen Treffen von Lenkungsgruppe, Berufsgruppenvertretern und Vertretern der beteiligten Schulen, bei dem es um die Machbarkeit und Umsetzbarkeit der geplanten Stationen sowie den Schwierigkeitsgrad der Aufgaben, die zeitlichen Rahmenbedingungen der Schulen, die Interessen der Schüler und die Gestaltungsoffenheit der Projektaufgaben geht. Während die Projektthemen für die zu erstellenden Stationen zuvor durch die Lenkungsgruppe festgelegt worden waren, übernehmen die Schüler in Zusammenarbeit mit den beteiligten Berufsgruppenvertretern die Planungs- und Ausführungsarbeiten.

Insgesamt decken die gewählten Stationsthemen[4] ein weites Spektrum ab, das von der Gewinnung regenerativer Energien über natürlichen Lärmschutz bis hin zur ökologischen Dachbegrünung und Flächenentsiegelung reicht. Für die erste Projektphase (August 2009 bis Januar 2010) stehen die Themen Wasser, Wind und Lärm im Mittelpunkt. Zu diesen Themen sollen Schüler gemeinsam mit Berufsgruppenvertretern eine auf Nachhaltigkeit ausgerichtete Station umsetzen, die später zum Bestandteil eines ökologischen Lernpfads wird.

3.3 Die Entstehung der ökologischer Stationen

Im Folgenden werden die fünf ökologischen Stationen und ihr Entstehungsprozess beschrieben.

In der ersten Projektphase von August 2009 bis Januar 2010 wird mit drei Schulen zu drei unterschiedlichen Themen gearbeitet.

Den Auftakt macht eine achte Hauptschulklasse, die an zwei Tagen Ganztagsunterricht hat. Die für das Projekt reservierten Stunden sind im Lehrplan mit dem Thema „Soziales Lernen" besetzt. Die Schulklasse setzt sich aus 19 Schülern, fünf Jungen und 14 Mädchen, im Alter zwischen 13 und 16 Jahren zusammen. Auffällig an dieser Klasse ist die multi-ethnische Zusammensetzung. Viele Jugendliche weisen einen Migrationshintergrund auf, verstehen und sprechen aber gut Deutsch. Diese Hauptschulklasse befasst sich mit dem Thema *Wasser* und den ökologischen Folgen im Zuge einer zunehmenden Flächenversiegelung. Als projektbegleitende Berufsgruppe können ein Ingenieur mit der Spezialisierung Wasserbau und ein Tiefbauunternehmen eingeworben werden. Es wird

---

4 Die Stationen sind beschrieben und zu sehen unter www.biocache-vechta.de.

deutlich, dass die Mehrheit der Schüler keine genaue Vorstellung von Entsiegelung und damit korrespondierend Versiegelung hat. Ein Rundgang über das Schulgelände verhilft den Schülern zu einem ersten Eindruck im Hinblick auf die Gestaltung und Umsetzung des Themas. So entwickeln sie zusammen mit dem Berufsgruppenvertreter und der Lehrkraft Ideen, wie die schuleigenen Flächen im Sinne einer stärkeren Versickerung des Oberflächenwassers umgestaltet werden können. Begonnen wird mit der karthographischen Erfassung des Schulgeländes und der Erarbeitung eines Flächenbestandplans. Damit werden kognitive Aufgaben in einen spezifischen, auf Nachhaltigkeit ausgerichteten Anwendungskontext gebracht. Anschließend geht es um die Flächenauswahl und die Gestaltung derselben. Nach Abschluss dieser Überlegungen beginnt in Zusammenarbeit mit dem Tiefbauunternehmen die Umsetzungsphase. Die zu entsiegelnden Flächen werden markiert und entsiegelt. Das Vollpflaster wird durch wasserdurchlässige Rasengittersteine ersetzt. Der Austauschprozess der Pflastersteine wird durch den Winter für längere Zeit unterbrochen, so dass die Arbeiten erst im Frühjahr wieder aufgenommen werden können.

Die zweite Station behandelt das Thema *Lärm* und wird mit einem Technikkurs der neunten Jahrgangsstufe einer Hauptschule umgesetzt, der sich aus 14 ausschließlich männlichen Schülern im Alter zwischen 14 und 16 Jahren zusammensetzt. Sie arbeiten zu Fragen des Lärmschutzes unter Berücksichtigung ökologischer Aspekte. Hierzu wird ein neuartiges Konzept einer Lärmschutzwand erprobt, die aus dem Naturmaterial Reet besteht und von den Schülern selbstständig unter Anleitung und Begleitung eines Dachdeckers gefertigt wird. Der ökologische Aspekt dieser Lärmschutzwand zeigt sich in der Besonderheit des Baustoffs Reet als einem – im Vergleich zu den herkömmlichen Materialien wie Metall, Holz, Kunststoff oder Beton – nachwachsenden Rohstoff.

Zunächst werden die Schüler mit dem Projektthema vertraut gemacht. Sie beginnen damit, in einer vorgegebenen, halbfertigen Skizze für die Rahmenkonstruktion der Lärmschutzwand fehlende Maße zu berechnen und diese in eine neue Zeichnung zu übertragen. Sodann kann mit den praktischen Arbeiten begonnen werden. Hier gilt es zuerst, die Rahmen, welche später mit Reet eingedeckt werden, zu fertigen. Die Schüler können dazu auf die von ihnen angefertigten Zeichnungen zurückgreifen und werden aktiv in den Bauprozess einbezogen. Dazu müssen sie die ungewohnten Arbeiten so organisieren, dass das Reet später fachgerecht auf die Konstruktionsrahmen „aufgenäht" werden kann. Hier sind neben sozialen Kompetenzen auch Verantwortungsübernahme und Vertrauen gefragt, handelt es sich doch um eine völlig untypische Schülerarbeit. Sobald die Schüler die Lärmschutzwände in Originalgröße fertiggestellt haben, werden abschließend noch mehrere kleine Modelle maßstabsgerecht gefertigt.

Die dritte Station wird zusammen mit zwei zehnten Klassen einer Förderschule bearbeitet, die sich aus 19 Schülern, sieben Mädchen und elf Jungen, im Alter zwischen 15 und 19 Jahren zusammensetzt. Konkret geht es in diesem

Projekt um den Bau eines *Windrades*. Die Präsentation eines kleinen Modells verschafft den Schülern zunächst eine erste Vorstellung, auf welche Aspekte bei der Konstruktion und beim Bau eines großen Windrades später zu achten ist. Ein Ingenieur begleitete den gesamten Prozess. Nachdem die Schüler erste Überlegungen angestellt haben, wie ein solches Windrad gebaut werden könnte, wird ein kleines Modell gefertigt. Anschließend beginnen sie mit dem Bau des Originals. Zur Beschleunigung des Fertigungsprozesses werden die Schüler in Gruppen mit unterschiedlichen Aufgabenpaketen eingeteilt. Durch die Differenzierung in Teilarbeitsprozesse und die Bildung von Kleingruppen können einerseits Fähigkeiten und Interessenlagen besser berücksichtigt werden, andererseits ist es möglich, Gruppenprozesse wie Teamfähigkeit anzubahnen, Vertrauensbildung zu unterstützen und Entscheidungsprozesse an die Akteure zu delegieren. Für die Arbeiten am Original wurde später eine Fachfirma hinzugezogen. Diese Kooperation ist vor allem aus Schülersicht gewinnbringend, denn dadurch bekommen sie einen Blick und ein Verständnis für die Komplexität einer Maschine, in diesem Fall das Windrad. Die Arbeit in Gruppen und die damit notwendige Auseinandersetzung der Schüler untereinander stärkt ihre Team- und Konfliktfähigkeit und das Vertrauen in die eigenen Fähigkeiten wird sichtbar, weil die Schüler den gesamten Entstehungsprozess, angefangen mit den ersten Planzeichnungen über das Modell bis hin zur Fertigung des Originals verfolgen können.

In der zweiten Projektphase (März bis Juli 2010) entstehen zwei weitere Stationen. Bei beiden Stationen wird mit einer Berufsschule aus dem Nachbarort kooperiert, die Berufseinstiegsklassen (BEK) für unterschiedliche Berufsfelder ausbildet. Das Projekt arbeitet mit den Berufsfeldern Holz- und Bautechnik. Berufseinstiegklassen setzen sich aus Schülern zusammen, die entweder über einen schlechten Hauptschul- oder gar keinen Abschluss verfügen und haben die Steigerung des Ausbildungsniveaus und die Erlangung des Hauptschulabschlusses zum Ziel. Damit ist das Kriterium relativer Bildungsferne erfüllt.

Die Berufseinstiegsklasse mit dem Schwerpunkt Holztechnik arbeitet an einer Station zum Thema *Dachbegrünung*. Bei dieser rein männlich geprägten Klasse handelt es sich um neun Schüler, die sich in der einjährigen beruflichen Grundbildung befinden. Aufgabe der Schüler ist es, einen Holzunterstand zu fertigen, eine so genannte Schutzhütte, die sowohl Besuchern als auch Tieren Schutz bietet. Gleichzeitig soll sich diese Hütte von anderen Bauten dadurch abheben, dass sie über ein Gründach verfügt. Gründächer sind relativ selten, bieten aber vielfältige ökologische Vorteile. So tragen sie u.a. zur Klimatisierung, zum Regenwassermanagement oder zum Ausbau des Futterangebots bei. Zugleich dienen sie der Entsiegelung überbauter Flächen.

In den ersten Wochen arbeiten die Schüler sehr motiviert, da es sich um ein Projekt handelt, welches die üblichen Arbeitsprozesse und den Arbeitsumfang von BE-Klassen deutlich überschreitet. Dieses Mal soll etwas sehr Großes und vor allem Dauerhaftes geschaffen werden. So arbeiten sowohl Schüler als auch Lehrkräfte motiviert und begeistert mit und stellen sich den neuen Herausforderungen. In den folgenden Wochen beginnen die Schüler mit dem Vorbereiten der Hölzer: Zuschnitt, Fräsen, Hobeln, Sägen, Ausstemmen. Die einzelnen Teile der Schutzhütte werden soweit vorbereitet, dass sie später in einem Zug aufgestellt werden können. Die Besonderheit dieser Schutzhütte ist ihr Gründach. Elemente der Dachbegrünung werden den Schülern im Unterricht vorgestellt. Eine Fachfirma stellt der Schule dazu Ansichtsmaterial zur Verfügung, wobei vor allem die Auswahl der Pflanzen als dauerhafte Dachbegrünung und der ökologische Nutzen des Daches im Fokus stehen. Für die Schüler ist das eine ganz neue Erfahrung.

Insgesamt stellen die Arbeiten an der Schutzhütte, angefangen mit dem Holzzuschnitt über das Aufstellen am Standort bis hin zum Aufbringen der Dachbegrünung, im Kontext schulischer Projektarbeit einen radikalen Wechsel dar. Die Schüler arbeiten nicht mehr innerhalb einer Unterrichtseinheit an einem kleinen, nicht über ihre Ansprüche hinausgehenden Vorhaben, sondern vielmehr an einem in Dimension und Zeitaufwand deutlich komplexeren Ziel. Zugleich wird an einem Projekt gearbeitet, das im Fokus öffentlicher Betrachtung und auch Berichterstattung steht und auf diese Weise enormen Einfluss auf die Motivation und Mitarbeit der Schüler hat. Die Schüler erfahren erstmals etwas über betriebliche Arbeitsprozesse, sowohl durch persönlichen Kontakt zu den Mitarbeitern der unterstützenden Firmen als auch durch die Strukturierung des Unterrichts im Hinblick auf die Erarbeitung des langfristigen Ziels.

Die zweite Berufseinstiegsklasse mit acht Schülern der Fachrichtung Bau erstellt eine *Trockenmauer* und legt damit einen ökologischen Lebensraum an. Das eigentliche Aufgabenfeld der BE-Klasse Bau befasst sich mit dem Handwerk eines Maurers, wobei die durchzuführenden handwerklichen Tätigkeiten sich vor allem durch Unbeständigkeit auszeichnen. Nichts von dem, was im Kurs zu Übungszwecken gemauert wird, bleibt bestehen. Alles wird nach Fertigstellung wieder zurück gebaut. Das Projekt Trockenmauer hingegen weist in eine entgegengesetzte Richtung, indem es auf Dauerhaftigkeit und Bestand ausgelegt ist. Im Vergleich zum Projekt Schutzhütte mit Gründach ist dieses Projekt allerdings sehr viel kleiner dimensioniert. Die Schüler treffen sich an zwei Tagen, um die Mauer Stein für Stein zu fertigen.

4 Projektevaluation

4.1 *Evaluationsdesign*

Wie eingangs bereits erläutert steht im Fokus dieses Projekts die Arbeit mit Jugendlichen aus bildungsfernen Schichten zum Thema Bildung für nachhaltige Entwicklung sowie die Förderung von sozialen Handlungskompetenzen in dieser Gruppe. Um die Wirksamkeit des in dem Projekt verfolgten spezifischen Ansatzes eines situierten Lernens an der spezifischen Lerngruppe zu überprüfen, wird zu jeder Station begleitend eine Evaluation durchgeführt. Ursprünglich sollte dies mittels eines Zweigruppen-Pretest-Posttestdesigns umgesetzt werden (vgl. Bortz & Döring 2006, S. 116). Dazu sollte vor Beginn der Arbeiten an den Projekten, also zum Zeitpunkt t_0, der Ausgangszustand hinsichtlich der zentralen Evaluationsbereiche (Handlungskompetenzen, nachhaltige Entwicklung, Motivation und Vertrauen) festgehalten werden. Anschließend sollten die Arbeiten an den Stationen beginnen (treatment). Nach vier Wochen sollte eine zweiten Messung erfolgen und nach weiteren vier bis sechs Wochen eine abschließende dritte. Ferner sollte eine Kontrollgruppe ohne treatment untersucht werden, um zu sehen, ob die Maßnahme den gewünschten Erfolg hatte. Diese Vorgehensweise setzt aber voraus, dass alle Stationen ungefähr denselben Arbeitsumfang aufweisen und dass ferner die Arbeiten gleich gut in den schulischen Organisationsablauf integriert werden können.

Beide Bedingungen sind nicht gegeben (vgl. Abschnitt 3.1), denn sowohl der Arbeitsumfang als auch die Gestaltungsmöglichkeiten innerhalb der Schulorganisation, also die Verfügung über Unterrichtsstunden, sind je nach Projekt und Schule sehr unterschiedlich. So stellen bspw. die teils vierwöchigen Praktika in den Hauptschulen eine große Zäsur für den Projektfortschritt dar und haben damit auch einen Einfluss auf die Programmevaluation sowie die Reliabilität und Validität der Messergebnisse. Die unterschiedliche Länge der jeweiligen Projekte hat ferner einen Einfluss auf den Input, den die Schüler aus der Berufsgruppe erhalten, was wiederum Auswirkungen auf die Vergleichbarkeit der Messergebnisse hat. So regen kontinuierlich durchgeführte zweistündige Lerneinheiten andere Lernprozesse an als diskontinuierlich durchgeführte Projekttreffen.

Aus diesem Grund wird nach einer ersten, sehr umfangreich angelegten quantitativen Evaluation des Programms mittels Zweigruppen-Pretest-Posttest das Evaluationsdesign modifiziert. Sowohl der Erhebungszyklus mit drei Messzeitpunkten als auch die Länge des Erhebungsinstruments, mit dem die Kompetenzveränderungen erhoben werden sollten, stellen eine zu starke Belastung für die zu befragenden Jugendlichen dar, die sich wiederum in Missmut und Demotivation niederschlägt mit der Folge, dass die Erhebungsbögen nur noch unvollständig bzw. stereotyp ausgefüllt werden. Deshalb wird die Programmevaluation von einem quantitativen Erhebungsdesign auf ein qualitatives umgestellt.

So werden in der ersten Projektphase bei den Stationen Wasser, Lärm und Wind qualitative, leitfadengestützte Interviews mit Schülern durchgeführt. Bei der Probandenauswahl wird darauf geachtet, dass die Befragten eine möglichst heterogene Gruppe bilden. Zusätzlich werden in der ersten Phase noch Qualifikationsarbeiten vergeben. Die Qualifikantinnen begleiten die jeweiligen Stationen, indem sie den Arbeitsprozess genau beschreiben und durch Bildmaterial dokumentieren. Grundlage der Beschreibungen sind zum einen die während des Arbeitsprozesses durchgeführten Beobachtungen als auch eigene qualitative Interviews zu Themen wie der Umgang mit Konflikten, Teamfähigkeit, Motivation, Vertrauen, Interesse am Thema nachhaltige Entwicklung oder auch zum Lernklima und zum Zusammenhalt der Klassengemeinschaft. Im Fokus stehen dabei die durch das Projekt angestoßenen und von den Jugendlichen wahrgenommenen Veränderungen.

4.2 Evaluationsdurchführung

Das im vorherigen Abschnitt beschriebene Evaluationsdesign erfährt aus genannten Gründen eine Modifikation. Neben der Umstellung zugunsten eines qualitativen Designs wird diese Ausrichtung ihrerseits noch weiter ausdifferenziert. Werden zu Beginn nur qualitative Einzelinterviews mit sehr unterschiedlichen Probanden geführt, so wird zum Projektende hin auf ergänzende Gruppendiskussionen gesetzt. Durch sie soll das inhaltliche Spektrum im Hinblick auf die wahrgenommenen Veränderungen aus Schülersicht nochmals umfassend in den Blick genommen werden.

In die erste Projektphase sind insgesamt vier Schulklassen an drei Schulen involviert. Von diesen vier Klassen wurden 14 Schüler zu zwei Zeitpunkten befragt, sechs weibliche und acht männliche. Das Alter der Schüler liegt zwischen 13 und 16 Jahren. Die Auswahl der Befragten erfolgt im Vorfeld in enger Abstimmung mit den Lehrkräften. Dabei wird darauf geachtet, dass die Geschlechter möglichst paritätisch beteiligt sind und dass sowohl stillere als auch extrovertierte Schüler sowie solche mit deutscher und nicht deutscher Herkunft befragt werden. Die Gespräche dauern zwischen 10 und 25 Minuten und werden in separaten Klassenräumen durchgeführt. Zwischen der Erst- und der Zweiterhebung liegen sechs bis acht Wochen, ja nach Projekt. Alle Gespräche werden aufgezeichnet und anschließend transkribiert.

Das verwendete Erhebungsinstrument untergliedert sich grob in die in Tabelle 1 dargestellten drei Themenbereiche: soziale und ökologische Handlungskompetenzen sowie Veränderungen in den sozialen Beziehungen, angeregt durch die spezifische Lehr-Lernsituation (vgl. Abschnitt. 2).

Für die zweite Projektphase, mit den beiden Berufseinstiegsklassen (BEK), wird von Beginn an auf ein qualitatives Design gesetzt. Neben den leitfadengestützten Einzelgesprächen werden zum Abschluss auch Gruppendiskussionen mit den beteiligten Schülern geführt. Diese sind vor allem deshalb aufschlussreich, weil sie noch einmal stärker die Projektidee und den damit verbundenen Lernansatz retrospektiv in den Mittelpunkt rücken. Eine solche Gruppendiskussion wird auch noch einmal mit dem Abschlussjahrgang der Förderschule aus der ersten Projektphase geführt. Auch hier zeigen sich aufschlussreiche Ergebnisse im Hinblick auf den mit dem Projekt verbundenen innovativen Ansatz.

Tab. 1: *Kompetenzbereiche und Kriterien ihrer Operationalisierung*

Kompetenzbereiche	Operationalisierung
Soziale Handlungskompetenzen	• Zusammenarbeit (Kooperationsbereitschaft, Teamfähigkeit) • Konfliktfähigkeit • Empathiefähigkeit • Wertschätzung • soziales Engagement
Ökologische Handlungskompetenzen	• Interesse an Nachhaltigkeit • Engagement für Nachhaltigkeit • Bereitschaft zum Umwelthandeln • Betroffenheit durch die Umweltentwicklung
Veränderungen in den sozialen Beziehungen	• Arbeitsklima in der Klasse / unter den Schülern • Wahrnehmung eigener Lernfortschritte • Vertrauen gegenüber der Lehrkraft

5 Ergebnisdarstellung

Im Folgenden werden die Ergebnisse aus den qualitativen Daten der an der Evaluation beteiligten Schulen berichtet. Die Darstellung erfolgt differenziert nach sozialen und ökologischen Kompetenzen sowie nach den Veränderungen in den sozialen Beziehungen. Die vorgenommenen Einschätzungen und Deutungen des Materials werden immer wieder mittels kurzer Interviewpassagen[5] illustriert und validiert. Am Ende der Betrachtung erfolgt eine zusammenfassende Gesamtschau und Bewertung. Die in Tabelle 1 dargestellte Übersicht zur Operationalisierung der Kompetenzbereiche verhält sich nicht deckungsgleich zu dem für die qualitativen Interviews und die Gruppengespräche verwendeten Leitfaden, so dass nicht alle Kriterien berücksichtigt werden.

Die primäre Forschungsfrage lässt sich folgendermaßen formulieren: Das Setting des situierten Lernens in der hier gewählten spezifischen Projektform trägt zur Förderung der ökologischen und sozialen Handlungskompetenzen und zur Stärkung von Vertrauensbeziehungen in den Lehr-Lern-Prozessen bei den beteiligten Schülern bei.

---

5 Legende der Interviewpassagen: Int. = Interviewer, J = Junge, M = Mädchen

5.1 Soziale Kompetenzen

Die Analyse der sozialen Kompetenzen beschränkt sich auf die Themen Zusammenarbeit mit anderen (Teamfähigkeit) und den Umgang mit Konflikten. Bei der Auswertung zeigt sich, dass es Unterschiede zwischen den einzelnen Stationen gibt, die sich vor allem durch den teilweise doch sehr unterschiedlichen Arbeitsumfang und die Arbeitsdauer erklären lassen. So gibt es Kurzprojekte, Halbjahresprojekte und solche, die darüber hinausgehen, was wiederum mit unterschiedlichen Anforderungen an die Jugendlichen einhergeht.

Was die Zusammenarbeit untereinander angeht, so zeigen sich durchgehend positive Veränderungen. Die Schüler berichten von einer deutlich besseren und auch intensiveren Zusammenarbeit während des Projekts im Vergleich zum regulären Unterricht. Ausschlaggebend hierfür sind das gemeinsame Ziel, welches die Schüler vor Augen haben, und die Erkenntnis, dass sie für die Zielerfüllung aufeinander angewiesen sind.

J1:	Zusammen an einem Ziel arbeiten.
Int.	Das ist sonst (…) im regulären Unterricht … nicht der Fall?
J1:	Jeder für sich.
J1:	Vielleicht mehr zusammen gearbeitet. (im Projekt; N.L.)
J2:	In der Schule arbeiten wir oft nicht zusammen.

Für eine erfolgreiche Umsetzung des Projekts müssen die Schüler notwendigerweise untereinander kooperieren, was eine deutliche Differenz zum Regelunterricht darstellt. Kooperation bedeutet auch, Meinungsverschiedenheiten zu überbrücken. Diese werden bei der Projektarbeit vor allem dadurch provoziert, dass Mitschüler sich aus dem Arbeitsprozess aufgrund fehlender Motivation herausziehen, so dass sich unweigerlich Missstimmungen einstellen. Gleichwohl müssen die Schüler für eine erfolgreiche Umsetzung der gestellten Aufgabe diese Probleme untereinander lösen.

Im Hinblick auf die Unterschiede zwischen Regelunterricht und Projektarbeit in dieser spezifischen Lehr-Lern-Konstellation lässt sich konstatieren, dass ersterer eher individuelle Verhaltensweisen fördert, wohingegen sich in der Projektarbeit stärker kollektive Verhaltensmuster zeigen.

Int.: Was würdet ihr sagen, habt ihr hier in diesem Projekt gelernt, im Vergleich zum regulären Unterricht, was ihr da nicht gelernt habt. Also was ist der spezielle Lerneffekt aus diesem Projekt (...)?

(...)

J1: Ja, ... wie schon gesagt. Man hat mehr Teamarbeit ... gebraucht (im Vergleich zum) normalen Unterricht. Man muss (...) mithelfen (...), zusammen anpacken und so. Das kennt man so gar nicht aus dem Unterricht. Da macht halt jeder die Sachen nur für sich. Deshalb war mehr Teamwork gefragt.

J2: Die Erfahrung, mal (ein Windrad) zu bauen.

(...)

Int. Hm. Was denken die anderen? Was habt ihr gelernt im Vergleich zum regulären Unterricht?

J4: Dass man zusammen halten muss. Und wenn man nicht zusammenhält, dass man das nicht schafft.

M2: Dass man alleine nichts schafft. Es alleine nicht schafft, so was Großes zu machen.

M1: Dass man auch ab und zu mal auf die anderen Leute hören muss.

(...)

J1: Dass man ab und zu auch auf andere Leute hören muss. Dass wir wissen, die können auch was und haben was gelernt.

J2: Alleingänge sind nicht drin gewesen.

(...)

Int.: (...) Noch was, was ihr hier besonders gelernt habt?

J3: Den anderen zu vertrauen.

5.2 Ökologische Kompetenzen

Ein zentraler Punkt des Projekts ist die Sensibilisierung für Nachhaltigkeit und das Entfalten von Schülerkompetenzen im Bereich der nachhaltigen Entwicklung. Nachhaltige Entwicklung wird vielfach mit dem Drei-Säulen-Modell, bestehend aus den Dimensionen Umwelt (Ökologie), Wirtschaft (Ökonomie) und Gesellschaft (sozial kulturelle Dimension), in Verbindung gebracht (vgl. Rieß 2010, S. 101). Auch in den Schülergesprächen sind diese drei Aspekte thematisiert worden, zusammen mit dem Begriff der Nachhaltigkeit. Nachhaltigkeit selbst verweist auf Zukunft und auf die Reflexion des Tuns unter der Maxime eines ökologisch maßvollen Handelns und Wirtschaftens. Es impliziert Selbstbeschränkung und die Beschränkung eines unendlichen Wachstums.

Was den Begriff Nachhaltigkeit angeht, so belegen Untersuchungen (BMU 2010, S. 40) zwar eine deutliche Zunahme seiner Kenntnis in der Bevölkerung in den vergangenen zehn Jahren, doch milieuspezifische Auswertungen zeigen gleichzeitig schwächere Ausprägungen im so genannten Prekären Milieu (BMU 2010, S. 40), das gekennzeichnet ist durch eine niedrige soziale Lage, d.h. Bildungsferne, niedriges Einkommen und geringes Berufsprestige (Borgstedt, Christ & Reusswig 2011, S. 13). Auch Sonderauswertungen bei jungen Erwachsenen machen die Schwierigkeiten deutlich, diese für das Thema BNE zu interessieren, zu motivieren und ihre Teilhabe schließlich sicherzustellen. Dies trifft insbesondere für so genannte Bildungsferne zu. Vor allem besitzt das Thema Umwelt bei Jugendlichen einen schlechten Ruf (Image) und verspricht zudem kaum Aussicht auf Belohnung bzw. Anreize für eine positive Auseinandersetzung (Rentabilität). Darüber hinaus ist es undurchschaubar (Komplexität) und besitzt kaum Anschlussfähigkeit an die Lebenswelt der Jugendlichen (Abstraktionsgrad) (Borgstedt, Calmbach, Christ & Reusswig 2011, S. 29).

Insofern überraschen die Ergebnisse aus der Projektevaluation nicht. Die Einstellung der Jugendlichen zum Thema Umwelt hat sich durch den Bau der Stationen nicht grundlegend verändert. Immer noch ist dieses Thema für die Schüler relativ uninteressant. Begründet wird dieses Desinteresse u.a. mit der lebensweltlichen Nähe anderer Themen wie z.B. Arbeit oder Gesundheit (vgl. Liong Thio & Göll 2011, S. V).

> Int. ... Umwelt ... für wen ist das ein Thema? ... – Was sind für euch Themen, wichtige Themen im Leben?
>
> J2: Fußball.
>
> J4: Arbeit. ... Geld verdienen. ... Arbeit finden. Sichere Stellen haben. Das ist das Wichtigste eigentlich. ...
>
> J1: Gesund bleiben.

Vielleicht haben die Jugendlichen etwas zum Thema Umwelt gelernt, gleichwohl fällt es schwer, daraus den Aufbau von umweltspezifischen Kompetenzen im Weinertschen[6] Sinne abzuleiten (vgl. Weinert 2001). Allerdings zeigt sich in Abhängigkeit von der Projektlänge und der Bearbeitungsintensität, dass sich beide Faktoren schwach positiv auf die Einstellung zur Umwelt auswirken. In der Schülergruppe Windrad wurde das Themenspektrum Umwelt und verantwortungsvoller Umgang mit Natur stärker in den Fokus gerückt als bei den Vergleichsprojekten (Wasser, Lärm). Weitere Aspekte der Nachhaltigkeitssäule wie Soziales oder Ökonomisches wurden durch die verschiedenen Projekte nicht angesprochen.

Zusammenfassend lässt sich sagen, dass die Zielstellung, den Schülern mit Hilfe der Projektarbeit ökologisches Wissen zu vermitteln und ökologische Kompetenzen zu stärken, nur eingeschränkt eingelöst wird. In der Regel mangelt es der Zielgruppe an Interesse und auch die Auffassungsgabe, komplexere ökologische Vorgänge zu begreifen und in der Praxis anzuwenden (vgl. Borgstedt, Calmbach, Christ & Reusswig 2011). Auch der Bereich Nachhaltigkeit mit einem auf Zukunft und Selbstbeschränkung gerichteten Handeln, ist für die Zielgruppe benachteiligter Schüler von deutlich untergeordnetem Interesse.

5.3 Veränderungen in den sozialen Beziehungen

Ein weiterer zentraler Fokus des Projekts sind die durch den Stationsbau initiierten Veränderungen in den sozialen Beziehungen. Durch das Hinzuziehen der Berufsgruppenvertreter in die Lehr-Lern-Konstellation war beabsichtigt, die Schüler für das Projektthema und Nachhaltigkeitsprozesse zu motivieren und Vertrauensbildungsprozesse in die eigenen Fähigkeiten anzuregen.

Die Erfahrungen, die die Schüler in den Projekten gesammelt haben, sind sehr unterschiedlich. Insgesamt sind alle Projekte aus Schülersicht motivierend. Gründe für die stärkere Motivation sind teilweise die wahrgenommenen Veränderungen in der Lehrer-Schüler-Beziehung. Dazu trägt der außerschulische Lernort bei, an dem sich Lehrkräfte im Vergleich zum regulären Unterricht anders verhalten, weil der übliche schulische Rahmen einer stärkeren informellen Struktur gewichen ist. Insbesondere feste Regeln werden in der Projektarbeit weniger deutlich wahrgenommen.

---

6   Weinert formuliert Kompetenzen als „die bei Individuen verfügbaren oder durch sie erlernbaren kognitiven Fähigkeiten und Fertigkeiten, um bestimmte Probleme zu lösen, sowie die damit verbundenen motivationalen, volitionalen und sozialen Bereitschaften und Fähigkeiten, um die Problemlösungen in variablen Situationen erfolgreich und verantwortungsvoll nutzen zu können" (2001, S. 27f.).

> Int. ... obwohl er ja immer noch euer Lehrer da draußen war, war es ... irgendwie anders. Was meint ihr woran das liegt?
>
> J.: Ja, da sind keine Schulregeln oder so. ...
>
> J.: ... schon andere Regeln oder so, dass er sich dann halt anders verhält als sonst eigentlich. (...) der ist viel offener und cooler drauf, als hier in der Schule.

Auch im direkten Vergleich zwischen dem schulischen Regelunterricht und dem Setting des situierten Lernens können die Schüler konkrete Unterschiede benennen.

> Int. Und was lernst du in diesem Projekt im Vergleich zum normalen Schulunterricht?
>
> J1: Teamfähigkeit (...) lern ich dabei. (...) ich kann meine Ideen einbringen, weil ich mich (...) für die Umwelt interessiere; kann ich auch (...) meine (Sichtweisen) einbringen: „Ja, so und so hab ich mir das vorgestellt" (...).
>
> J2: Dass man zusammenarbeiten muss, Teamarbeit halt, ja.
>
> J3: Beim Projekt, da mussten wir schon sehr viel mit Teamarbeit arbeiten und hier in der Klasse, wenn wir da unsere Aufgaben lösen, macht das jeder für sich selber. Da wird ab und zu mal gefragt: „Ja, was kommt da denn raus"? Oder so. Dann wird mal ein Zettel weitergegeben Und beim Projekt, da musste man (...) in der Gruppe zusammenarbeiten. Da musste jeder helfen.
>
> J4: Es war alles viel selbstständiger. Das war viel besser.

Aber auch die Tatsache, dass sich Lehrkräfte auf Schüler und deren Vorschläge einlassen, wird als Veränderung angemerkt. Darüber hinaus stellen die Schüler fest, dass sich die Lehrer auf die Arbeit der Schüler, auf ihre Kompetenzen verlassen haben. Bei der Station Schutzhütte mit Gründach mussten die Schüler auf die Dachsparren klettern, um die Lattung aufzunageln. Eine Arbeit in vier Metern Höhe, bei der die Lehrkraft den Schülern zutrauen musste, dass diese die Arbeit gewissenhaft ausführen. Die Schüler berichten davon, dass sie in diesem Moment das Vertrauen der Lehrkraft gespürt haben.

> Int.   Also die Zusammenarbeit (mit den Lehrkräften) war einfach besser?
>
> J3:   Ja, die war auch gut. Richtig gut. (...) Weil hier in der Schule hilft der (Lehrer; N.L.) uns auch immer und da konnte er uns nicht helfen. Weil er ja nicht aufs Dach gegangen ist. Ja, ab und zu mal. Wenn's unbedingt nötig war.
>
> Int.   Ja gut, aber da ward ihr dann schon auf euch selbst angewiesen.
>
> J3:   Ja, der (Lehrer; N.L.) hat uns ... vertraut.

Ferner nehmen die Schüler bei den Lehrkräften eine stärkere Schülerorientierung wahr. Man geht auf sie ein, gibt positives Feedback und die Lehrer schätzen und loben die Arbeit der Jugendlichen. Letzteres führt wiederum zu einer Stärkung in der Vertrauensbeziehung. Insgesamt ist das Vertrauen in der Lehrer-Schüler-Beziehung durch die Spezifik der Lehr-Lern-Situation nachhaltig positiv beeinflusst worden.

Die Lehrkräfte werden in der Projektarbeit weniger deutlich in ihrer Lehrerrolle erfahren, sondern sie werden vielmehr als Unterstützer wahrgenommen, was mit einer Motivationssteigerung auf Schülerseite einhergeht. Der Stationsbau und seine Fertigstellung motivieren schließlich beide Seiten, Lehrkräfte und Schüler, mit dem Ergebnis einer positiven Veränderung in der Lehrer-Schüler-Beziehung. Dieses veränderte Rollenverständnis ist notwendig, um „vertrauensfördernde Impulse" in der Beziehung zwischen Lehrer und Schüler zu setzen (vgl. Schweer 2008, S. 560).

Auch der Berufsgruppenvertreter wird von den Schülern sehr positiv wahrgenommen. Je länger die Projektzeit dauert, desto positiver werden die Veränderungen geschildert und desto größer wird das Vertrauen der Schüler in die Berufsgruppen-Schüler-Beziehung. Die Professionalität der kooperierenden Firmen trägt ebenfalls zur Motivation der Schüler und zu einem erfolgreichen Projektausgang bei.

Eben solche positiven Erfolge lassen sich auch für die Veränderungen in den Schüler-Schüler-Beziehungen nachweisen. So wird die Zusammenarbeit mit den Mitschülern insgesamt als besser beurteilt. Man kann sich aufeinander verlassen und wenn es Meinungsverschiedenheiten gibt, so kann man sich auch in diesen Fällen einigen.

> M.:   Ja, mit den meisten war's halt gut. Auf die meisten konnte man sich verlassen. Aber ... es ... gibt ... auch einige Leute, wo man sich halt schon ein bisschen aufregen konnte, weil sie es (sich) doch so einfach und so schnell wie möglich machen wollten und sich dann auch meistens gedrückt hatten oder weggelaufen sind. Sich versteckt hatten. Aber am Ende war alles gut. ... auf (die meisten) ... war ... Verlass.

In Teilen hat das Projekt auch zu einer veränderten Sichtweise auf die Mitschüler geführt. Es wird berichtet, dass man durch das Projekt mit Mitschülern zusammengearbeitet hat, zu denen man vorher nicht so viele Kontakte unterhalten hat. Durch die gemeinsame Arbeit hat man sich gegenseitig besser kennengelernt, so dass auch die Stärken und Schwächen des Anderen sichtbar wurden.

> J3: Ja man hat schon (...) 'n bisschen gelernt, zusammen zu arbeiten. Sonst hat man das, haben wir das nie so intensiv gemacht wie (bei) dem Windrad.
>
> M1: Man kam anderen Leuten, mit denen man eigentlich nicht so viel zu tun hatte, kam man auch etwas näher in dem Moment.
>
> Int.: ...Mitschülern?
>
> M1: Mitschülern. Ja. Also meiner Meinung nach. (...)
>
> J2: Ja, man hat halt auch die Schwächen und die Stärken von den Mitschülern mitbekommen.
>
> J3: (...) Z.B. bei den Schülern, da hat (es) sich sehr verändert. ... Man hat die näher kennengelernt. Man hat gemerkt, was die können und was nicht .... Weil im Unterricht, ... 'nen Stift bewegen kann ja jeder ...
>
> J1: Und da hat man auch endlich gesehen, ob ein Schüler arbeiten kann oder nicht. Oder ob er faul ist und keinen Bock auf irgendwas hat.

5.4 Gesamtschau

Das Projekt *Umwelt erleben* ist angetreten mit dem Anspruch, Bildung für nachhaltige Entwicklung bei bildungsfernen Schülern zu fördern. Dieses Ziel sollte erreicht werden, indem Jugendliche mit Hilfe von Realbegegnungen, in diesem Fall dem Bau beständiger ökologischer Stationen eines Lern- und Umweltpfads, einen Einblick in das Konzept der nachhaltigen Entwicklung bekommen. Unterstützt wurde dieser Ansatz durch die Konstruktion einer spezifischen Lehr-Lern-Situation. Nicht nur Lehrkräfte, sondern auch Vertreter von Berufsgruppen partizipierten an dem Projekt und halfen den Schülern bei der Planung, Entwicklung und Realisierung der ökologischen Stationen.

In der Gesamtschau des Projekts kommt man für die beiden Kompetenzbereiche Soziales und Ökologisches sowie den Bereich Veränderung der sozialen Beziehung zu sehr unterschiedlichen Einschätzungen, was die intendierten Wirkungen des Settings des situierten Lernens angeht. Das Hinzuziehen der Berufsgruppe wirkt vor allem auf die Beteiligungsformen der Schüler positiv. So können sie in dieser Konstellation des Projektunterrichts zusammen mit dem Berufsgruppenvertreter entscheiden und gestalten, was auf die Schüler motivierend wirkt. Obwohl der geringe instruktive Charakter am Anfang des Projekts Unsicherheit bei den Schülern auslöst, können diese im Projektverlauf minimiert werden. Hier hat auch das professionelle Zusammenspiel von Berufsgruppe und Unternehmen einen positiven Beitrag gleistet. Das spezifische Setting aus Handeln und Realbegegnung wirkt nicht nur motivierend auf die Schüler, sondern zudem vertrauensfördernd und stärkt auch ihre Empathiefähigkeit. So führt die Begegnung mit den Lehrkräften am außerschulischen Lernort zu einer Redefinition und Neubewertung der Schüler-Schüler-Beziehung. Ferner führt das gemeinsame Arbeiten an einem größeren Projekt bei den Schülern zu einer anderen Wahrnehmung der Mitschüler. Sie überwinden ihren eigenen lebensweltlichen Bezugsrahmen, öffnen sich und interessieren sich auch für die Anderen. Insofern werden Reflexionsprozesse angeregt und Empathiefähigkeit wird entwickelt. Die nachfolgenden Interviewpassagen bringen das zum Ausdruck.

Int.   Abschließend soll nochmal jeder sagen, was er an dem ganzen Projekt am besten fand (…).

J1:   Die Offenheit. Halt unter uns. Nur unter uns Schülern und mit dem Lehrer. Die Offenheit, um auch etwas zu bewegen. Und hier (in der Schule; N.L.) ist immer so gedrückte Stimmung. Es wird gesagt mach dies, mach das. Ok, mach ich und fertig.

J2:   Teamfähigkeit, weil alle zusammen gearbeitet haben. (…)

J3:   Die gute Laune.

J4:   Hat mehr Spaß gemacht.

Int.   Und wenn ihr jetzt die Unterschiede zwischen der Projektarbeit und dem regulären Unterricht beschreiben solltet, wo seht ihr die? (…)

J: Macht halt mehr Spaß, als hier in der Schule.

Int.   Warum macht das denn mehr Spaß? Was ist denn hier so schlecht?

J: Nein, hier ist es ja auch nicht so schlecht, aber es (…) hat einfach mehr Spaß gemacht, irgendwas anderes zu machen, außerhalb der Schule und ja … mehr Abwechslung.

J: Hier wartet man bis die Pause ist. (…)

J: Ja, (und) dort haben wir die Zeit völlig vergessen.

> J: Ja, [das Ganze] ... hat sehr (viel) Spaß gemacht. Mal ... zu lernen, wie so was gebaut wird und auch mit (der Firma) W. (zu lernen); wie schön das sein kann, mit so (einem Betrieb) ... arbeiten zu können. ...Dass die uns alles gezeigt haben. ... Ich weiß zwar nicht, was wir für's Thema Umwelt gelernt haben, aber (es) ist schön gewesen, das (Windrad) ... mit der ganzen Klasse zusammen zu bauen. Teamarbeit (war) gefragt .... Hat uns sehr (viel) Spaß gemacht.

All diese im Zuge der Projektarbeit sichtbar gewordenen Veränderungen sind vor allem auf die Spezifik des situierten Lernens zurückzuführen. Das Überwinden statischer Unterrichtskontexte scheint dringend geboten, um diese Zielgruppe für Prozesse nachhaltiger Entwicklung zu motivieren und sie mit auf den Weg zu nehmen.

6 Diskussion

Aktuelle Befunde zum Bekanntheitsgrad um das Konzept einer Bildung für nachhaltige Entwicklung zeigen, dass seine Implementierung insbesondere für die Gruppe der Bildungsfernen schwierig ist (vgl. Borgstedt, Christ & Reusswig 2011). Gleichwohl es vielfältige Hilfen für die Behandlung des Themas Nachhaltigkeit für die Schule gibt (vgl. das Portal www.bne-portal.de), sind diese vermutlich für die hier im Mittelpunkt stehende Zielgruppe zu komplex. So wurde lange Zeit auch das gesamte Konzept bzw. der damit verbundene Anspruch für zu „intellektuell" gehalten (vgl. Stoltenberg in diesem Band). Der von der „AG Rahmenplan" des BLK-Programms „21" erstellte Richtlinienkatalog BNE für allgemeinbildende Schulen (vgl. BLK-Programm „21") bringt den mit dem Konzept verbundenen hohen Anspruch zum Ausdruck. Die in diesem Papier formulierten acht Lernziele zur Gestaltungskompetenz beinhalten Teilkompetenzen wie Partizipation, Empathie und Motivation. Alle Teilkompetenzen beziehen sich selbstverständlich auf die Umsetzung von BNE.

Die in diesem Beitrag beschriebenen Schwierigkeiten, Schüler aus lernschwachen Milieus mit BNE in Kontakt zu bringen, geschweige denn, sie dafür zu begeistern, machen Folgendes deutlich: Um diese Zielgruppe für BNE zu interessieren, bedarf es neuer, innovativen Ansätze. Einer davon ist der hier beschriebene. Auch wenn die Schüleraussagen zum Themenkomplex Umwelt darauf hindeuten, dass das Projekt im Hinblick auf die Förderung ökologischer Kompetenzen kaum einen nennenswerten Beitrag geleistet hat, liegen seine Stärken an ganz anderer Stelle. So hat das Setting des situierten Lernens im gewählten Kontext die Schüler motiviert, sich für eine Sache zu engagieren und es hat ihre Sichtweisen auf die Beziehungen zueinander verändert sowie auf die Beziehung zu den Lehrkräften. Insgesamt werden sozialen Beziehungen, sowohl zu den Mitschülern als auch zu den Lehrkräften und Berufsgruppen, neu definiert. Damit sind ganz wesentliche Voraussetzungen für die Umsetzung von BNE geschaffen. So konnten die im Richtlinienkatalog benannten Teilkompetenzen durch das Projekt angebahnt werden. Dazu zählen:

- Partizipationskompetenzen
- Planungs- und Umsetzungskompetenz: Kooperationen herstellen
- Fähigkeit zur Empathie
- Kompetenz, sich und andere motivieren zu können (BLK-Programm „21", S. 11f.).

Um BNE auf einen erfolgreichen Weg zu bringen ist es wichtig – insbesondere für bildungsferne Sozialmilieus –, die notwendigen Voraussetzungen zu schaffen, da diese vielfach nicht vorhanden sind. So hat das Projekt die o.g. Teilkompetenzen aus dem Richtlinienkatalog angesprochen und in Teilen auch realisiert, wenn auch ohne die Besonderheiten einer Bildung für nachhaltige Entwicklung. Will man diesem Programm zum Erfolg verhelfen, so müssen vielfach erst einmal die Voraussetzungen geschaffen werden, um die wichtigen, gleichwohl aber sehr hoch gesteckten Zielsetzungen zu erfüllen. Die Erkenntnis des hier verwendeten Konzepts ist, dass vor der Fokussierung auf BNE zunächst einmal basale Voraussetzungen geschaffen werden müssen, die in einem zweiten Schritt auf BNE vertieft werden können. Zur Schaffung der notwendigen Voraussetzungen ist das vorgestellte Konzept des situierten Lernens eine vielversprechende Möglichkeit. Ob dies auch für die Motivation von Jugendlichen für Prozesse und Zusammenhänge einer Bildung für nachhaltige Entwicklung gilt, muss sich erst noch zeigen.

Literatur
BLK-Programms „21" (2003). *Orientierungshilfen für die Erstellung einer Präambel und Empfehlungen / Richtlinien zur „Bildung für eine nachhaltige Entwicklung" in allgemein bildenden Schulen*; verfügbar unter http://www.transfer-21.de/daten/texte/ PraeambelRichtlinien.pdf [aufgerufen am 06.02.2012]
BMU (Hrsg.) (2010). *Umweltbewusstsein in Deutschland 2010. Ergebnisse einer repräsentativen Bevölkerungsumfrage.* Dessau-Roßlau.
Borgstedt, S., Calmbach, M., Christ, T. & Reusswig, F. (Hrsg.) (2011). *Umweltbewusstsein in Deutschland 2010. Ergebnisse einer repräsentativen Bevölkerungsumfrage. Vertiefungsbericht 3: Umweltbewusstsein und Umweltverhalten junger Erwachsener.* Dessau-Roßlau.

Borgstedt, S., Christ, T. & Reusswig, F. (Hrsg.) (2011). *Umweltbewusstsein in Deutschland 2010. Ergebnisse einer repräsentativen Bevölkerungsumfrage. Vertiefungsbericht 1: Vertiefende Milieu-Profile im Spannungsfeld von Umwelt und Gerechtigkeit.* Dessau-Roßlau.

Bortz, J. & Döring, N. (2006). *Forschungsmethoden und Evaluation für Human- und Sozialwissenschaftler.* 4. überarb. Aufl. Heidelberg: Springer.

Klauer, K.J. (2006). Situiertes Lernen. In: D. H. Rost (Hrsg.), *Handwörterbuch Pädagogische Psychologie* (S. 699 - 705). Beltz.

Law, L.-C. (2000). Die Überwindung der Kluft zwischen Wissen und Handeln aus situativer Sicht. In: H. Mandl & J. Gerstenmaier (Hrsg.), *Die Kluft zwischen Wissen und Handeln. Empirische und theoretische Lösungsansätze* (S. 253 - 287). Göttingen: Hogrefe.

Liong Thio, S. & Göll, E. (2011). *Einblick in die Jugendkultur. Das Thema Nachhaltigkeit bei der jungen Generation anschlussfähig machen.* Dessau-Roßlau.

Reich, K. (2002). *Konstruktivistische Didaktik.* Neuwied: Luchterhand.

Rieß, W. (2010). *Bildung für nachhaltige Entwicklung. Theoretische Analysen und empirische Studien.* Münster: Waxmann.

Schweer, M.K.W. (2000). Vertrauen im Jugendalter – Eine pädagogische Herausforderung. *Deutsche Jugend, 48,* S. 262 - 265.

Schweer, M.K.W. (2006). Vertrauen. In: D. H. Rost (Hrsg.), *Handwörterbuch Pädagogische Psychologie* (S. 848 - 852). Beltz.

Schweer, M.K.W. (2008). Vertrauen im Klassenzimmer. In: M.K.,W. Schweer (Hrsg.), *Lehrer-Schüler-Interaktion* (S. 547 - 564). 2. Aufl. Wiesbaden: VS.

Thies, B. (2002): *Vertrauen zwischen Lehrern und Schülern.* Münster: Waxmann.

Weinert, F.E. (2001). Leistungsmessungen in Schulen –eine umstrittene Selbstverständlichkeit. In: F. E. Weinert (Hrsg.), *Leistungsmessungen in Schulen*(S.17-32).Weinheim:Beltz.

Stadtmarketingprojekt Umweltlernpfad biocache Vechta: Zur Genese eines Umweltprojektes im kommunalen Raum

Frank Käthler & Karl-Heinz Wehry

Abstract

Zu den Zielen des 1996 gegründeten Stadtmarketingvereins „Initiative Vechta – Verein für Stadtmarketing e.V. zählt u.a. die Unterstützung aller Maßnahmen, die geeignet sind, die Lebensqualität für alle Einwohnerinnen und Einwohner der Stadt Vechta zu verbessern und das Image der Stadt Vechta zu pflegen. Als Instrument hierfür betrachtet der Verein auch die Entwicklung und Förderung ökologischer Bestrebungen. Auf dieser Folie hat die Initiative Vechta den Anstoß für die Entwicklung eines stadtökologischen Lernpfadprojektes gegeben. Durch die fachliche und materielle Unterstützung der Universität Vechta, der Stadt Vechta und der Deutschen Bundesumweltstiftung sind daraus das Projekt „Bildung für nachhaltige Entwicklung" und der „biocache: Lernpfad Vechta" entstanden.

1 Die Projektidee

Der Stadtmarketingverein „Initiative Vechta – Verein für Stadtmarketing e.V.", gegründet im Jahr 1996, hat den Anstoß zur Beschäftigung mit dem und zur Umsetzung des Themas Umweltlernpfad in Vechta gegeben. Zu den Zielen des Vereins zählen gem. § 2 Absatz 1 der Satzung u.a. die „Unterstützung aller Maßnahmen, die geeignet sind, die Lebensqualität für alle Einwohnerinnen und Einwohner der Stadt Vechta zu verbessern, die Identifizierung der Einwohnerinnen und Einwohner der Stadt Vechta mit ihrem Gemeinwesen zu fördern, das Image der Stadt Vechta in der Öffentlichkeit zu pflegen und weiter zu verbessern".

Zur Umsetzung formuliert der § 2 Absatz 2 der Vereinssatzung das Folgende: „Zur Erreichung dieser Ziele entwickelt und fördert der Verein insbesondere die Zusammenarbeit von Institutionen, Körperschaften und Vereinen mit gleicher Zielsetzung, alle Bestrebungen, die das gemeinschaftliche Leben, insbesondere das soziale und kulturelle Leben in der Stadt Vechta weiterentwickeln, so z.B. karitative, Bildungs- und Veranstaltungsbestrebungen, ökologische Bestrebungen etc.; die Integration ausländischer Mitbürgerinnen und Mitbürger und die Partnerschaft mit ausländischen Gemeinwesen und Institutionen".

Auf diesem Hintergrund hat sich die Initiative Vechta erstmals im Jahr 1999 mit einem ökologischen Thema befasst. Mit Erfolg wurde in einer großen Aktion gemeinsam mit vielen Vechtaer Schulen eine Müllsammelaktion durchgeführt.

Stadtökologie und ökologisches Lernen – eine kreative Umsetzung dieser Themenfelder begegnete einzelnen Vorstandsmitgliedern erstmals bei einem Besuch in der ostfriesischen Stadt Leer. Dort war bereits 1994 im Rahmen des Agenda 21-Prozesses ein Projekt „Stadtökologischer LEER-Pfad" eingerichtet worden, der Möglichkeiten zu ökologischem Lernen an Informationstafeln im innerstädtischen Bereich ebenso wie an der Peripherie der Stadt vorhielt (vgl. dazu Abb. 1).

Nach einem Bericht über das Projekt im Vorstand des Vereins diskutierte dieser darüber, inwieweit ein solches Thema auch für die gut 32.000 Einwohnern zählende, wachsende Kreis- und Hochschulstadt Vechta interessant sein könnte.

Abb. 1: *Informationstafel zum Thema Fassadenbegrünung*

Vechta liegt im Zentrum des agrarisch geprägten Oldenburger Münsterlandes. Die Stadt hat sich – entgegen dem gängigen Stigma, dass Vechta aufgrund der Intensivtierhaltung ökologisch unsensibel und geschädigt sei – in den zurückliegenden Jahrzehnten in vielfacher Weise ökologisch engagiert und war z.b. im Jahr 2004 für ein Projekt in Kooperation mit der ortsansässigen Einrichtung „Sonnenhof" für „entscheidende und vorbildhafte Leistungen zum Schutz und Erhalt der Umwelt", wie Umweltminister Hans-Heinrich Sander in seiner Laudatio betonte, mit dem Umweltpreis des Landes Niedersachsen ausgezeichnet worden.

Vor diesem Hintergrund war es der Initiative Vechta ein besonderes Anliegen, das vorhandene ökologische Engagement der Akteure in der Stadt Vechta sichtbar werden zu lassen, zu stärken und zu vernetzen und es nachhaltig nutzbar zu machen. Dies, so beschloss der Vereinsvorstand, solle durch die Umsetzung eines Lehrpfadprojektes in Vechta geschehen. In der Folge besuchte der Vorstand, begleitet von Mitarbeitern der Stadtverwaltung Vechta, noch einmal den „Stadtökologischen LEER-Pfad" und ließ sich das Projekt, seine Genese und seine Perspektiven von den Verantwortlichen vor Ort ausführlich erläutern.

Für die Umsetzung eines Lehrpfad-Projektes in Vechta entwickelte der Verein daraufhin ein erstes Konzept und suchte Partner. In einem diesbezüglichen Gespräch mit der Präsidentin der Universität Vechta wurde das wissenschaftliche Interesse der Universität an einer projektbezogenen Kooperation mit dem Verein ebenso deutlich wie die Tatsache, dass das notwendige ökologische Fachwissen im Fachbereich Biologie an der Universität vorhanden sei. Die Universität signalisierte ad hoc ihre Bereitschaft, sich in die Weiterentwicklung des Projektes einzubringen und das Projekt finanziell, personell und ideell zu fördern.

2 Der Projektanfang

Gemeinsam mit den Fachleuten der Universität ist dann die Projektskizze weiter entwickelt worden. Als Ziel des Projektes wurde formuliert, die Umweltbildung zu forcieren und im Oldenburger Münsterland einen außerschulischen Lernort für Schüler, Heranwachsende und Erwachsene aller Altersgruppen sowie für die Lehrerausbildung, die am Standort Vechta in Universität und Ausbildungsseminar stattfindet, zu schaffen. Dies sollte mittels der Einrichtung eines stadtökologischen Lernpfades geschehen. Stadtmarketingverein und Universität richteten sodann einen entsprechenden Antrag mit der Bitte um Förderung an die Deutsche Bundesstiftung Umwelt (DBU) in Osnabrück.

Diese machte deutlich, dass das Projekt gewinnen und eine Alleinstellung erreichen könne, wenn es durch Forschung begleitet würde. So sollten an der Projektumsetzung, möglichst Schüler von Hauptschulen und gleichzeitig Vertreter von Berufsgruppen, so z.B. Architekten o.a., beteiligt werden, die dann Standorte für den Lernpfad gemeinsam schaffen sollten. Dabei sollte evaluiert werden, wie dieses praktische Tun sich auf das Lernverhalten der Schüler auswirken würde. Am Ende des Projektes könnte als sichtbares Ergebnis dann gleichzeitig der gewünschte Lehrpfad stehen.

Diese Hinweise nahmen die Projektpartner auf und entwickelten das Vorhaben dahingehend weiter. Die Evaluierung des Lernverhaltens wurde zentrales Ziel des Projektes. Mehrere Schulklassen sollten, so die Planung, gemeinsam mit engagierten Bürgern aus verschiedenen Berufsgruppen und Institutionen den Umweltlernpfad Vechta errichten. Hierzu sollten in einer engen Kooperation der genannten Gruppen Stationen zu ökologischen Themen wie z.B. Dachbegrünung (mit Architekten), Stillgewässer (mit Anglern), Solarenergie (mit Fachbetrieben) etc. inhaltlich entwickelt, wo notwendig hergerichtet und beschildert werden. Die Stationen sollten, so die Planung, durch eine intelligente Wegführung und -markierung miteinander vernetzt werden, so dass am Ende ein attraktiver Lehrpfad entstünde. Die Arbeit an diesem Pfad sollte nicht etwa mit dem Ende der Evaluierung abgeschlossen sein; der Pfad sollte immer dann ergänzt werden können, wenn entsprechende Themen im Stadtgebiet ausfindig gemacht würden und die Finanzierung der jeweiligen Station sicher gestellt sei. Dadurch ist eine Nachhaltigkeit des Projektes erreichbar.

Die Entwicklung des Pfades, so die Projektskizze weiter, ist ein gemeinschaftliches Schüler- und Bürgerprojekt; alle Beteiligten können und sollen voneinander und miteinander lernen. Das Zusammenbringen der Partner, die Koordinierung der Arbeiten, die Beschaffung von Material und Sponsorenmitteln, ferner die Herstellung/Überwachung der Einheitlichkeit der Informationstafeln in Aufbau und Sprachduktus sowie die Evaluierung/wissenschaftliche Begleitung sollen in der Universität erfolgen; hierzu wird, so waren sich die Projektpartner einig, eine Halbtagsstelle benötigt, deren Finanzierung aus Mitteln der Hochschule selbst und der DBU sowie ggfs. der Stadt Vechta erfolgen sollte.

Aufgrund dieser neuen Schwerpunktsetzung haben Initiative und Hochschule Vechta vereinbart, dass die Federführung des Projektes bei der Universität Vechta liegt.

Für das in der beschriebenen Weise geplante Projekt konnten Universität und Initiative Vechta e.V. insgesamt € 199.000 generieren: Nach Gesprächen und einigen kleinen Nachbesserungen hatte die DBU entschieden, das Projekt mit einer Laufzeit von 32 Monaten mit insgesamt € 95.000,- zu fördern. Die Universität Vechta ihrerseits stellte € 74.000,-, die Stadt Vechta € 30.000,- zur Verfügung. In der politischen Beratung wurde positiv bewertet, dass der Pfad auch als außerschulischer Lernort fungieren und zudem einen Beitrag zur Attraktivitätssteigerung Vechtas für Tagesgäste/Touristen darstellen könne. Überdies trage er zur Imageveränderung/-verbesserung Vechtas in ökologischer Hinsicht bei und leiste durch vielfältige Möglichkeiten zur Mitwirkung für Bürgerinnen und Bürger einen Beitrag zu Steigerung der Identifikation mit dem Gemeinwesen.

3 Die Projektgestaltung

Zwischen den Förderern wurde vereinbart, dass es zum Thema Pfad einen einfach gehaltenen, jederzeit aktualisierbaren Flyer geben werde. Zudem sollen ein Buch und eine Ausstellung zum Thema entstehen.

Um die Umsetzung dieser Planungen auf breite Füße zu stellen und zugleich frühzeitig in der Bevölkerung zu verankern, wurde von den Verantwortlichen in Universität und Stadtmarketingverein eine Lenkungsgruppe eingerichtet, der neben Vertretern dieser beiden Gruppen Fachkräfte aus der Stadt- und aus der Kreisverwaltung ebenso angehören wie sachkundige Vertreter aus der Wirtschaft und aus Umweltverbänden. Nachdem nunmehr die finanziellen Mittel und ein allgemeiner organisatorischer Rahmen für den Umweltlernpfad vorhanden waren, konnte die konkrete Umsetzung einzelner Standorte geplant werden.

Dabei war zu unterscheiden zwischen der Inwertsetzung von bereits vorhandenen Standorten wie z.b. Stillgewässern, Streuobstwiesen etc. durch das Aufstellen von Informationstafeln und solchen Themen, für die ökologische Situationen z.b. durch sinnvolle Baumaßnahmen erst einmal geschaffen werden mussten, um ökologische Sachverhalte für jedermann verständlich zu machen. Letztgenannte zu evaluieren, war nunmehr Auftrag der DBU und insoweit mit Präferenz anzugehen.

In einem ersten Schritt erstellte das Planungsamt der Stadt Vechta einen Übersichtsplan mit ökologischen Standorten, die sich als mögliche Stationen des Umweltpfades eignen könnten; hieraus wählte die Lenkungsgruppe die Standorte aus, die die ersten Stationen des ökologischen Lernpfades werden sollten. Danach sprachen Mitglieder der Lenkungsgruppe gezielt Schulen an, um sie zu bewegen, sich am Projekt zu beteiligen. Eine Förderschule, zwei Haupt- und Realschulen und zwei Berufseinstiegsklassen (BEK) wurden auf diese Weise gefunden. Ergänzend suchte die Lenkungsgruppe Firmen und Fachleute, die den Ausbau der Standorte mit den Schülern und Lehrern planten und durchführten oder Materialien sponserten.

Geplant war, dass Studenten der Universität Vechta diese Arbeiten im Rahmen von Semesterarbeiten dokumentierten. Hier gab es allerdings zeitliche Probleme: so musste z. B. im Rahmen eines Projektes zum Thema „Entsiegelung" auf einem Pausenhof zunächst ein Bauantrag gestellt und seine Genehmigung abgewartet werden. Sachverhalte wie diese ließen die studentische Mitarbeit nur eingeschränkt zu, weil die Projekte in der Folge den Zeitrahmen eines Semesters überschritten und den Studierenden damit eine Dokumentation im geplanten Rahmen einer Semesterarbeit nicht mehr möglich war.

Auch kam es zu anderen Problemen: So war die Anzahl der Schüler einer Hauptschulklasse zu groß. Von den Fachleuten und Fachfirmen konnten nur eine begrenzte Anzahl von Schülern bei der Mitarbeit eingesetzt werden - die nicht ständig beteiligten Schüler zeigten immer weniger Interesse. Auch gab es in dieser Gruppe dadurch Schwierigkeiten, dass Schüler nur in zwei Randstunden in der Woche an dem Projekt arbeiteten. An jedem Arbeitstag mussten die Schüler deshalb wieder neu an den bisher erreichten Stand der Arbeiten herangeführt und der Sinnzusammenhang mit der dann zu realisierenden Arbeit hergestellt werden. Diese Aufgabe nahm viel Zeit in Anspruch nahm. Die Schwierigkeiten vergrößerten sich noch dadurch, dass nachträglich eine Baugenehmigung beantragt werden musste; nunmehr war der zeitliche Abstand so groß, dass die Schüler nur schwer einen Zusammengang zwischen der Begründung der Maßnahme, der Planung und der Umsetzung erkennen und nachvollziehen konnten.

Die Schüler der anderen Klassen hingegen arbeiteten projektorientiert in Gruppen bis maximal 12 Personen. Hier war die Durchführung der Projektarbeiten deutlich positiver als bei der vorgenannten zeitlichen Aufteilung der Arbeiten.

Die Beteiligungsmöglichkeiten der Schüler wurden ferner durch die Art der Arbeit (hoher Anteil an Maschinenarbeiten), den Stand der Ausbildung (Hauptschüler, Förderschüler oder Schüler einer Berufseinstiegsklasse) und auch durch die Fähigkeiten der Mitarbeiter der Fachfirmen, die Schüler angemessen einzubeziehen, beeinflusst. Hier wurde deutlich, dass die Identifizierung der Schüler mit ihrer Arbeit sich reziprok zum Maße ihrer Beteiligung entwickelte: viel Beteiligung gleich viel Identifikation!

Die Beteiligung der Jugendlichen und die kostengünstige Unterstützung durch Fachleute und Fachfirmen sollten die Kosten zur Erstellung des Lehrpfades senken. Gleichzeitig sollte durch Identifizierung der Jugendlichen mit ihrem Baumaßnahmen die geschaffenen Anlagen und Beschreibungen vor Beschädigungen schützen und eine höhere Akzeptanz in der Bevölkerung erhalten.

Neben der Möglichkeit, handelnd das Wissen über den Natur- und Landschaftsschutz und ökologische Zusammenhänge zu verbessern, sollte auch bei den Kindern und Jugendlichen ein bewussterer Umgang mit der Natur erreicht werden.

Schüler haben aus zeitlichen Gründen nur an der eigentlichen Projektarbeit nicht mehr an der Gestaltung der Infotafeln mitgearbeitet.

Den Lernpfad Vechta können sich Interessierte mit einer Karte oder aber mit einem Navigationsgerät erschließen. Nach dem Prinzip des „Geocaching" findet der Besucher mittels geographischer Koordinaten die einzelnen Stationen selbstständig. Schautafeln an den Standorten geben Informationen zu denselben. Auf allen Tafeln befindet sich unten ein zweidimensionaler Strichcode, der sogenannte QR-Code. *Mit einem geeigneten Smartphone* und entsprechender Software kann durch Einlesen des QR-Codes von der Homepage www.biocachevechta.de vertiefende Sachinformationen zu der jeweiligen Station erhalten.

Der Lernpfad mit seinen bislang sechs Stationen bietet einen ersten anschaulichen Einblick in aktuelle ökologische Themen. Bisher sind folgende Stationen fertig gestellt:

- Windenergie
- Trockenmauer
- Lärm
- Dachbegrünung
- Entsiegelung
- Nachwachsende Rohstoffe

An drei Stationen wird zurzeit weitergearbeitet: Wald, Solarenergie und Weiden als Baumaterial. Der Umweltlernpfad wird so vervollständigt und in Zukunft durch bisher nur geplante Stationen weiterentwickelt.

Zur Verbindung von Nachhaltigkeit und Design am Beispiel des Leitsystems des Umweltlernpfades

Thomas Loy

Abstract

Never before has design added more financial value than today, nor was the choice so great and overwhelming. The creative economy has grown so much in recent years that it now closely follows the car industry in terms of its contribution to employment and revenue. Manufacturers now realise that the design component of their product and services is paramount to their company's success and Apple provides a clear example of this. Given the facts, the question must be asked however how viable and sustainable the design industry is. Even though design is omnipresent, consumers appear to take it for granted and have the expectation that it has been taken into consideration in every aspect of their material world. In most cases we find though that design's functionality and capability are not fully utlilsed. What we aim to highlight in this article is the extent to which design impacts our life every day not only in terms of aethetics but also in making our lives easier.

1 Einleitung

Bemerkenswert im Zusammenhang mit dem Thema „Design und Nachhaltigkeit" ist eine Feuerwache in der Kleinstadt Livermore in Kalifornien/USA. Dort leuchtet seit mehr als 110 Jahren fast ununterbrochen eine 60 Watt Glühlampe der amerikanischen Firma Shelby Electric Company (1914 vom Konzern General Electric übernommen). Obwohl ihre Leistung inzwischen auf vier Watt gesunken ist, verrichtet das Leuchtmittel immer noch seinen Dienst und ist der Feuerwehr der Stadt Livermore so wichtig, dass eine eigens eingerichtet Webcam das Funktionieren der „Birne" für die Öffentlichkeit im Internet dokumentiert. Bemerkenswert ist auch, dass die erste Internetkamera im Gegensatz zur Lampe bereits nach drei Jahren defekt war, so dass eine neue Kamera installiert werden musste (vgl. Centennialbulb 2012). Im Allgemeinen verbinden wir mit dem Bild der „Glühbirne" technische Innovation, originelle Ideenentwicklung und perfekte Ingenieurskunst (In diesem Zusammenhang sei auf die Bildsprache der Comics unserer Kindheit verwiesen. Man erinnere sich an die Erfinderfigur in Walt Disneys Mickey Maus, im deutschsprachigen Raum als „Daniel Düsentrieb" bekannt: wenn dieser eine gute Idee hatte, wurde dies stets durch eine aufleuchtende Glühlampe illustriert!). Das diese Symbolik nicht unbedingt zu den dahinter liegenden historischen Tatsachen passt, wird in den folgenden Abschnitten im Zusammenhang mit der industriegeschichtlichen Entwicklung näher erläutert, wenn es um Dinglichkeit geht, unter der Design auch verstanden werden kann.

Seit die Menschheit Dinge gestaltet und herstellt ist damit auch eng die Frage nach der Entsorgung dieser Dinge verknüpft. Einig sind wir uns darüber, dass wir die Dinge zum Leben brauchen, sei es durch eine emotional-persönliche Beziehung, zur Bewältigung des Alltags oder zu Definition unseres Status. Sie geben uns Halt, Sicherheit, Struktur, Geborgenheit, schaffen Identität, befriedigen Konsumbedürfnisse, erfüllen unsere geheimsten Wünsche. Doch was passiert mit Ihnen, wenn wir sie nicht mehr brauchen? Wenn wir sie verlieren, wenn sie kaputt gehen? Sind sie dann wertlos, überflüssig und geraten in Vergessenheit, eben Schrott und Müll? Längst gelten die sozialen Experimente der 1968er Bewegungen als gescheitert und Konsum ist als gesellschaftlich und wirtschaftlich anerkannte hedonistische Notwendigkeit der menschlichen Zivilisation in weiten Teilen der Bevölkerung anerkannt. Das hat sich letztlich auch beim Zusammenbruch der Systeme im Osten in den späten 1980er und 1990er Jahren gezeigt.

Das was die Dinge gemeinsam haben ist, dass sie von irgendjemand irgendwann einmal (zumeist absichtlich) entworfen und gestaltet worden sind: Der Begriff „Design", jener seit den 1950er Jahren institutionalisierten Bezeichnung erscheint in diesem Kontext angemessen und treffend zu sein. In seinem 1997 erschienenen Buch „Siebensachen – Ein Buch über die Dinge" versucht der Designhistoriker Gert Selle den Dingen auf den Grund zu gehen und eine Positionsbestimmung zum aktuellen Verhältnis zwischen Mensch und Produkt vorzunehmen. Dabei widmet er einen Großteil seiner Überlegungen dem oft nicht beachteten „Trivialdesign", jenen Dingen also, die nicht zum „Offizialdesign" der Designgeschichtsschreibung gehören und stellt amüsiert fest: „Erstens: Design ist unvermeidlich. Zweitens: Ein Design will immer besser sein als das andere. Drittens: Design ist ein Fallout der Industriekulturgeschichte. Da gibt es kein Entrinnen. Nur Abstumpfung wie gegen den sauren Regen. Das ist Lebenserfahrung und daher unwiderlegbar. Massenweise sind irgendwie gestaltete Dinge da. Ihre Zwischenlagerung erfolgt auf Verkaufsflächen und in Gebraucher-Haushalten, bis es zur Endlagerung im Museum oder auf der Müllkippe kommt." (vgl. Selle 1997, S. 206).

Seit Erscheinen des Buches sind inzwischen fünfzehn Jahre vergangen, eine Menge von brauchbaren und unbrauchbaren, nützlichen und unnützen, schönen und hässlichen Dingen sind entstanden. Dennoch ist die Diskussion um Nachhaltigkeit im Kontext des Designdiskurses aktueller denn je im Hinblick auf Ressourcenknappheit, Umweltverschmutzung und die Energiedebatte. Im folgenden wird daher versucht, Erklärungsansätze für den Zusammenhang von Design und Nachhaltigkeit zu finden und eine Bestandsaufnahme vorzunehmen.

2 Design und Nachhaltigkeit

2.1. Definition des Begriffes der Nachhaltigkeit

1972 veröffentlichte der Club of Rome den viel diskutierten Bericht „Die Grenzen des Wachstums", wodurch die Weltöffentlichkeit auf den Begriff der nachhaltigen Entwicklung aufmerksam wurde. Fazit der Studie war, dass bei unverändert anhaltender Zunahme der Weltbevölkerung, der Industrialisierung, der Umweltverschmutzung, der Nahrungsmittelproduktion und der Ausbeutung von natürlichen Rohstoffen die absoluten Wachstumsgrenzen auf der Erde im Laufe der nächsten hundert Jahre erreicht sein werden (vgl. Meadows 1972).

Der Begriff der Nachhaltigkeit selbst stammt ursprünglich aus der Forstwirtschaft und meint ein betriebswirtschaftliches Prinzip, dass dadurch charakterisiert ist, dass nicht mehr Holz geerntet wird, als jeweils nachwachsen kann (vgl. Brockhaus 2002).

Häufig wird Nachhaltigkeit im Hinblick auf eine Zielsetzung mit dem Entwicklungsbegriff in Verbindung gebracht. Hier definiert das Brockhaus-Lexikon nachhaltige Entwicklung als „eine ökonomische, soziale und ökologische Entwicklung die weltweit die Bedürfnisse der gegenwärtigen Generation befriedigt, ohne die Lebenschancen künftiger Generationen zu gefährden. Der Grundgedanke geht zurück auf den Bericht ‚Our common future' (1987; dt. ‚Unsere gemeinsame Zukunft') der World Commission on Environment and Development (‚Brundtland-Kommission') ... Nachhaltige Entwicklung betont qualitatives Wachstum. Da quantitatives Wachstum (z.B. im Sinne des Anstiegs einer Inlandsproduktgröße) auf lange Sicht nicht möglich ist (z.B. wegen endlicher Ressourcen, begrenzter Aufnahmekapazität der Natur), wird eine Entwicklung im Sinne einer qualitativen Verbesserung von Lebensbedingungen, Produktionspotenzialen und Strukturen gefordert. Entwicklung bedeutet nicht nur Erhöhung des Pro-Kopf-Einkommens, sondern Verbesserung einer Vielfalt von Entwicklungsindikatoren. Hier bestehen enge Verbindungen zur Messung von Lebensqualität und Wohlstand. Aktuelle Versuche der Berechnung eines Gesamtindikators beruhen auf dem Human Development Index und dem neuen Wohlstandskonzept der Weltbank. Letztlich umfasst nachhaltige Entwicklung einen gesellschaftlichen Wandlungsprozess, der zu neuen Wertvorstellungen und Konsumgewohnheiten führen soll." (vgl. Brockhaus 2002).

2.2. Designgeschichtlicher Abriss: Positionen
2.2.1. Die industrielle Revolution – Produktion für die Massen

Die Erfindung bzw. Optimierung der Dampfmaschine in England um ca. 1769 läutete gleichzeitig den Beginn der industriellen Massenproduktion ein. Zeitsetzt entstehen einige Jahrzehnte später um 1830 die ersten Fabriken in den deutschen Kleinstaaten. Damit beginnt nicht nur eine neue Ära des Produzierens, sondern werden auch die Fundamente der Designgeschichte gelegt (vgl. Selle 2007, S. 25).

Der Eintritt in das Industriezeitalter bringt umwälzenden Änderungen der Warenästhetik mit sich: Nicht nur die sichtbare Gestalt der Produkte verändert sich dramatisch, sondern die Produkte selbst haben *nachhaltigen* Einfluss auf die Lebens- und Verhaltensweisen der Menschen.

Die Bugholzmöbel der Firma Thonet aus 1860er und 1870er Jahren stehen exemplarisch für diese neu enstandene Produktkultur. Der berühmte Kaffeehausstuhl Nr.14 (vgl. Thonet 2012), der heute als Ikone der Designgeschichte gilt, zeichnet sich durch sein damals höchst innovatives Fertigungsverfahren aus, bei dem Holzstäbe unter Dampfdruck in Form gebracht werden, um so der charakteristisch rund geschwungenen Rückenlehne des Stuhls ihr Aussehen zu verleihen. Gleichzeitig verlangt die Form des Stuhles dem Benutzer eine neue Art des Sitzen ab, die durch Flüchtigkeit und Modernität gekennzeichnet ist: ein leichter Stuhl für das Sitzen im Kaffeehaus, zum schnellen „dazu setzen", nicht allzu bequem, die Gäste sollen schließlich kein „Sitzfleisch" entwickeln, ein Stuhl für das flüchtige soziale Zusammensein: „Ab sofort wird weniger behäbig gesessen und schneller gearbeitet."(vgl. Selle 2007, S. 55).

Weiteres Kennzeichen des neuartigen Produktes war der Vertrieb des Möbels: So wurden die Stühle aus ökonomischen Gründen jeweils in Kisten von einem Kubikmeter zerlegt verpackt, verschickt und vor Ort montiert. Dieses Prinzip ist bis heute in der Mitnahmemöbelbranche weit verbreitet.

Für die Standorte der Thonet-Betriebe waren damals zwei Kriterien ausschlaggebend: Zum einen das Vorhandensein billiger, ländlicher Arbeitskräfte, zum anderen die Nähe zur Rohstoffquelle Rotbuchenholz. Aspekte der Nachhaltigkeit spielten weder beim „Design" bzw. bei der Gestaltung der Möbel noch bei der Produktion eine Rolle. Das Nachdenken über die Herstellung und die „Risiken und Nebenwirkungen" im Kontext von Nachhaltigkeit beim Produktdesign sollte erst knapp einhundert Jahre später einsetzen.

2.2.2 Geplante Obsoleszenz als ökonomisches Instrument

Mit dem Beginn der als „Große Depression" bezeichneten Wirtschaftskrise in den USA Ende der 1920er bzw. während der 1930er Jahre gab es viele Überlegungen und Ansätze zur Überwindung der Krise. In dieser Zeit entstand auch die Idee der geplanten Obsoleszenz. Der Begriff geht zurück auf eine Veröffentlichung des New Yorker Immobilienmaklers Bernard London „Ending the Depression Through Planned Obsolescence" von 1932 und meint den bewussten Einbau von Schwachstellen bei der Produktion von Gebrauchsgütern, damit diese schneller veralten. Der Gedanke war, dass jedes Produkt eine staatlich festgelegte Nutzungszeit bekommen sollte, nach deren Ablauf das Produkt unbrauchbar wird und somit ein neues erworben werden musste. Londons Ausweg aus der Krise sah zudem eine Art „Abwrackprämie" für die Waren vor. Obwohl sich der Plan von Bernhard London nicht durchsetzte, wurde den amerikanischen Unternehmern dennoch sehr schnell klar, dass sie zur Absatzoptimierung nur die Lebenszeit ihrer Produkte verkürzen mussten, um mehr davon zu verkaufen: statt langlebig brauchte die Haltbarkeit eines Produktes also nur ausreichend sein (vgl. Schulze & Grätz 2011).

Bereits eingangs wurde die Glühlampe des amerikanischen Kleinunternehmens Shelby Electric Company erwähnt, welche sich durch ihre hohe Lebensdauer auszeichnet. Die ersten industriell gefertigten Leuchtmittel hatten zu Beginn des 20. Jahrhunderts eine durchschnittliche Lebensdauer von 1500 Stunden, welche durch die Entwicklungsleistung von Ingenieuren auf 2500 Stunden optimiert werden konnte. Die Glühlampe wurde als erstes Opfer einer geplanten Obsoleszenz bekannt. 1924 gründeten u.a. die Firmen International General Electric (USA), Osram/Siemens (Deutschland), Associated Electrical Industries (Großbritannien), Tungsram (Ungarn), Compagnie des Lampes (Frankreich) einen als „Phoebus-Kartell" bekannt gewordenen Zusammenschluss zur Steuerung des Industriezweiges der Lampenherstellung. Ziele waren die Absatzsteigerung durch Aufteilung der Märkte und die gleichzeitige Reduzierung der Lebensdauer der Glühlampe auf 1000 Stunden. Damit einher ging gleichzeitig eine Verteuerung bzw. Preisabsprache beim Verkauf der Leuchtmittel. 1940 war das Ziel erreicht und das Kartell kontrollierte ca. 80% der Weltproduktion; 1941 wurden die Absprachen aufgedeckt und das Kartell zerschlagen. Daneben wurde eine Klage gegen General Electric erhoben, die 1953 entschieden wurde und General Electric die Reduzierung der Lebensdauer von Glühlampen verbot. Dieses Verbot wurde in der Praxis jedoch kaum umgesetzt, die Lebensdauer der Lampen blieb fortan weiterhin bei etwa 1000 Stunden. Von den Patenten verschiedener Entwickler zur Verlängerung der Brenndauer in darauf folgenden Jahren wurde keines umgesetzt (vgl. Dannoritzer 2010).

Für die Strategie der geplanten Obsoleszenz gibt es zahlreiche weitere prominente Beispiele: Etwa die Nylonstrumpfhose, die sich in den 1950er Jahren zunächst als zu robust gegen Laufmaschen erwies und bei der ebenfalls ein Paradigmenwechsel bei den Ingenieuren zugunsten einer anfälligeren Nylonfaser stattfand bzw. verordnet wurde. Heutige Computer-Drucker speichern oftmals die Anzahl der angefertigten Ausdrucke elektronisch um bei einer festgelegten Seitenzahl den Dienst fortan zu verweigern. Einige Hersteller von Unterhaltungselektronik verbauen ihre Akkus so, dass sie nicht austauschbar sind – Es gibt zahlreiche weitere Beispiele für die Reduzierung bzw. bewusste Planung der Lebensdauer (vgl. Dannoritzer 2010).

Um das oben dargestellte strukturelle Ungleichgewicht bzw. Abhängigkeitsverhältnis des Konsumenten und der Industrie auszugleichen und den Verbraucher zu schützen, gab es in den 1950er und 1960er Jahren die ersten Ansätze zum Schutz der Käufer: So entstanden in Deutschland die Verbraucherzentralen und die unabhängige Stiftung Warentest wird 1964 von der Bundesrepublik als Stifterin errichtet (vgl. Stiftung Warentest 2012). Eine weitere Maßnahme war die Einführung der gesetzlichen Gewährleistung, welche aktuell 24 Monate beträgt.

2.2.3 Die 1970er und 1980er Jahre in der Bundesrepublik Deutschland – Design zwischen Umweltbewusstsein und Do-It-Yourself

Durch die Ölkrise in der Mitte der siebziger Jahre werden schlagartig die Abhängigkeiten der Produktionssysteme offen gelegt und es beginnt eine neue Diskussion über Produktqualitäten und Warengestaltung. Es ist die Zeit der Werteverschiebung, die Forderungen nach neuen Kriterien zur Bewertung von Design werden immer lauter. Lucius Burkhard stellte 1977 einen Katalog von Forderungen an das Massenprodukt auf: „Besteht es aus Rohstoffen, die ohne Unterdrückung gewonnen werden? Ist es in sinnvollen, unzerstückelten Arbeitsgängen hergestellt? Ist es vielfach verwendbar? Ist es langlebig? In welchem Zustand wirft man es fort, und was wird dann daraus? Lässt es Benützer von zentralen Versorgungen oder Services abhängig werden oder kann es dezentralisiert gebraucht werden? Privilegiert es den Benützer oder regt es zur Gemeinsamkeit an? Ist es frei wählbar oder zwingt es zu weiteren Käufen?" (vgl. Burkhard 1985, S. 55).

Aus dem in den 1980er-Jahren erwachten Umweltbewusstsein erwuchs eine zeitgenössische Protesthaltung gegen die herrschende Konsumkultur welche sich im bewussten Selbermachen als Gegenpol zum perfektionistischen Design manifestierte. Aus dieser Do-It-Yourself-Bewegung erwuchs eine eigene Art von „Ökoästhetik": Nun wurden Industrieabfälle wie Autoreifen, Holzpaletten, Kisten, Bleche usw. zu Leuchten, Regalen, Betten und weiteren Einrichtungsgegenständen umfunktioniert und die Idee des selbst gemachten Recycling-Designs war geboren. Die Wirtschaft reagierte prompt auf diesen Boom durch die Errichtung zahlreicher Baumärkte, um den Bedarf an Heimwerkermaschinen, Baustoffen und Halbzeugen der selbsternannten Gestalter zu decken. Obwohl dieses Design wenig ökonomisch und oft nicht umweltfreundlich war, so enthielt es dennoch sichtbare Ansätze einer anderen Produktkultur. Wenngleich sie auch keine Alternative zur Konsumwirklichkeit darstellten, so bot sie zumindest einen Anlass zum Umdenken, welcher jedoch bis heute nur wenig Folgen hatte (vgl. Selle 2007, S. 267).

2.3 Das „grüne" Bauhaus als Utopie der Postmoderne? – Auf der Suche nach einer neuen Entwurfsmoral am Beispiel Deutschland

In den vorangegangene Kapiteln wurden ausschnittsweise exemplarisch Epochen der Designgeschichte dargestellt, welche durch ihre extremen Positionen im Verhältnis von Design und Nachhaltigkeit gekennzeichnet sind: Zu Beginn der Industrialisierung als die Märkte noch nicht gesättigt waren und Ressourcen in ausreichender Menge zur Verfügung standen, war Langlebigkeit ein selbstverständliches Warenmerkmal, welches einen starken Einfluss auf die Kaufentscheidung des Konsumenten hatte. Zudem hatten viele Kleinunternehmer besonders in Deutschland in der Übergangszeit von den Manufakturen zu den Industriebetrieben noch einen stark vom Handwerk geprägten Qualitätsbegriff, der eine große Identifikation mit dem Produkt erlaubte.

Auch während der 1920er und 1930er Jahre, als im deutschen Bauhaus in Weimar, Dessau und Berlin versucht wurde, den Dingen eine neue, sachliche und funktionale Form zu geben, war der Kerngedanke geprägt von einer moralisch-kulturellen Haltung des Entwerfers zum Produkt. Die zentrale Frage des Bauhaus war, „ob sich das Industriezeitalter mit künstlerischen Mitteln kultivieren lässt und ob sich für diesen Zweck ein symbolisch-ästhetisches Ausdrucksmuster erarbeiten lässt?" (vgl. Selle 2007, S. 134). Die während der Bauhauszeit enstandenen Entwürfe sind als Versuch anzusehen, eine Antwort auf diese Frage zu geben. Dieses Vorgehen beeinhaltete zwar eine Art der Bevormundung des Verbrauchers (und nahm diese auch billigend in Kauf), brachte aber dennoch eine völlig neue, moderne Formensprache hervor, die bis in die heutige Zeit als nachhaltig stilbildend gilt.

In Deutschland war es vor allen Dingen der Werkbund, welcher sich als kulturelle Institution seit mehr als hundert Jahren für die Designvermittlung und die Sensibilisierung des Konsumenten für „nachhaltig und sinnvoll gestaltete Dinge" (Godau 2007, S. 12) einsetzt und nicht zuletzt den Anstoß für die Gründung des Bauhauses in den 1920er Jahren gab. In den 1950er und 1960er Jahren gingen die Mitglieder mit den sogenannten „Werkbundkisten", welche zeitgenössisch gestaltete Gebrauchsgegenstände enthielten, in Schulen um eine moderne, funktionale Formgebung zu propagieren. Diese von hohen moralischen Idealen geprägte Art der Vermittlung, welche zuweilen stark dogmatische Züge trug, war der Versuch eine Art ästhetischen Verbraucherschutz zu praktizieren, wobei der Gedanke der zeitlosen Gestaltung bereits Ansätze von Nachhaltigkeit beinhaltete.

Eine völlig konträre Position und Haltung gegenüber dem Entwurf bzw. dem Produkt nahmen viele amerikanische Designer, Produzenten und Ingenieure in der Phase der Obsoleszenz in den 1930er, 1940er und 1950er Jahren ein: Nun galt es bei der Konzeption und Gestaltung von Kosumgütern kurze Produktzyklen einzuplanen, um den Absatz zu steigern. Dies bedeutete konkret, dass die Dinge weniger haltbar sein mussten und gleichzeitig eine Ästhetik aufwiesen, die einer kurzen Mode unterworfen und dementsprechend schnell wieder „Out" waren. Insbesondere die amerikanische Autoindustrie funktionierte lange Zeit nach diesem Prinzip (vgl. Dannoritzer 2010).

Die 1970er und 1980er Jahre ebneten gerade in Europa, bedingt durch die Ölkrise und hohe Arbeitslosigkeit, den Weg für ein neues Konsumentenbewusstsein, welches durch die beginnende Postmoderne („Everything goes") in den 1990er entpolitisiert wurde. In dieser bis heute andauernden nachindustriellen Phase sehen sich die Verbraucher der westlichen Welt einer noch nie dagewesenen Produktvielfalt gegenüber stehend, welche von vielen Menschen als starke Verunsicherung empfunden wird. Die Vernetzung der Menschheit durch das Internet mit seinen allgegenwärtigen Distributionsplattformen und -Möglichkeiten erweitert das Nachdenken über Nachhaltigkeit um eine weitere Dimension.

Nach nicht einmal zwei Jahrhunderten der Industrialisierung liegt am Ende der Postmoderne offenbar bei allen Beteiligten, den Produzenten, den Designern und den Verbrauchern, die Erkenntnis, dass es angesichts der globalen ökologischen Probleme offenbar Handlungsbedarf bei der Produktgestaltung und -Konzeption gibt. Der Pluralismus der aktuellen Designströmungen und -Tendenzen lässt bei vielen Beteiligten den Ruf nach einer Art „grünem Bauhaus" laut werden, also einer Renaissance des Gedankens der gestalterischen Kultivierung von Gebrauchsgütern jedoch unter Einhaltung nachhaltiger Produktionsprinzipien nach ethisch-moralischen Standards.

Dies zeigt sich bereits bei allen Ansätzen, Kriterien für „gute" Gestaltung um Aspekte der Nachhaltigkeit zu erweitern. Dementsprechend sind Aspekte wie „Umweltfreundlichkeit" und „Langlebigkeit" mittlerweile zu einem festen Bestandteil innerhalb der Designausbildung in Deutschland geworden. Bei vielen Produktdesignern ist die freiwillige moralische Selbstverpflichtung zum „Grünen Entwurf" in den letzten Jahren längst selbstverständlich geworden. So betont Dieter Rams in seinen Thesen über „gutes Produktdesign" den Verantwortungsanspruch seiner Design-Philosophie gegenüber zukünftigen Generationen wenn er ausführt: „Gutes Design ist umweltfreundlich. Das Design leistet einen wichtigen Beitrag zur Erhaltung der Umwelt. Es bezieht die Schonung der Ressourcen ebenso wie die Minimierung von physischer und visueller Verschmutzung in die Produktgestaltung ein." (Rams 2002, S. 1).

Auf der Konsumenten- bzw. Schülerseite wiederum gibt es ebenfalls Bestrebungen und Versuche, nachhaltige Entwicklung als festen Bestandteil im Schulunterricht zu verankern und zu einer Kernkompetenz zu erklären. So hat die deutsche Kultusministerkonferenz der Länder und die Deutsche UNESCO-Kommission 2007 die Empfehlung zur Bildung für nachhaltige Entwicklung herausgegeben mit dem Ziel „Schülerinnen und Schüler zur aktiven Gestaltung einer ökologisch verträglichen, wirtschaftlich leistungsfähigen und sozial gerechten Umwelt unter Berücksichtigung globaler Aspekte, demokratischer

Grundprinzipien und kultureller Vielfalt zu befähigen." (Kultusministerkonferenz der Länder 2007, S. 2)

Inzwischen werden sich auch die Firmen und Konzerne immer häufiger ihrer Verantwortung im Umgang mit Ressourcen bewusst. Inwiefern dies die Konsequenz politischen- und gesellschaftlichen Druckes ist, bleibt zu untersuchen. Zudem ist zu beobachten, dass Nachhaltigkeit inzwischen auch als Werbe- und Verkaufsargument in den Medien zielgerichtet eingesetzt wird, sofern sich diese auch rechnet, wenn Gewinnmaximierung stets die Prämisse ökonomischen Handelns in der Marktwirtschaft sein soll. Dies wird besonders deutlich an der nicht mehr überschaubaren Zahl von Biolabels, Umweltsiegeln und Zertifizierungen, mit der sich die Unternehmen und ihre Produkte schmücken. Die Einrichtung eines Ministeriums für Verbraucherschutz 2001 erscheint in diesem Zusammenhang als konsequent und logisch.

In den folgenden Abschnitten wird versucht Antworten auf das Dilemma zwischen ökologischem, ökonomischen und gestalterischem Handeln zu finden bzw. Lösungsansätze zu generieren um letztendlich der Utopie des „Grünen" Bauhaus näher zu rücken.

2.3.1 Der Gedanke des Recycling

Mit der Industrialisierung und dem wachsenden Wohlstand stieg auch die Anzahl der Gebrauchs- und Luxusgegenstände in den Haushalten stark an. Damit verbunden war sowohl das quantitative Anwachsen der Müllmenge als auch die qualitative Zusammensetzung des Abfalls. Besonders in den Kriegszeiten erkannten die Industrienationen bereits den Wert der Rohstoffe von verbrauchten, defekten oder unmodernen Produkten und ermahnten die Bevölkerung etwa zum Sammeln von Metall.

Inzwischen spielen Recyclingüberlegungen bereits beim Entwurfsprozess im Hinblick auf die Materialauswahl eine große Rolle. Der Begriff des Recyclings wurde erstmals in den 1970er Jahren in Deutschland populär und meint „die Wiederverwendung von Abfällen als Rohstoffe für die Herstellung neuer Produkte, z.B. die Wiederaufarbeitung von Altglas, Altpapier, Altöl, Batterien, Bauschutt, Elektronikschrott, Kunststoffen, Schrott. Das Recycling soll eine Zirkulation der Wertstoffe zwischen Produktion und Konsum unter Einbeziehung von Verwendung- und Verwertungskreisläufen ermöglichen. Dabei lassen sich verschiedene Recyclingwege unterscheiden: *Wiederverwendung* d.h. wiederholte Benutzung (z.B. bei Pfandflaschen), *Weiterverwendung* in einem neuen Anwendungsbereich (z.B. Altpapier als Dämmmaterial), *Wiederverwertung*, d.h. Rückführung in die Produktion (z.B. hochwertige Kunststoffe zu niederwertigen Kunststoffen, Flaschen zu Altglas), *Weiterverwertung* in einem anderen Produktionsprozess (z.B. Stahl aus Schrott). Ziel des Recycling ist es, den Rohstoffverbrauch und die zu entsorgenden Abfallmengen zu reduzieren. Beide Aspekte haben in den letzten Jahren stark an Bedeutung gewonnen, wobei neben dem Recycling von Industrieabfällen das Recycling von Hausmüll mit Einführung des Dualen Entsorgungssystems (Duales System Deutschland GmbH) zunehmend in den Mittelpunkt gerückt ist." (vgl. Brockhaus 2002).

In der Richtlinie 2008/98/EG des europäischen Parlaments und des Rates vom 19. November 2008 über Abfälle und zur Aufhebung bestimmter Richtlinien ist die Abfallhierarchie bzgl. der Regelung durch Rechtsvorschriften nach Prioritäten geregelt: Dabei steht an oberster Stelle die Einführung politischer Maßnahmen zur Abfallvermeidung, danach die Vorbereitung und Ermöglichung der Wiederverwendung (z.b. Mehrwegflaschen). Recycling durch stoffliche Verwertung zur Gewinnung vermarktungsfähiger Sekundärrohstoffe wird als dritte Maßnahme auf der Prioritätenlisten genannt, gefolgt von der energetischen Verwertung durch Verbrennung. Erst als letzte Maßnahme ist eine Abfallbeseitigung durch Deponierung vorgesehen (vgl. EG & Bundesumweltministerium 2008, S. 8).

Gerade die Weiterverwendung von Materialien war in den letzten Jahren bei Designern sehr populär, besonders als gestalterisches Stilmittel. Oft wird bewusst mit der Ästhetik des Gebrauchten gespielt und dieser hervorgehoben um somit den Nachhaltigkeitsgedanke von Produkten zu unterstreichen: So werden z.B. (gewinnbringend) aus alten LKW-Planen Taschen und Portemonnaies hergestellt, alte Autoreifen dienen als Ausgangsmaterial für Aufbewahrungsboxen, ausrangierte Vinyl-Schallplatten werden zu Schalen gepresst und umgeformt. Im Gegensatz zum Recycling-Design der 1980er-Jahre zeichnet sich diese neue Art von Produkten durch ihren Seriencharakter, gestalterische Originalität, Materialqualität, hochwertige Verarbeitung und professionelle Vertriebswege aus. Gemeinsam ist den Produkten das Material-„Up-Cycling" und der Charakter des Unikates und des Zufalls, da eine konsistente ästhetische und gleichbleibende Erscheinung des Ausgangsmaterials nicht beabsichtigt ist.

2.3.2 Das Cradle-to-Cradle-Prinzip

Einen völlig anderen Ansatz im Kontext von Design und Nachhaltigkeit verfolgt der Hamburger Chemiker Michael Braungart, der Verfahrenstechnik an der Universität Lüneburg lehrt und das Beratungsunternehmen McDonough Braungart Design Chemistry (MBDC) leitet, zu dessen Kunden u.a. auch Nike, Ford und Hermann Miller gehören (vgl. Hornbogen 2008, S. 29).

Er fordert einen Paradigmenwechsel beim Umgang mit Abfall. 1991 verfasste er mit William McDonough die *Hannover Principles,* Design-Richtlinien für die Weltausstellung Expo 2000 in Deutschland, die 1992 beim Weltgipfel in Rio herausgegeben wurde. „Die wichtigste dieser Richtlinien lautete ‚Eliminiere die Entstehung von Abfall' – nicht Abfall reduzieren, minimieren oder vermeiden, wie die Umweltschützer damals vorschlugen, sondern das Konzept als solches durch Design eliminieren." (vgl. Braungart & McDonough 2011, S. 32)

Braungart führt bei seiner Kritik am Produktionsprozess in erster Linie die Verschwendung von Rohstoffen an. Dafür zieht er amerikanische Studien heran, wonach „in den USA mehr als 90 Prozent aller zur Herstellung langlebiger Güter eingesetzten Materialien fast unmittelbar beim Herstellungsprozess zu Müll werden." (Ayres & Neese 1989, S. 93)

Zudem kritisieren die Autoren universelle Designstrategien, die global ohne Rücksicht auf regionale Gegebenheiten, massive Umweltrisiken mit sich bringen. Als klassisches Beispiel führt er Reinigungsmittel an, die unabhängig von lokalen Wasserqualitäten immer die gleich starke Menge an Chemie enthalten. „Um ihrer Designlösungen willen entwerfen die Hersteller das *Worst-Case-Szenario*. Sie entwerfen ein Produkt für den schlimmstmöglichen Fall, so dass es immer mit der gleichen Wirksamkeit funktioniert." (Braungart & McDonough 2011, S. 50)

Optimierungsbedarf beim Design heutiger Produkte besteht nach Ansicht des Autorenduos auch hinsichtlich der Wartungsmöglichkeiten. Hier sind die Artikel häufig so konzipiert, dass die Reparatur entweder nicht lohnt im Vergleich zur Neuanschaffung bzw. überhaupt nicht möglich ist. So verhindern und erschweren verschweisste bzw. verklebte Bauelemente beim Gehäusedesign unerreichbare Platinenlayouts die Wiederinstandsetzung von durchaus reparierbaren Elektrogeräten.

Um das Produktionsprinzip von der *Wiege bis zur Bahre* zu durchbrechen, setzen die beiden Unternehmer bei ihrer *Cradle-to-Cradle-Methode* bereits beim Produktdesign an, d.h. bei der Konzeption und Gestaltung eines Produktes wird bereits die Demontage und Rückführung aller verwendeten Rohstoffe in geschlossene Kreisläufe fest eingeplant. Dies setzt voraus, dass z.B. alle technischen Einzelteile aus Kunststoffrezepturen gefertigt sind, die sich sortenrein ohne zusätzlichen Materialaufwand mechanisch trennen lassen. Somit wird ein echtes Recycling, im Gegensatz zum Down-Cycling, welches die Qualität des Materials in jedem Wiederverwertungszyklus verschlechtert, ermöglicht. „Die Tatsache, dass ein Material recycelt wurde, macht es nicht automatisch umweltfreundlich." (Braungart & McDonough 2011, S. 83), hat der Forscher in seinen Untersuchungen herausgefunden, da oftmals beim Recyclingprozess Schadstoffe entstehen, hoher energetischer Aufwand betrieben werden oder ein Material erneut angereichert werden muss. Damit fordert der Autor eine Abkehr von den tradierten, von Effizienz geprägten Forderungen von Umweltschützern nach Verminderung, Vermeidung, Minimierung, Reduzierung und Begrenzung hin zu einer von Effektivität geprägten Designstrategie der intelligenten, nachhaltigen Produktgestaltung. Die Innovation liegt dabei in der strikten Trennung der Kreisläufe, der Separation von technischen und biologischen Rohstoffen, und nicht unbedingt in der Minimierung des Materialeinsatzes.

Weitere Lösungsansätze sehen Braungart und McDonough in der Förderung von Designvielfalt unter Einbeziehung lokaler Rohstoff- und Energiequellen und der Abkehr vom *Universal-Design*.

2.3.3. Die Renaissance traditioneller Materialien und Verfahren

Blättert man in den Design- und Warenkatalogen diverser deutscher Anbieter, entsteht unweigerlich der Eindruck, dass bei den Konsumenten traditionelle Materialien und Herstellungsverfahren gerade „en Vogue" sind. Erklärungsansätze für diesen Designtrend und den Erfolg von Waren- und Versandhäusern wie etwa der Waltroper Manufactum GmbH & Co. KG, lassen sich sowohl aus der aktuellen Debatte über Nachhaltigkeit verbunden einem Verantwortungsgefühl (oder chronisch schlechten Gewissen) als auch aus einer schlicht psychologischen (und vor allen menschlichen) Disposition mit gewissem Hang zur Regression ziehen. Ein tieferer Blick in die Designgeschichte zeigt, dass dieser Trend mit einer erneuten Hinwendung zum Handwerk und der Abwertung des industriell hergestellten Produkts nicht neu ist: Die Biedermeier-Zeit in Deutschland und Österreich zwischen 1815 und 1830 und die „Arts and Crafts"-Bewegung um William Morris in der ersten Hälfte des 19. Jahrhunderts in England können als Festhalten am Vertrauten, als Widerstand gegen das unbedingte Fortschrittsstreben um jeden Preis gedeutet werden. Zum deutschen Biedermeier merkt Selle an: „Die Wärme der handwerklichen Einzelproduktion und die Nähe des familiär-intimen Gebrauchs haften den Dingen an, darüber hinaus das Allgemeingültige schlichter Lebensführung." (Selle 2007, S. 46).

Die dahinter liegende Angst vor der (Post-)Moderne, dem „Neuen" und die Verunsicherung der Konsumenten angesichts des unüberschaubaren Warenangebotes scheint auch durch die Nachhaltigkeitsdebatte gerade eine Renaissance zu erleben, die sich in aktuellen Materialtrends wie schichtverleimtem Sperrholz, Recycling-Papier, Filz, Weide etc. in Deutschland manifestiert. Natürlich werden diese Designtrends auch von den Firmen und Gestaltern selbst gesetzt, in dem sie sich auf Bewährtes rückbesinnen. Inwiefern diese Wiederentdeckung tradierter, vergessen geglaubter oder aus der Mode gekommener Verfahren und Materialien zur Lösung der Rohstoff- und Abfallproblematik beiträgt, bleibt abzuwarten. Die Vermittlung von Kunden- und Verkäuferkompetenz zur Bewertung dieser Herstellungsverfahren und Materialien ist nach wie vor eine Bildungsaufgabe.

2.3.4. Material- und Verfahreninnovationen

Bereits Mart Stam soll 1948 das Tätigkeitsprofil des Industrie Designers als „Entwerfer, der auf jedem Gebiet für die Industrie tätig werden soll, insbeson-

Verbindung von Nachhaltigkeit und Design 281

re in der Gestaltung neuer Materialien." (vgl. Bürdek 2005, S. 15) definiert haben. Design als gestalterische Aufgabe von Materialien wird häufig von der breiten Öffentlichkeit nicht wahrgenommen, sondern nur als Umhüllungstechnik gesehen. Gerade die Nachhaltigkeitsdebatte hat die Materialexperimente der Designer beflügelt und den Anstoß zur Erforschung und Erprobung neuartiger Stoffe gegeben. Neuartige Leichtbaumaterialien, lichtdurchlässiger Beton, vollkompostierbare Textilien, Glas, welches durch elektrische Spannung die Opazität ändert, abwaschbares Papier oder flüssiges Holz sind nur einige Innovationen der jüngeren Zeit.

Des Weiteren liefert z.B. die Bionik, also die Entschlüsselung von Phänomenen und Vorgängen in der Natur zur Übertragung auf technische Prozesse, Impulse zur Gestaltung effektiverer Fahrzeugformen, wasserabweisender Oberflächenbeschichtungen oder zur Entwicklung innovativer Architekturen.

Im Bereich des *Rapid-Prototyping* bzw. der Herstellung von Prototypen zur gestalterischen Bewertung und Qualitätskontrolle, ermöglichen CNC-Verfahren und 3D-Drucker mittlerweile die schnelle und exakte Herstellung von (Funktions-) Modellen bis hin zu Kleinserien. In den kommenden Jahren ist ein weiteres Anwachsen dieses Marktes zum *Rapid-Manufacturing* zu erwarten, so dass Teile direkt vor Ort gefertigt werden und Transporte entfallen können.

3 Gestalterische Überlegungen im Kontext von Nachhaltigkeit beim Lernpfad „BioCache" in Vechta

Das Konzept des Lernpfades „BioCache" der Universität Vechta ist als innovatives Beispiel für nachhaltige Gestaltung von Lebenswirklichkeiten zu bewerten. Er ist als Themenpfad in Form eines Parcours, der entlang von naturwissenschaftlich und kulturell bemerkenswerten Objekten stationsartig durch die Stadt bzw. Landschaft der Region Vechta führt, geplant worden und vermittelt Wissen über Flora und Fauna, Geologie und Ökologie anhand von Exponaten im öffentlichen Raum. Die einzelnen Stationen ermöglichen individuelle Lernanlässe zur Naturerfahrung. Zur Begehung des Lernpfades war es daher notwendig, ein Konzept für ein Leitsystem zu entwerfen, welches die Besucher von Station zu Station führt. Zudem bestand eine weitere Schwierigkeit darin, die Expansion des Pfades um weitere Stationen in den nächsten Jahren zu ermöglichen. Bestehende Leitsysteme für Lernpfade haben oft den Nachteil, dass sie nicht oder nur unzureichend funktionieren. Dies mag an der mangelnden Sichtbarkeit, der hohen Anfälligkeit für Beschädigungen oder der großen visuellen Konkurrenz durch andere Formen von Beschilderungen liegen. Gerade im freien Gelände oder in der Natur, verschmutzen Schilder leicht, verrotten, wachsen zu oder müssen gewartet werden. Gestalterisch haben die üblichen Lösungen wie Richtungspfeile an Pfählen, überdachte Hinweistafeln oder Bodenmarkierungen den

Pfadfindercharme der 1960er Jahre, sind wenig ansprechend und zudem sehr wartungsintensiv. Die Herausforderung bestand somit in der Verbindung der einzelnen Anlaufpunkte durch eine gestalterisch ansprechende Lösung unter Berücksichtung von Nachhaltigkeitsaspekten.

Da die einzelnen Stationen geografisch nicht linear angeordnet sind, sondern verteilt über das Stadtgebiet bzw. die nähere Umgebung der Stadt liegen, wurde auf materielle Wegweiser komplett verzichtet und ein alternativer Ansatz gewählt: An jeder Station des Pfades ist eine Stele mit Informationen über das jeweilige „Exponat" als Element des Leitsystems angebracht. Gleichzeitig ist die aktuelle Position als geodätische Koordinate typografisch inszeniert worden (vgl. Abbildung 2) und bildet den Sockel der Stele. Auf dem Display sind zusätzlich alle Koordinaten der weiteren Stationen verzeichnet, so dass der Benutzer auf keine vorher festgelegte Route angewiesen ist, sondern sich den Weg selbst erschließen kann. Zur Navigation ist ein GPS- oder Internetfähiges Handy notwendig, bei dem lediglich die nächste Koordinate eingegeben wird. Alternativ kann die Navigation auch über die auf den Stelen abgebildeten QR-Codes erfolgen. Auf diese Weise wird Natur und Landschaft sehr intensiv erlebt. Besonders Kinder und Jugendlichen fällt der Umgang mit diesen Technologien sehr leicht, was den handlungsorientierten Ansatz des Projektes unterstreicht.

Zur Dokumentation und zur Wissensvermittlung an den einzelnen Stationen war die Aufstellung von Informationstafeln notwendig. Diese mussten den Kriterien Stabilität, Strapazierfähigkeit, Haltbarkeit und Umweltfreundlichkeit genügen und sich zudem als attraktive Orientierungspunkte harmonisch ins Landschafts- und Stadtbild integrieren. Als moderner, natürlicher und nachhaltiger Baustoff bot sich für die Fertigung der Sockel des Leitsystems unbehandelter Sichtbeton als Material an, so dass in Kombination mit den dunkelgrünen Informationstafeln die Displays eine markante, sachliche Erscheinung haben.

Der zunächst angedachte Betonguss (vgl. Abb.1) der Positionskoordinaten erwies sich aus technologischen und ökonomischen Gründen als nicht realisierbar bzw. zu aufwändig. Um einen ansprechenden gestalterischen Kompromiss zwischen Ökonomie und Ökologie zu finden und den Gedanken der seriellen Fertigung aufzugreifen, wurde die Form des Sockels zugunsten eines Quaders modifiziert, wobei die Ziffern aus rostfreiem Edelstahl mit dem Sockel fest verschraubt sind. Der Sockel kann freistehend aufgestellt werden und ist durch sein Eigengewicht gegen Diebstahl geschützt. Beim Betonguss der Sockel wurden jeweils Schlitze ausgespart, so dass die eingeschobenen Displays bei Beschädigung oder Änderungen leicht ausgetauscht werden können. Die Bedruckung des Displays erfolgte durch eine Folienbeklebung, welche rückstandslos entfernt und wiederverklebt werden kann.

Das Handlungsprinzip „Think global – Act local" erzeugt eine starke Identifizierung aller Beteiligten und Nutzer mit dem Lernpfadprojekt. Im Zusammenhang mit der Idee der nachhaltigen Realisation des Projektes wurden somit ausschließlich regionale Firmen und lokale Institutionen mit der Umsetzung beauftragt. Es bleibt abzuwarten, wie der „BioCache" sich weiter entwickeln wird.

Abb. 1 (Loy 2010)   *Abb. 2 (Loy 2011)*

Literatur

Ayres, R. & Neese, A. V. (1989). Externalities: Economics and Thermodynamics. In: F. Archibugi & P. Nijkamp (Hrsg.), *Economy and Ecology: Towards Sustainable Development* (S. 93). Dordrecht.
Braungart, M. & McDonough, W. (2011). *Einfach intelligent produzieren. Cradle to Cradle: Die Natur zeigt, wie wir die Dinge besser machen können* (6. Auflage). Berlin: BvT Berliner Taschenbuch.
Dannoritzer, C. (Regie). (2010). *Kaufen für die Müllhalde. The Light Bulb Conspiracy [Film]*. Spanien: Arte.
Der Brockhaus. (2002). Leipzig, Mannheim: Verlag F.A. Brockhaus GmbH
Bürdek, B. (2005). *Design - Geschichte, Theorie und Praxis der Produktgestaltung* (3. Auflage). Basel, Schweiz: Birkhäuser - Verlag für Architektur.
Burckhardt, L. (1985). *Die Kinder fressen ihre Revolution. Wohnen – Planen – Bauen – Grünen. Design ist unsichtbar. Durch Pflege zerstört. Der kleinstmögliche Eingriff. Die Mülltheorie der Kultur.* In: B. Brock (Hrsg.), Köln, S. 55.
Godau, M. & Remmers, B. (2007). *Design entdecken. Der Werkbund macht Schule.* In: Deutscher Werkbund (Hrsg.), München: Kopaed, S. 12.

Hornbogen, K. (2008). Rezepte auf Molekularebene. *Designreport*, 1/2008, S. 29 - 31.
Meadows, D. & Meadows D. (1972). *Die Grenzen des Wachstums. Bericht des Club of Rome zur Lage der Menschheit*. Aus dem Amerikanischen von Hans-Dieter Heck. Stuttgart: Deutsche Verlagsanstalt.
Schulze, S. & Grätz, I. (Hrsg.). (2011). *Apple Design*. Ostfildern: Hatje Cantz.
Selle, G. (2007). *Geschichte des Design in Deutschland*. Aktualisierte und erweiterte Neuausgabe. Frankfurt am Main: Campus Verlag GmbH.
Selle, G. (1997). *Sieben Sachen: Ein Buch über die Dinge*. Frankfurt am Main: Campus Verlag GmbH.
http://www.designwissen.net/seiten/10-thesen-von-dieter-rams-ueber-gutes-produktdesign (letzter Aufruf 15.2.2012, 20.15 Uhr)
http://www.test.de/unternehmen/chronik/ (letzter Aufruf 15.2.2012, 20.15 Uhr)
http://www.centennialbulb.org/photos.htm#anchor1234 (letzter Aufruf 15.2.2012, 20.15 Uhr)
http://www.thonet.de/index.php?option=com_products&did=143&kat=145&lang=de&suchsec=133&task=details (letzter Aufruf 15.2.2012, 20.18 Uhr)
http://www.bmu.de/files/pdfs/allgemein/application/pdf/richtlinie_2008_98_eg.pdf (letzter Aufruf 15.2.2012, 21.07 Uhr)
http://www.kmk.org/fileadmin/veroeffentlichungen_beschluesse/2007/2007_06_15-Bildung-nachhaltige-Entwicklung.pdf)letzter Aufruf 15.2.2012, 21.02 Uhr)

Verzeichnis der Autorinnen und Autoren

PD Dr. Maik Adomßent
Leuphana Universität Lüneburg
Institut für Umweltkommunikation
Scharnhorststraße 1
21335 Lüneburg
E-Mail: adomssent@uni.leuphana.de

Barbara Benoist
Leuphana Universität Lüneburg
Institut für Integrative Studien
Scharnhorststraße 1
21335 Lüneburg
E-Mail: benoist@leuphana.de

Prof.'in Dr. Inka Bormann
Philipps-Universität Marburg
Institut für Erziehungswissenschaften
Bunsenstraße 3
35032 Marburg
E-Mail: inka.bormann@staff.uni-marburg.de

Prof.'in Dr. Katrin Hauenschild
Universität Hildesheim
Institut für Grundschuldidaktik & Sachunterricht
Marienburger Platz 22
31141 Hildesheim
E-Mail: hauensch@uni-hildesheim.de

Dr. Christa Henze
Universität Duisburg Essen
Fakultät Biologie
Universitätsstraße 15
45141 Essen
E-Mail: christa.henze@uni-due.de

Dr. Christian Hörsch
Carl von Ossietzky Universität Oldenburg
Fakultät für Mathematik und Naturwissenschaften
Carl von Ossietzky Straße 9-11
26111 Oldenburg
E-Mail: hoersch@gmx.de

Dr. Alexandre Gerwinat
Universität Vechta
Institut für Soziale Arbeit, Bildungs- und Sportwissenschaften
Driverstraße 22
49377 Vechta
E-Mail: a.gerwinat@web.de

Teresa Jakob
Universität Kassel
Center for Environmental Systems Research
Kurt-Wolters-Straße 3
34109 Kassel
E-Mail: jakob@usf.uni-kassel.de

Dr. Frank Käthler
Amt für Medien, Marketing, Kultur und Wirtschaftsförderung
Burgstraße 6
49377 Vechta
E-Mail: frank.kaethler@vechta.de

Prof.'in Dr. Lenelis Kruse
Psychologisches Institut
Universität Heidelberg
Hauptstr. 47-51
69117 Heidelberg
E-Mail: lenelis.kruse@psychologie.uni-heidelberg.de

Dipl.-Phys. Thorsten Kosler
Leuphana Universität Lüneburg
Institut für Integrative Studien
Scharnhorststraße 1
21335 Lüneburg
E-Mail: kosler@uni.leuphana.de

Dr. Niels Logemann
Universität Vechta
Institut für Soziale Arbeit, Bildungs- und Sportwissenschaften
Driverstraße 22
49377 Vechta
E-Mail: niels.logemann@uni-vechta.de

Thomas Loy
Coermühle 208
48157 Münster
E-Mail: designloy@aol.com

Prof. Dr. Andreas Möller
Leuphana Universität Lüneburg
Institut für Umweltkommunikation
Scharnhorststraße 1
21335 Lüneburg
E-Mail: amoeller@uni.leuphana.de

Thomas Pyhel
Abteilung Umweltkommunikation und Kulturgüterschutz
Deutsche Bundesstiftung Umwelt
An der Bornau 2
49090 Osnabrück
E-Mail: info@dbu.de

Prof. Dr. Norbert Pütz
Universität Vechta
Biologie (Schwerpunkt Botanik) und ihre Didaktik
Driverstraße 22
49377 Vechta
E-Mail: norbert.puetz@uni-vechta.de

Prof. Dr. Werner Rieß
Pädagogische Hochschule Freiburg
Institut für Biologie und ihre Didaktik
Kunzenweg 21
79117 Freiburg im Breisgau
E-Mail: riess@ph-freiburg.de

Dr. Horst Rode
Leuphana Universität Lüneburg
Institut für Umweltkommunikation
Scharnhorststraße 1
21335 Lüneburg
E-Mail: rode@uni.leuphana.de

Prof. Dr. Martin K.W. Schweer
Universität Vechta
Institut für Soziale Arbeit, Bildungs- und Sportwissenschaften
Driverstraße 22
49377 Vechta
E-Mail: martin.schweer@uni-vechta.de

Prof.'in Dr. Ute Stoltenberg
Leuphana Universität Lüneburg
Institut für Umweltkommunikation
Scharnhorststraße 1
21335 Lüneburg
E-Mail: stoltenberg@uni.leuphana.de

Karl-Heinz Wehry
Initiative Vechta – Verein für Stadtmarketing e.V.
Vechtaer Marsch 2
49377 Vechta
E-Mail: info@initiative-vechta.de

Psychologie und Gesellschaft

Herausgegeben von Martin K. W. Schweer

Die Reihe "Psychologie und Gesellschaft" vereint empirische und theoretische Arbeiten vornehmlich mit Blick auf die Anwendungsfelder Schule und Organisation, wobei eine interdisziplinäre Perspektive angestrebt ist. Neben Beiträgen der Pädagogischen Psychologie und angrenzender Teilbereiche der Psychologie ist die Reihe auch offen für benachbarte Wissenschaftsdisziplinen. Anfragen an den Herausgeber sind ausdrücklich erwünscht.

Band 1 Martin K. W. Schweer (Hrsg.): Das Jugendalter. Perspektiven pädagogisch-psychologischer Forschung. 2003.

Band 2 Martin K. W. Schweer (Hrsg.): Vertrauen im Spannungsfeld politischen Handelns. Herausforderungen und Perspektiven für eine Politische Psychologie. 2003.

Band 3 Martin K. W. Schweer (Hrsg.): Das Kindesalter. Ausgewählte pädagogisch-psychologische Aspekte. 2006.

Band 4 Jutta Padberg: Vertrauen im Leistungssport. Eine empirische Studie zur Vertrauensbeziehung zwischen Trainern und Athleten im Leistungstennis. 2006.

Band 5 Martin K. W. Schweer (Hrsg.): Bildung und Vertrauen. 2006.

Band 6 Martin K. W. Schweer: Mentale Fitness im Tennis. Das Aufbauprogramm. 2007.

Band 7 Martin K. W. Schweer (Hrsg.): *Sex and Gender*. Interdisziplinäre Beiträge zu einer gesellschaftlichen Konstruktion. 2009.

Band 8 Barbara Thies: Kognitive Repräsentationen in der Grundschule. Befunde zur Interaktionsregulation im Unterrichtsalltag. 2010.

Band 9 Martin K. W. Schweer (Hrsg.): Vertrauensforschung 2010: A State of the Art. 2010.

Band 10 Martin K. W. Schweer (Hrsg.): Medien in unserer Gesellschaft. Chancen und Risiken. 2012.

Band 11 Norbert Pütz / Martin K. W. Schweer / Niels Logemann (Hrsg.): Bildung für nachhaltige Entwicklung. Aktuelle theoretische Konzepte und Beispiele praktischer Umsetzung. 2013.

www.peterlang.de